金属有机框架衍生复合吸波材料的设计与制备

葛超群 汪刘应 刘 顾 著

国防工業出版社
·北京·

内容简介

本书系统阐述了金属有机框架衍生磁性碳基吸波材料的结构设计与性能调控方法，包括吸波材料的理论基础与设计方法研究、片状羰基铁/Co@C复合材料的设计合成与电磁性能研究、羰基铁纤维/Co@C复合材料的设计合成与电磁性能研究、片状Co@C/Fe复合材料的设计合成与电磁性能研究、棒状Co@C/Fe复合材料的设计合成与电磁性能研究，以及基于羰基铁/Co@C复合材料的吸波涂层优化设计。

本书可为从事隐身技术及吸波材料设计与开发工作的研究人员提供参考，同时可作为相关专业高年级本科生及研究生的参考书。

图书在版编目（CIP）数据

金属有机框架衍生复合吸波材料的设计与制备 / 葛超群，汪刘应，刘顾著. —北京：国防工业出版社，2024.4

ISBN 978-7-118-13239-7

Ⅰ. ①金… Ⅱ. ①葛… ②汪… ③刘… Ⅲ. ①金属复合材料-吸波材料-研究 Ⅳ. ①TG147

中国国家版本馆CIP数据核字（2024）第064274号

※

国防工业出版社出版发行

（北京市海淀区紫竹院南路23号 邮政编码100048）

北京虎彩文化传播有限公司印刷

新华书店经售

*

开本 710×1000 1/16 **印张** 11¾ **字数** 208千字

2024年4月第1版第1次印刷 **印数** 1—1200册 **定价** 88.00元

国防书店：（010）88540777 书店传真：（010）88540776

发行业务：（010）88540717 发行传真：（010）88540762

前　言

现代高技术信息化战争中，目标的搜索和跟踪能力极大增强，武器装备面临着“发现即摧毁”的严峻侦察和打击威胁。隐身技术能够有效减弱目标特征信号、降低雷达发现概率，提高武器系统的生存、突防及纵深打击能力，是当前军事技术发展的重要前沿方向。美军在隐身技术领域处于世界领先地位，相关技术已成功在 B-2 战略轰炸机、F-22 战斗机、F-35 战斗机和 DDG-1000 驱逐舰等现役装备上应用。雷达隐身技术主要分为结构外形隐身技术与吸波材料隐身技术两大部分。当前，高性能雷达吸波材料的设计与开发是隐身技术发展的重要方向。针对武器装备的战场使用环境与隐身性能需求，开发具有“薄、轻、宽、强”性能的吸波材料、提高其有效吸收频带宽、降低其密度及涂层厚度，是当前雷达吸波材料研究急需解决的问题之一。

传统高性能磁性吸波材料羰基铁具有磁导率高、稳定性强等突出优点，经球磨处理后可以突破斯诺克（Snoek）极限限制，磁导率与共振频率得到进一步提高，但其密度大、损耗机制单一，难以满足吸波涂层轻量化设计需求。为此，研究人员积极尝试将磁损耗吸波材料与轻质介电损耗吸波材料有机结合，利用不同材料之间的优势互补复合来优化吸波性能、降低材料密度，获得良好性能轻质吸波材料。多孔碳材料具有较低的密度、较强的界面极化损耗性能和适中的介电常数，是较为理想的轻质吸波材料。近年来，通过金属有机框架（metal organic framework，MOF）高温碳化合成多孔碳、磁性金属或金属氧化物/多孔碳等材料已成为吸波材料合成的热点研究方法之一。该方法不仅可以继承 MOF 独特的形貌结构，得到各组分均匀分布的复合吸波材料，还可以通过调整 MOF 前驱体的聚合工艺、金属离子种类、高温碳化条件等因素调控合成复合材料的结构和性能，为复合吸波材料的微纳结构及形貌构建、电磁性能调控及吸波性能优化提供了极大的可行空间。

本书紧密结合当前武器装备隐身涂层领域对雷达吸波材料的迫切需

求，提出将羰基铁与 MOF 衍生的多孔碳材料进行复合改性的方法，突破多相材料复合构筑、多维空间结构调控、核壳结构形貌控制等关键技术，优化设计了基于 MOF 的羰基铁/Co@ C 复合吸波材料体系，开发了羰基铁/Co@ C 系列复合吸波材料。本书作者将多年来有关 MOF 衍生复合吸波材料的研究成果进行系统归纳与整理，并撰写成书，全书共分为 8 章。第 1 章绪论；第 2 章吸波材料的理论基础与设计方法研究，研究了基于传输线理论的单层吸波材料的阻抗匹配规律，提出了增强“薄”“宽”“强”性能的吸波材料设计基本原则和思路，为后续复合吸波材料的优化设计提供理论基础；第 3 章片状羰基铁/Co@ C 复合材料的设计合成与电磁性能研究；第 4 章羰基铁纤维/Co@ C 复合材料的设计合成与电磁性能研究；第 5 章片状 Co@ C/Fe 复合材料的设计合成与电磁性能研究；第 6 章棒状 Co@ C/Fe 复合材料的设计合成与电磁性能研究；第 7 章基于羰基铁/Co@ C 复合材料的吸波涂层优化设计；第 8 章总结与展望，对本书的主要内容和结论进行总结，并对以后要研究的内容进行展望。

本书研究工作先后得到中国博士后科学基金（2022M723884）、陕西省自然科学基础研究计划（2022JQ-356）、陕西省“特支计划”科技创新领军人才（陕组通字〔2020〕44 号）、陕西高校青年创新团队等项目的支持。

由于作者水平有限，书中疏漏之处在所难免，恳请读者批评指正！

作　者

2023 年 6 月于西安

目 录

≫ 第1章 绪论 …… 1

1.1 研究背景 …… 1
1.2 国内外研究现状 …… 2
1.2.1 羰基铁本征吸波性能及其改性的研究现状 …… 2
1.2.2 碳基/羰基铁复合吸波材料的研究现状 …… 4
1.2.3 MOF 衍生的碳基复合吸波材料研究现状 …… 12
1.2.4 存在的主要问题 …… 20
1.3 主要内容及章节安排 …… 20
1.3.1 主要内容 …… 20
1.3.2 结构安排 …… 21

≫ 第2章 吸波材料的理论基础与设计方法研究 …… 23

2.1 材料衰减电磁波的基本原理 …… 23
2.1.1 材料对电磁波的损耗机制 …… 23
2.1.2 吸波材料设计基本原理和评价方法 …… 25
2.2 吸波材料的优化设计方法研究 …… 26
2.2.1 介电损耗型单层吸波材料的匹配规律 …… 28
2.2.2 介电/磁损耗型单层吸波材料的匹配规律 …… 30
2.3 材料的表征及电磁参数测试 …… 33
2.3.1 材料表征测试方法及仪器设备 …… 33
2.3.2 材料的电磁参数测试 …… 34
2.4 本章小结 …… 35

≫ 第3章 片状羰基铁/Co@C 复合材料的设计合成与电磁性能研究 …… 36

3.1 片状羰基铁的设计制备与性能表征 …… 37

3.1.1 制备路线设计及工艺方法 …… 37
3.1.2 组织结构及性能表征 …… 38
3.1.3 电磁参数及吸波性能分析 …… 40
3.1.4 “退火-球磨”工艺对片状羰基铁低频吸波性能的影响 …… 45
3.2 片状羰基铁/Co@C复合材料的设计合成与性能表征 …… 49
3.2.1 合成路线设计及工艺方法 …… 49
3.2.2 组织结构及性能表征 …… 50
3.2.3 电磁参数及吸波性能分析 …… 56
3.3 本章小结 …… 62

≫ 第4章 羰基铁纤维/Co@C复合材料的设计合成与电磁性能研究 …… 64

4.1 羰基铁纤维的设计合成与性能表征 …… 65
4.1.1 合成路线设计与工艺方法 …… 65
4.1.2 组织结构及性能表征 …… 66
4.1.3 电磁参数及吸波性能分析 …… 69
4.2 羰基铁纤维/Co@C复合材料的设计合成与性能表征 …… 76
4.2.1 合成路线设计与工艺方法 …… 76
4.2.2 组织结构及性能表征 …… 78
4.2.3 电磁参数及吸波性能分析 …… 84
4.3 本章小结 …… 91

≫ 第5章 片状Co@C/Fe复合材料的设计合成与电磁性能研究 …… 93

5.1 片状Co@C复合材料的设计合成与性能表征 …… 94
5.1.1 合成路线设计与工艺方法 …… 94
5.1.2 组织结构及性能表征 …… 95
5.1.3 电磁参数及吸波性能分析 …… 102
5.2 片状Co@C/Fe复合材料的设计合成与性能表征 …… 109
5.2.1 合成路线设计与工艺方法 …… 109
5.2.2 组织结构及性能表征 …… 110
5.2.3 电磁参数及吸波性能分析 …… 116
5.3 本章小结 …… 121

≫ **第 6 章　棒状 Co@C/Fe 复合材料的设计合成与电磁性能研究** …… 122

6.1　棒状 Co@C 复合材料的设计合成与性能表征 …… 123
6.1.1　合成路线设计与工艺方法 …… 123
6.1.2　组织结构及性能表征 …… 124
6.1.3　电磁参数及吸波性能分析 …… 131
6.2　棒状 Co@C/Fe 复合材料的设计合成与性能表征 …… 138
6.2.1　合成路线设计与工艺方法 …… 138
6.2.2　组织结构及性能表征 …… 139
6.2.3　电磁参数及吸波性能分析 …… 145
6.3　本章小结 …… 150

≫ **第 7 章　基于羰基铁/Co@C 复合材料的吸波涂层优化设计** …… 152

7.1　多层吸波涂层优化设计 …… 153
7.1.1　多层吸波涂层损耗电磁波的物理模型 …… 153
7.1.2　粒子群算法优化设计思路 …… 154
7.1.3　适应度函数的设计 …… 154
7.1.4　优化设计参数设置及结果分析 …… 155
7.2　吸波涂层制备、性能测试及机理分析 …… 158
7.2.1　吸波涂层的制备 …… 158
7.2.2　吸波涂层的吸波性能及机理分析 …… 160
7.3　本章小结 …… 162

≫ **第 8 章　总结与展望** …… 163

8.1　主要工作和结论 …… 163
8.2　研究展望 …… 165

≫ **参考文献** …… 166

第1章 绪论

1.1 研究背景

随着电子信息技术和雷达探测技术的迅猛发展，战争中目标的搜索和跟踪能力得到了极大的提高，武器装备面临全方位、多模式侦察和打击威胁。隐身技术能有效减弱武器装备的目标特征信号，提高武器系统的生存、突防能力，是当前军事技术发展的重要前沿方向[1]。以美国为代表的世界各军事大国均将隐身技术作为其国防科技发展的重要领域之一。美军在隐身技术领域处于世界领先地位，相关技术已成功在B-2战略轰炸机、F-22战斗机和F-35战斗机、DDG-1000驱逐舰、“爱国者”防空导弹、“萨德”末段高空区域防御系统等空中、海上和地面武器装备上得到应用。

地面武器装备的隐身防护是提升其战场生存能力的重要技术途径。针对常温环境下地面武器装备的战场使用环境与隐身性能需求，开发具有“薄、轻、宽”性能的常温吸波材料、提高其有效吸收频带宽、降低其密度及涂层厚度，是当前吸波材料研究急需解决的问题之一[1-2]。

当前，多种材料之间的优势互补复合已成为吸波材料研究和发展的重要方向。羰基铁（carbonyl iron，CI）具有磁导率高、稳定性强等突出优点[3-4]。经球磨处理的羰基铁可以突破斯诺克（Snoek）极限限制，磁导率与共振频率得到进一步提高[5]，但其密度大、损耗机制单一，难以满足吸波涂层轻量化设计需求[6]。将碳材料与羰基铁复合是降低复合材料密度、获得良好性能轻质吸波材料的重要手段。多孔碳材料具有较低的密度、较强的界面极化损耗性能和适中的介电常数，是较为理想的轻质吸波材料。

通过金属有机框架（metal organic framework，MOF）高温热解合成多孔碳材料已成为近年来材料合成的热点研究方法之一[7]。热分解 MOF 后得到的多孔碳材料继承了母体可控的结构形貌、较高的比孔隙率和比表面积等优异性能特点，为复合吸波材料的微纳结构及形貌构建、电磁性能调控及吸波性能优化提供了极大的可行空间。

本书紧密结合当前地面装备隐身涂层领域对雷达吸波材料的迫切需求，针对羰基铁吸波剂存在的密度大、填充比例高、损耗机制单一等问题，提出将羰基铁与 MOF 衍生的多孔碳材料进行复合改性的方法，研制基于 MOF 的羰基铁/Co@C 复合吸波材料，为新型轻质、高效吸波材料开发提供新的技术途径，对促进武器装备隐身性能的提升具有重要意义。

1.2 国内外研究现状

1.2.1 羰基铁本征吸波性能及其改性的研究现状

羰基铁是当前研究较为广泛的磁性吸波材料[8-9]，其制备的吸波涂层具有吸波性能强、有效吸波频带宽、涂层厚度薄等优点。近年来围绕羰基铁吸波材料开展的研究主要可分为羰基铁的表面改性和增大羰基铁的形状各向异性两个方面。

1. 羰基铁的表面改性

羰基铁的表面改性主要是通过羰基铁表面原位改性、包覆无机或有机吸波材料等手段，降低介电常数、改善阻抗匹配，提高抗氧化性和抗腐蚀性，改善分散性，降低吸收剂密度。

羰基铁表面原位改性的思路是通过表面原位氧化或钝化处理，改善阻抗匹配性能、增强抗氧化能力。Long 等[8-10]通过机械球磨和表面氧化处理制备了 $Fe_3O_4/\alpha-FeOOH$ 氧化层包覆的片状羰基铁（flake carbonyl iron，FCI），经 4h 球磨、30min 氧化处理后，羰基铁的低频吸波性能明显改善，涂层厚度为 1.2mm 时，反射率在 2.5~8GHz 均小于-6dB，在 4GHz 有最小反射率峰值-11dB。Yin 等[11]将 FCI 采用 CO_2 进行钝化处理，在保持羰基铁良好吸波性能的同时，较大程度地提高了其抗氧化能力。

在无机包覆方面，通过引入包覆层的特殊性能及独特的核壳结构进行羰基铁的表面改性，拓宽其吸波频带、提高抗氧化和耐腐蚀性，包覆材料主要有金属单质及其氧化物。Zhou 等[12]采用化学镀制备的 Co 包覆 FCI 表现出较好的热稳定性和吸波性能。在羰基铁表面包覆 SiO_2 可以降低其介电常数、改善阻抗匹配特性[13-14]，Li 等[15]在球状羰基铁（spherical carbonyl iron，SCI）表面包覆 5～10nm 的 SiO_2 壳层，其吸波性能明显改善，在 11GHz 有最小反射率峰值-38.8dB，有效带宽达 6GHz。Zhang 等[16]采用球磨法制备的 FCI/MnO_2 复合材料在 S 波段（2～4GHz）和 C 波段（4～8GHz）具有较好的吸波性能。郭飞等[17]制备了海胆状 SCI/ZnO 核壳结构复合粒子，在不改变吸波性能的情况下显著改善其抗氧化性能。Wu 等[18]将 SnO_2 包覆在 FCI 表面，FCI/SnO_2 复合材料在 7～18GHz 范围内均有小于-10dB 的反射率，最小反射率达-57.8dB。

对羰基铁表面进行表面有机包覆处理的壳层材料主要有聚苯胺（polyaniline，PANI）、聚吡咯（polypyrrole，PPY）等。Tang 等[19-20]制备的 PANI 包覆 SCI 复合材料具有较好的耐腐蚀性和吸波性能，涂层厚度为 1.1mm 时在 27.3～39.5GHz 的反射率均小于-10dB；汪晓芹等[21]制备的核壳结构 SCI@PANI 复合材料具有较好的防腐性能和吸波性能。Sui 等[22]合成了具有三维结构的 FCI@PPY 复合材料，涂层厚度为 2.2mm 时在 10～16.1GHz 的反射率均小于-10dB。Song 等[23]在 FCI 表面包覆甲基丙烯酸聚苯乙烯，复合粒子介电常数降低而磁导率基本保持不变，低频吸波性能得到明显改善。

2. 增大羰基铁的形状各向异性

增大羰基铁的形状各向异性主要是通过机械球磨、调控制备工艺参数等手段，合成片状、纤维状、壳状、树枝状羰基铁，提高其斯诺克极限，从而获得较高的磁导率与较好的磁损耗性能。以形状各向异性羰基铁为吸波剂制备的吸波涂层具有吸收强、有效带宽大等特点。

机械球磨法是制备 FCI 最常用的方法，研究人员围绕球磨工艺参数对羰基铁形貌及电磁性能的影响开展了深入研究。Khani 等[24]发现随着球磨时间的增加，羰基铁逐渐由球状转变为片状，磁导率虚部由 1.23 增大至 1.88，在 1～18GHz 范围内呈现宽峰，这与采用有效介质理论计算的结果基本一致，制备的厚度为 1.75mm 的双层涂层在 8～18GHz 的反射率均小于-10dB。Xu 等[25]采用两步球磨法制备了具有较大纵横比的 FCI，其磁导率相对 SCI 得到有效增强，采用遗传算法优化的吸波涂层在 8～18GHz 的反射率均小于-10dB，厚度仅为 1.47mm。Qiao 等[26]发现片层状的平面各向异性羰基铁共振频率显著增大，导致其在较宽的频段内具有较大的磁导率实部与虚部。Abshinova 等[27]采用机械球磨和退火处理制备的 FCI 磁导率显著增大，共振频率向低频转移。Wang 等[28]从控制粒子微观结构入手，采用加热湿法球磨调控 FCI 的纵横比、晶粒尺寸和内应力［图 1-1（a)］，优化其吸波性能，FCI 体积分数仅为 18%时，涂层在 8~18GHz 的反射率均小于-8dB。

通过控制 $Fe(CO)_5$热分解时粒子沉积方向可制备羰基铁纤维。童国秀等[29-30]通过控制 $Fe(CO)_5$的热解温度用气流诱导法制备了化学组成与结构可控的多晶铁纤维，并分析了热解温度对多晶铁纤维的结构组成和电磁性能的影响。李小莉等[31]采用磁场引导的有机金属化学气相沉积（metal organic chemical vapor deposition，MOCVD）法制备了纳米晶铁纤维，并测试了其电磁参数和涂层反射率。贺君等[32]通过表面原位氧化改性制备了表面包覆铁氧化物的多晶铁纤维复合材料［图 1-1（b)］，以 20%（质量分数）的填充比例制得的厚度为 1mm 的吸波涂层有效带宽可达 4.5GHz，反射率峰值达-25.38dB，涂层密度大幅降低。

在最近的研究中，出现了一些比较新颖的形状各向异性羰基铁的制备方法。Yin 等[33]采用点腐蚀法制备了中空的球形壳状羰基铁［图 1-1（c)］，由于趋肤效应减弱、空心结构带来的界面极化和多重反射作用增强，壳状羰基铁相对 SCI 具有更优异的吸波性能，涂层厚度为 1mm 时，在 6.5~18GHz 频段内的反射率均小于-5dB，适合用于制备轻、薄的吸波涂层。杨芾藜等[34]研究了球状和树枝状羰基铁电磁性能［图 1-1（d)］，由于树枝状形貌有利于形成不连续网络、增加电磁波多重散射和界面电荷极化，树枝状羰基铁比 SCI 具有更好的吸波性能和更宽的吸收频带，其最小反射率减小了 94%，达到-47.14dB，谐振频率也从 SCI 的 11.88GHz 移动到 6.44GHz。

1.2.2 碳基/羰基铁复合吸波材料的研究现状

1. 石墨烯/羰基铁复合吸波材料

石墨烯作为一种新型碳材料，具有诸多优异性能，在吸波材料研究领域显示出了潜在的应用价值，但由于其损耗机制单一，单独用作吸波材料时存在分散性差、吸收强度弱、阻抗匹配性差，以及吸收频带窄等缺点[35]。石墨烯与羰基铁结合的形式主要有羰基铁表面负载石墨烯、石墨烯表面负载羰基铁以及两种材料的混合掺杂。

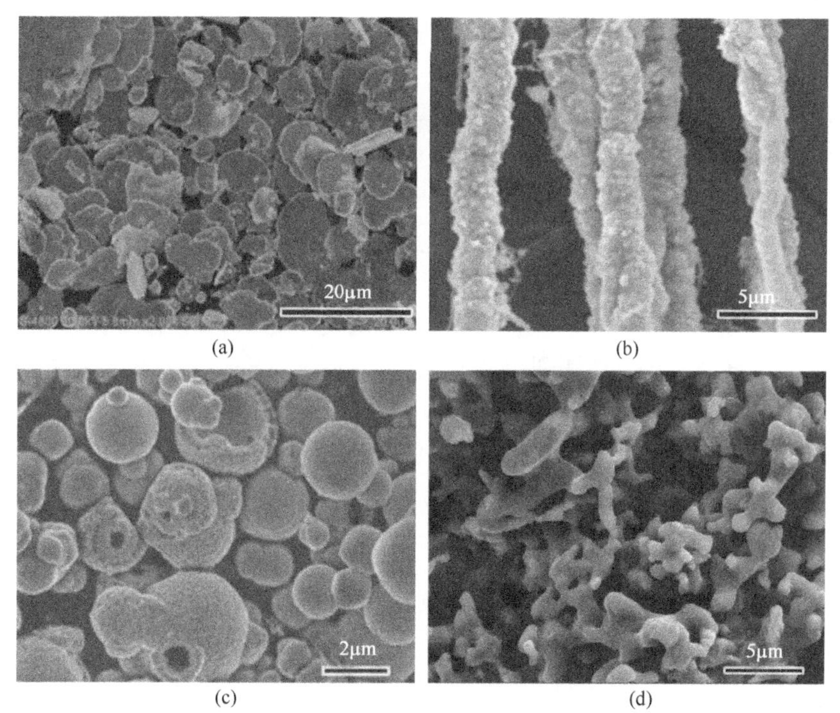

图1-1 不同形貌的羰基铁粒子

（a）片状[28]；（b）纤维状[32]；（c）壳状[33]；（d）树枝状[34]。

黄琪惠等[36]通过热分解$Fe(CO)_5$在氧化石墨烯（graphene oxide，GO）片层的表面和边缘分散负载了一层尺寸小于50nm的$Fe@Fe_3O_4$纳米粒子，复合材料的饱和磁化强度可达$140A \cdot m^2 \cdot kg^{-1}$，当涂层厚度为1.5mm时，在10～16GHz范围内反射率均在-10dB以下；厚度为3mm时，反射率在4.3GHz处达到最小，约为-25dB。Xu等[5]首先采用一锅法将还原氧化石墨烯（reduced graphene oxide，RGO）负载在FCI表面得到RGO/FCI复合粒子，然后通过原位聚合在其表面包覆PANI，得到核壳结构的RGO/FCI/PANI复合材料，其制备的厚度为2mm的涂层在11.8GHz达到最小反射率-38.8dB。Weng等[37-38]采用一锅法制备的FCI/RGO/聚乙烯吡咯烷酮（polyvinyl pyrrolidone，PVP）核壳结构三元复合吸波材料具有优异的吸波性能，厚度为2.5mm时，FCI/RGO在7.8GHz处有最小反射率-103.8dB，PVP溶液浓度为4mg/mL时制备的FCI/RGO/PVP复合材料有效带宽为13.8GHz（频率范围为4.2～18GHz），厚度为4.8mm时，其有效吸收频带覆盖2～18GHz。

Chen 等[39]发现 RGO/FCI/环氧树脂复合材料比 FCI/环氧树脂复合材料具有更大的介电损耗和更低的反射率，厚度为 2mm 时在 11GHz 处有最小反射率-32.3dB。Zhu 等[40]制备了具有交联框架结构的 RGO/SCI 复合材料，其阻抗匹配性和吸波性能明显改善，厚度为 3mm 时在 7.79～11.98GHz 范围内反射率均小于-10dB，最小反射率达-52.46dB。图 1-2 所示为 RGO/SCI 复合材料“碳桥效应”吸波机理示意图，片状的 RGO 在 SCI 颗粒之间桥接形成交联框架结构的碳导电网络，极大增强了复合材料的导电损耗。王洁萱[41]、李国显[42]等采用类似方法分别制备了 GO/SCI、RGO/SCI 复合材料，均展现出较好的吸波性能。Qing 等[43]将石墨烯纳米片（graphene nanosheet，GN）与 FCI 以不同配比分散到环氧有机硅树脂中，通过改变 GN 和 FCI 含量调整复合材料的电磁性能，厚度为 0.9mm 时在 5.4～18GHz 范围内的反射率均小于-6dB。

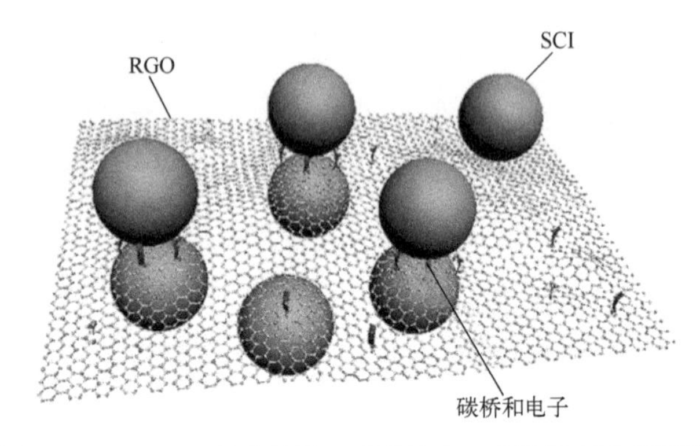

图 1-2 RGO/SCI 复合材料“碳桥效应”吸波机理示意图[40]

2. 碳纳米管/羰基铁复合吸波材料

由于特殊的一维管状结构和良好的介电性能，碳纳米管（carbon nanotube，CNT）表现出较好的吸波性能，同时兼具质量轻、稳定性好等优点[44]。研究人员将 CNT 与羰基铁进行不同形式的复合，进一步对 CNT 的吸波性能进行改善和调控。

在包覆型核壳结构复合材料方面，Liu 等[45]采用 MOCVD 法通过热分解 $Fe(CO)_5$在 CNT 表面生长羰基铁壳层，制备的 CNT/CI 核壳材料吸波性能明显增强，厚度为 3.6mm 时有效带宽达 10.6GHz（频率范围为 7.4～18GHz），覆盖整个 X 波段和 Ku 波段。Liu 等[46]采用机械球磨法将 CNT 负载在 FCI 表面，制备的复合材料表现出较强的宽频吸波性能，在 4.6～17GHz 范围内的反射率均小于-4dB，而厚度仅为 0.6mm。

在 CNT 与羰基铁的混合掺杂方面，Xu 等[47]采用双辊机将 CNT 和 SCI、FCI 分散在硅橡胶中，发现 CNT 含量对复合材料吸波性能有较大影响，填充 CNT 和 FCI 的复合材料在厚度为 0.5mm 时在 8～18GHz 的反射率小于-5dB。该课题组还通过对同轴测试样品施加不同压应力实现吸波性能的可控调节[48]，压缩应变示意图如图 1-3 所示。Qing 等[49-50]将 CNT 和 FCI 均匀分散在环氧有机硅树脂中［图 1-4（a）、（b）］，通过优化设计得到厚度薄、有效吸收频带宽的多层吸波涂层，在厚度为 0.5mm、1mm、1.5mm 时小于-5dB 的反射率频带分别为 10.4～18GHz、4.4～18GHz 和 2～18GHz，厚度为 1.5mm 时的有效带宽达 14.6GHz（频率范围为 3.4～18GHz）［图 1-4（c）］。Gao 等[51]发现吸收剂的交替层状分布结构能够有效增强 CNT/CI 聚氯乙烯基复合材料的最小反射率，增大有效吸收带宽。Tong 等[52]发现 CNT 含量为 2.2%（质量分数）的 CNT/CI 复合材料具有较好的吸波性能。Li 等[53]采用超声共混将有缺陷的 CNT 与羰基铁复合，制备的 CNT/CI/丙烯酸树脂复合材料的吸波性能较 CNT 和羰基铁的单体大幅增强。

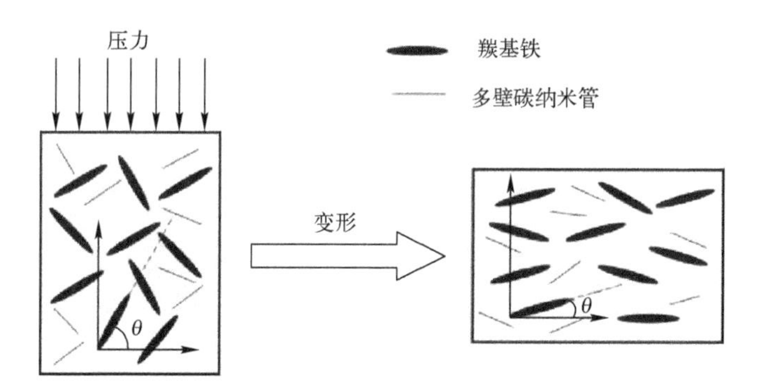

图 1-3　填充 FCI/CNT 的复合材料压缩应变示意图[48]

3. 碳纤维/羰基铁复合吸波材料

碳纤维（carbon fibre，CF）与其他吸波材料相比，具有硬度高、高温强度大、耐腐蚀性强、质量轻等优点。通过研究碳纤维的吸波机理，对其进行改性和结构设计，研制出高性能的碳纤维复合材料是当前研究的热点[54]。目前，对碳纤维/羰基铁复合吸波材料的研究主要分为制备包覆型核壳结构复合材料和二者的混合掺杂。

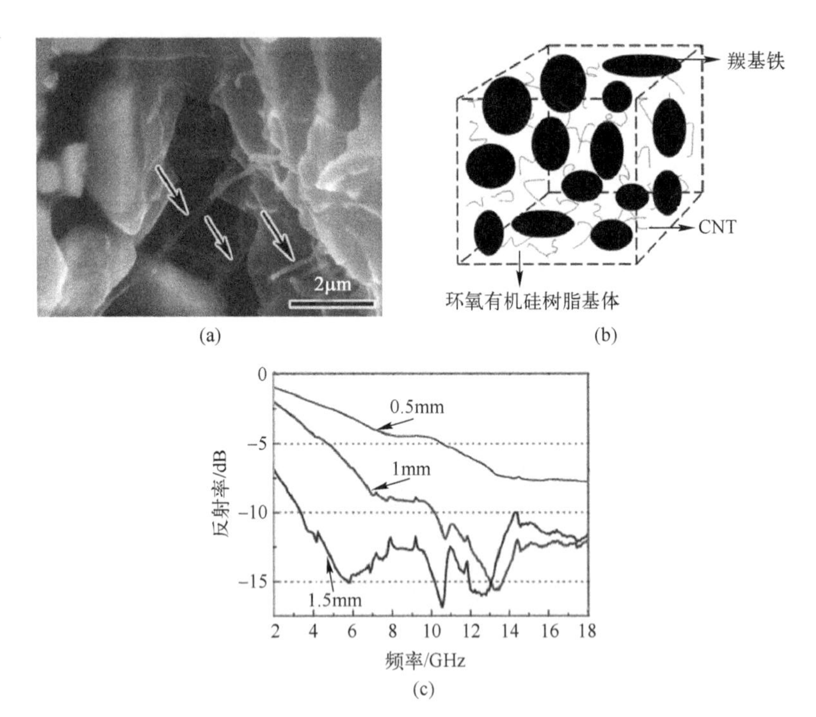

图 1-4　CNT/FCI/环氧有机硅树脂复合材料 SEM 图像、结构示意图及反射率图
（a）断裂表面 SEM 图像（箭头所指为 CNT）；
（b）三维网络结构示意图；（c）不同厚度下的反射率[50]。

Liu 等[55-56]采用 MOCVD 工艺在 CF 表面沉积 α-Fe 膜，制得核壳结构的 CF/CI 复合材料，通过优化 CF 与羰基铁的质量比调控复合材料电磁性能，其制备过程及微观形貌如图 1-5（a）、（b）所示。质量比为 1∶8.8 时，CF/CI 复合材料具有较好的吸波性能［图 1-5（c）］，厚度为 0.9～3.9mm 时在 2～18GHz 频段内反射率均小于-10dB。图 1-5（d）展示了电磁波在 CF/CI 复合材料的核壳结构中多重散射并衰减电磁波的过程。Zhang 等[57]采用类似的方法制备了 CF/CI 复合材料，研究了复合材料的填充量对电磁性能的影响，并将模拟反射率与实测反射率进行了对比验证。Salimkhani 等[58]采用电沉积法将 SCI 成功包覆在 CF 表面，形成核壳结构的 CF/SCI 复合材料，结果表明，碘为稳定剂、沉积时间为 20min、不经热处理的复合材料具有较好的吸波性能，厚度为 2mm 时在 9.22GHz 处有最小反射率-13.8dB。Youh 等[59]以乙炔和氢气为原料、SCI 为催化剂和基体，采用化学气相沉积法在 SCI 表面生长 CF，CF/SCI/环氧树脂复合材料的电磁性能测试结果表明，厚度为2mm、CF/SCI的填充比例为45%和30%（质量分数）时，复合材料分别在2~18GHz和18~40GHz频段具有较好的吸波性能。

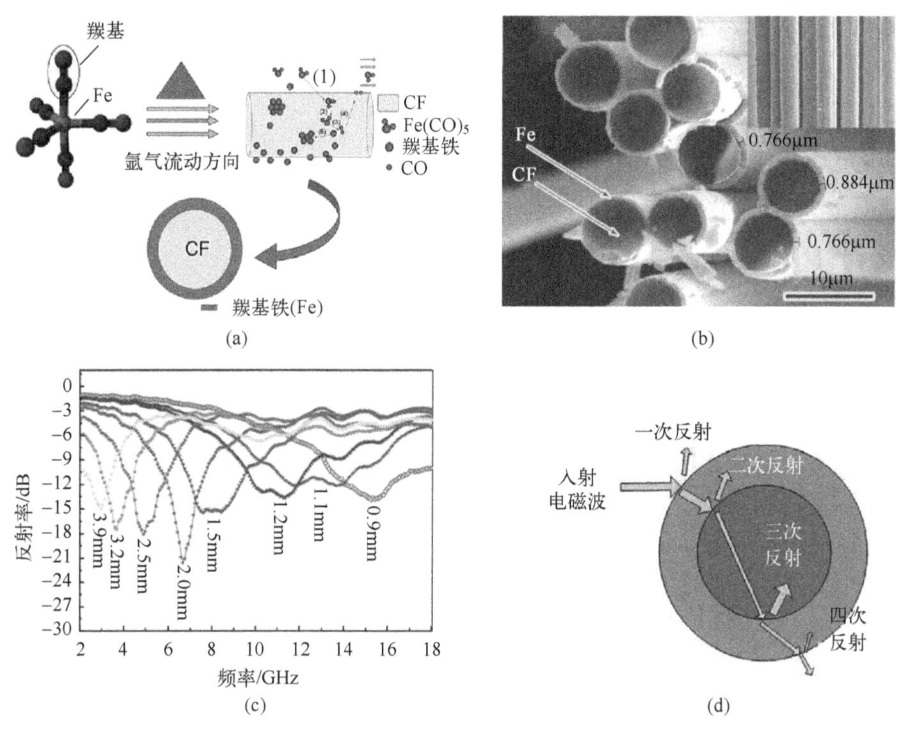

图1-5 CF/CI复合材料的制备过程示意图、SEM图像及吸波性能

（a）制备过程示意图；（b）SEM图像；（c）不同厚度下的吸波性能；

（d）电磁波在CF/CI复合材料中传输示意图[55]。

Qing等[60]将FCI和CF在环氧有机硅树脂中复合制备复合吸波材料，发现当CF和FCI的含量分别为2%和65%（质量分数）时复合材料具有最优吸波性能，厚度仅为1mm时，有效带宽达10GHz（频率范围为8~18GHz）。同课题组的Min等[61]研究了FCI的取向、CF的添加量和取向对FCI/CF环氧树脂基复合材料吸波性能的影响，制备的FCI/CF双层涂层在厚度为0.8mm时反射率小于-5dB的频带宽达12GHz。王振军等[62]研究了单掺CF和复掺SCI/CF水泥基复合材料在2~18GHz频段的吸波性能，发现SCI的添加可以有效拓宽复合材料在高频段的有效带宽。Afghahi等[63]将FCI、纳米CF和镧锶锰氧化物进行多元复合，发现镧锶锰氧化物及纳米

CF 含量的增加不仅减小了复合材料的密度，而且有效增强了其对电磁波的衰减性能，填充比例为 30%（质量分数）的复合材料在厚度为 2mm 时在 8~12GHz 内的平均反射率为-8.75dB，而未添加镧锶锰氧化物时仅约为-5dB。Duan 等[64]将 CF 与 SCI、炭黑分别以不同比例混合，制备以 SCI/CF 为匹配层、炭黑/CF 为吸收层的双层吸波涂层，发现 CF 在吸收层的适量添加有助于增强涂层的吸波性能。

4. 炭黑/羰基铁复合吸波材料

炭黑具有质量轻、易分散、比表面积大、导电性能稳定持久等优点，在吸波材料中具有很广泛的应用。炭黑/羰基铁复合吸波材料的研究主要集中在二者的掺杂共混。

Liu 等[65]制备了以炭黑和 SCI 为吸收剂的单层吸波涂层，随着炭黑或 SCI 含量、厚度的增加，涂层的吸收频带向低频移动，通过调节吸收剂的比例和涂层的厚度可以在不同的频段内获得较好的吸波性能。Qing 等[66]研究了炭黑含量对炭黑/SCI/环氧有机硅树脂复合材料介电性能的影响，采用幂律衰变和界面极化的概念解释了复合材料的介电常数随着炭黑含量的增加而增大，并且随着频率的增大在低频段快速减小、在高频段减小速度放缓的变化规律。Shen 等[67]将炭黑和 SCI 均匀分散在线性低密度聚乙烯基体中制备复合吸波材料，通过调整炭黑、SCI 的含量和涂层厚度优化复合材料的吸波性能。Li 等[68]将羰基铁纳米粉、炭黑和聚亚氨酯按质量比 1:3.2:8 混合制备复合吸波材料，在厚度为 2mm 时复合材料的吸波性能较未添加炭黑的复合材料有大幅的提升，在 13.5GHz 处有最小反射率-25.8dB，有效带宽为 3.6GHz（频率范围为 11.5~15.1GHz）。Pinho 等[69]将炭黑/氯丁橡胶、SCI/氯丁橡胶和炭黑/SCI/氯丁橡胶复合材料的吸波性能对比后发现，炭黑和 SCI 复合后复合材料在 8~18GHz 内的反射率大幅降低，小于-10dB 的反射率频带明显变宽，基本覆盖整个测试频段。Min 等[70]制备了相互平行分散的定向 FCI/炭黑复合材料，由于界面极化作用，复合材料的介电常数随着炭黑含量的增加而增大，反射率计算结果表明，FCI 的排列方向对降低吸波涂层厚度、增大吸收频带宽有重要促进作用，厚度为 0.9mm、FCI 和炭黑的填充比例分别为 65%和 3%（质量分数）的涂层小于-5dB 的反射率频带宽达 12.5GHz（频率范围为 5.5~18GHz）。Wang 等[71]和 Chen 等[72]以 SCI 为匹配层吸波剂、炭黑为吸收层吸波剂制备双层吸波涂层，在拓宽有效吸收频带方面取得了较好的效果，后者还将 SiO_2添加到匹配层，由于阻抗匹配性能的进一步改善，涂层在 2~4GHz 的吸波性能显著增强，反射率峰值达-17.3dB。

5. 石墨/羰基铁复合吸波材料

石墨是最早被实际应用的吸波材料，早在第二次世界大战期间就用来填充在飞机蒙皮的夹层中吸收雷达波。石墨常被用来调控复合材料的电导率，增强导电损耗性能[73]。目前，石墨与羰基铁复合形式主要有表面包覆和掺杂共混。

Woo 等[74]采用两步湿法机械球磨将羰基铁与石墨复合，获得羰基铁包覆的鳞片石墨复合材料，其制备过程如图 1-6 所示，石墨质量分数为 3%的复合材料在 2~8GHz 具有较好的吸波性能，球磨时间为 1h、8h、16h 时，分别在 7GHz、5.8GHz、4.3GHz 处有最小反射率-13dB、-21dB 和-29dB。Xu 等[75]采用 MOCVD 法制备了核壳结构的石墨/羰基铁复合材料，由于引入了具有高介电损耗和磁损耗性能的羰基铁，复合材料的介电常数和磁导率较单一石墨有明显增加，吸波性能也进一步增强，厚度为 6mm 和 8mm 时分别有最小反射率-25.14dB 和-26.52dB。

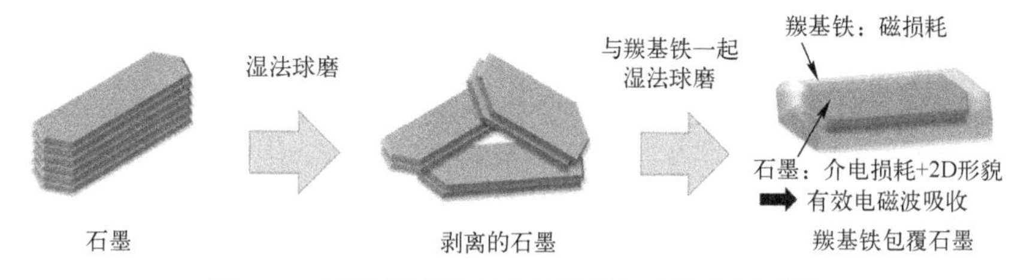

图 1-6 石墨/羰基铁复合材料制备过程示意图[74]

Tan 等[76]将石墨和 SCI 分散在氯磺化聚乙烯基体中，制备的复合吸波材料在厚度为 1.5mm 时具有优异的吸波性能，在 13.24GHz 有最小反射率-33.19dB，有效带宽达 8.96GHz。Xu 等[77]采用非涂装和涂装工艺分别制备了含 FCI 和石墨片的硅橡胶复合材料，非涂装工艺将混合的复合材料直接加入环形模具中，片状颗粒被随机分散，而涂装工艺逐层加入混合的复合材料，每层的厚度为 0.1~0.2mm，使得片状颗粒整齐定向排列。由于粒子的定向分布和两种吸收剂的相互作用，石墨/FCI 复合材料具有较高的介电常数，在 L 波段（1~2GHz）有较强的吸波性能，厚度为 1.5mm 和 2mm 时反射率分别为-11.85~-3.60dB 和-15.02~-7.30dB。Deng 等[78]以 SCI 和石墨为吸收剂制备的树脂基双层吸波涂层在阻抗匹配层含 20%（质量分数）SCI、吸收层含 35%（质量分数）石墨的情况下达到最佳吸波性能，反射率峰值为-20.19dB，有效带宽为7.3GHz。

6. 其他碳材料与羰基铁的复合

Li等[79-80]通过在不同温度下分别用高纯氮气、微氧气体对聚丙烯腈（polyacrylonitrile，PAN）/SCI复合物进行碳化处理，将SCI分散在无定形碳中制备复合材料，由于同时具有电损耗和磁损耗，复合材料具有较好的吸波性能，高纯氮气条件下，750℃制备的复合材料在厚度为2~3mm时有效带宽为7.5~18GHz，800℃制备的复合材料在厚度为2mm时在10GHz处有最小反射率-40dB。Wu等[81]采用胶体沉积和浸渍方法制备了SCI掺杂Ag/有序介孔碳（ordered mesoporous carbon，OMC）纳米复合材料，该复合材料比Ag/OMC和OMC/SCI具有更好的吸波性能，Ag纳米粒子、OMC纳米棒、SCI和石蜡基体之间的多重界面增强了复合材料的介电损耗，而复合材料的磁损耗主要来自自然共振和涡流损耗。

1.2.3 MOF衍生的碳基复合吸波材料研究现状

MOF材料因其具有多样的框架结构、可控的孔径及形貌，以及超高的比孔隙率和比表面积等优异性能，在催化、储能、吸附、生物等领域得到广泛的研究和应用[82-84]。MOF由金属离子和有机配体构成，金属离子节点规整地排列在MOF分子中。由于有机配体和金属离子提供了丰富的碳源和金属源，采用MOF作为模板或前驱体通过煅烧处理可以制备多孔碳、磁性金属或金属氧化物/多孔碳等复合吸波材料。该方法不仅可以得到各组分分布均匀的金属/碳复合材料，并在高温下保持MOF独特的形貌结构，还可以通过调整MOF前驱体的聚合方法、金属离子种类、高温碳化条件等因素调控合成复合材料的结构和性能[7]。近几年国内外研究人员围绕基于MOF的复合吸波材料开展了大量的研究，并取得了一些有意义的成果。

1. MOF衍生物的吸波性能

MOF可直接作为模板或前驱体通过高温煅烧处理制备多孔碳、磁性金属或金属氧化物/多孔碳等吸波材料。当前，围绕MOF衍生物的吸波性能研究主要是以Co、Fe、Ni等过渡金属的MOF为主，由其衍生的轻质Co、Fe、Ni/多孔碳复合材料，继承了MOF模板的形貌结构及多孔、轻质等特性，并兼具介电损耗和磁损耗特性，表现出优异的吸波性能。

1）Co基MOF衍生物

Co基MOF衍生物多用Co基沸石咪唑酯骨架（zeolitic imidazolate framework，ZIF）为前驱体制备，并通过调整碳化温度等工艺参数、构筑多维空间结构实现吸波性能的优化。Lu 等[85]和 Qiang 等[86]原位热解 ZIF-67 制备的多面体结构 Co/C 复合材料由无定形碳和高度分散的核壳结构 Co@石墨化碳组成，热解温度直接影响复合材料中碳的含量和石墨化程度，进而对复合材料吸波性能有较大的影响。Liang 等[87]和 Xiao 等[88]通过控制 ZIF-67 的碳化条件，在 Co/C 复合材料表面进一步生长了 CNT，大量的异质界面增强了复合材料介电损耗性能，极大提高了复合材料的吸波性能和抗氧化能力。Liu 等[89]、Feng 等[90]和 Huang 等[91]以 Co/Zn 双金属 ZIF（bimetal ZIF，BMZIF）为前驱体，通过调控 BMZIF 中 Co/Zn 的比例制备具有不同石墨化程度、孔径分布和比表面积的复合材料，优化后的复合材料因其较高的介电损耗和良好的阻抗匹配，表现出更加优异的吸波性能。Xu 等[92]将 Co/Zn BMZIF 热解并酸洗后得到一种由非晶碳和均匀分布在其中的中空石墨纳米球组成的碳材料，构建的中空石墨纳米球改善了衍生碳材料的界面极化和导电损耗，使该材料以较低的填充比例获得了较高的吸波性能。该课题组还通过调整退火时间，将空心石墨球的石墨碳层从 9 层调整到 24 层，独特的结构设计实现了材料介电性能的调控[93]。此外，研究人员充分利用 MOF 结构多样性，通过控制制备工艺条件合成了具有核壳结构[94]、中空结构[95-96]、一维棒状结构[97-98]和二维片状结构[99-100]的 Co/C 复合吸波材料，研究了多维空间结构下复合材料的吸波性能。

2）Fe 基 MOF 衍生物

Fe 基 MOF 衍生物多以普鲁士蓝（Prussian blue，PB）和拉瓦希尔骨架（material of institute Lavoisier，MIL）系列 MOF 为前驱体制备。Qiang 等[101]以 PB 为模板合成的 Fe/C 复合材料由无定形碳和均匀分散在其中的 Fe@石墨化碳纳米粒子组成（图 1-7），复合材料继承了 PB 的纳米立方体结构，具有较宽的有效吸收频带（7.2GHz）。PB 中 Fe^{3+} 和 $Fe(CN)_6^{4-}$ 可被 Co^{2+} 和 $Co(CN)_6^{3-}$ 替代[102]，该课题组在此基础上制备不同 Fe/Co 比例 PB 类似物[103]，经高温碳化后得到 FeCo/C 复合材料，Co 原子的引入有助于缓解 Fe_3C 的形成，增强铁磁特性，Fe/Co 摩尔比为 1∶1 时复合材料吸波性能最佳。Liu 等[104]通过对 Fe_2Ni MIL-88 纳米棒衍生的 Fe_3Ni/C 复合材料进行蚀刻，制备了具有多重结构的轻质空心石墨球镶嵌多孔无定形碳材料，填充量仅为 10%（质量分数）时在 X 波段和 Ku 波段具有较大的有效吸收带宽。Wu 等[105]以 Fe MIL-88A 为前驱体，经高温碳化后合成 Fe/Fe_3O_4/多孔碳复合材料，通过调整前驱体的煅烧温度对复合材料的结构和石墨化程度进行调控，进而达到调控吸波性能的目的。Xiang 等[106]将 Fe 基 MOF 先后在空气和氮气中热解合成八面体结构的 Fe_3O_4@C 复合材料，Fe_3O_4均匀镶嵌在多孔碳基体中，复合材料表现较强的吸波性能，最小反射率达-65.5dB。Miao 等[107]通过热解两种同分异构体 MOF（MIL-101-Fe 和 MIL-88B-Fe），首次研究了含碳复合材料形态控制对吸波性能的影响，为从精细形貌控制的角度设计吸波材料提供了参考。

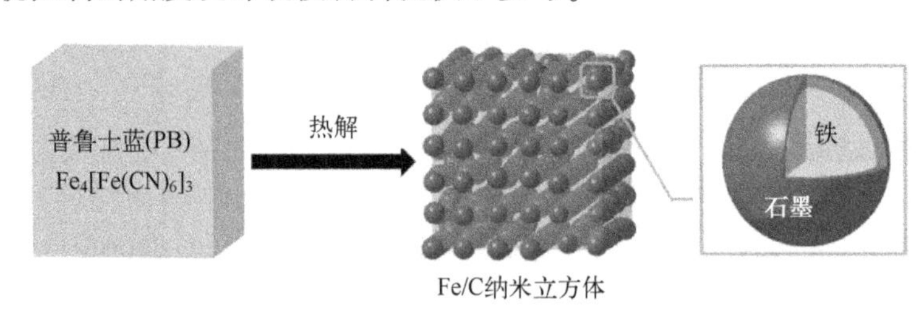

图 1-7 普鲁士蓝转化为具有立方体结构的 Fe/C 纳米复合材料的示意图[101]

3）Ni 基 MOF 衍生物

Ni 基 MOF 经高温煅烧处理后可得到多孔花状[108]、多孔中空结构[109-112]、卵黄-壳结构[113]、一维棒状[114-115]、二维片状[116]等具有多重结构的 Ni 或 Ni 合金/C 复合材料。Liu 等[114]从优化阻抗匹配性能的角度出发，制备了由 Ni 基 MOF 衍生的具有一维棒状结构的多孔 Ni/C 复合材料，通过调整碳化温度来优化复合材料的阻抗匹配特性，复合材料的最小反射率达-51.8dB，有效带宽达 4.72GHz。Zhang 等[117]采用 Ni/Zn MOF 衍生制备了具有分级结构的 ZnO/Ni@C 复合材料，复合材料由纳米棒组成的外壳及微球卵黄核组成，金属 Ni 被石墨化碳层包裹或封装在 CNT 顶部，ZnO 颗粒则随机分布在卵黄-壳结构中，较高的比表面积、特殊的卵黄-壳结构、优异的极化损耗和磁损耗能力使得复合材料表现出较强的吸波性能。为研究不同有机配体对 MOF 衍生物吸波性能的影响，Yan 等[118]分别制备了由 Ni-ZIF和 Ni-BTC 衍生的 Ni@C 复合材料，两种 Ni@C 复合材料均具有较好的吸波性能。相比之下，Ni-ZIF 衍生的 Ni@C 复合材料吸波性能更好，最小反射率可达-86.8dB，性能差别主要是由于含 N 配体（二甲基咪唑）引入的 N 掺杂增强了复合材料的介电损耗。

此外，研究者还对介电损耗型 MOF 衍生物，如多孔碳[119]、Cu/C[120]、MgO/C[121]、Mo_2C/C[122]、TiO_2/C[123]、ZrO_2/C[124]等的吸波性能进行了探索研究。

2. 碳/MOF衍生物复合吸波材料

独特的微纳结构使得MOF衍生物在电磁波吸收领域的研究取得了一些积极成果。然而，在填充比例低于30%（质量分数）的情况下，大多数MOF衍生物仍然不能达到很好的吸波性能。尽管Co、Fe、Ni等金属元素在高温下对石墨化碳的形成有催化作用，但仅限于纳米金属粒子的周围，MOF衍生物中的碳大都以无定形碳的形式存在，石墨化碳的含量较少，石墨化程度仍然较低，不利于电子的跃迁和迁移。因此，研究人员尝试将新型碳材料如石墨烯、CNT、碳纳米纤维（carbon nanofiber，CNF）等与MOF结合[125]，通过构筑多维空间结构、增强导电损耗和极化损耗，以期制备性能优异的复合吸波材料。

1）一维CNT、CNF等与MOF衍生物复合

一维碳材料具有良好的分散性和高的长径比，与MOF衍生物复合后利于复合材料构建三维导电网络，增强导电损耗和极化损耗。Lu等[126]以ZIF-67为模板制备了具有三维网络结构的CNT@碳基CoO复合材料，CoO纳米粒子与CNT的协同作用增强了复合材料的介电损耗性能，填充比例仅为10%（质量分数）、厚度为1.84mm时复合材料有最小反射率-50.2dB。Zhang等[127]以CNT为导线、ZIF-67为节点构建三维网络结构，经高温煅烧后得到Co/C-CNT复合材料，CNT与Co/C多孔结构相互交联为电子的跃迁和迁移提供了传输网络，提高了复合材料的导电损耗和极化损耗能力。Shu等[128]研究了MOF模板（ZIF-67、ZIF-8和Co/Zn BMZIF）及CNT的添加量对三维网络结构的Co-C/CNT复合材料性能的影响，发现BMZIF衍生的多孔碳材料及适量的CNT添加量能显著增强复合材料的吸波性能。Chen等[129]采用类似的方法，制备了具有一维链状结构的CNF@碳基Co/CoO复合材料（图1-8），在填充比例为20%（质量分数）时复合材料最小反射率可达-53.1dB。Yin等[130]采用类似的方法制得Co-C/CNT复合材料后，将其在石蜡基体中定向排布以增强介电损耗，复合材料表现出优异的吸波性能，填充比例为15%（质量分数）时最小反射率可达-48.9dB。Zhao等[131]和Li等[132]分别在生物材料棉花纤维上原位生长ZIF-67和Fe基MOF，经高温碳化后得到CF/Co@C和Fe@C@CF复合材料，两种材料均展示出较好的吸波性能，最大有效带宽分别达4.4GHz和5.2GHz。Li等[133]将ZIF-8和PPY先后包覆在CNT表面，碳化后得到C-ZnO@CNT复合材料，PPY包覆层使高温碳化形成ZnO纳米晶体进入CNT内，在CNT上形成了丰富的极化中心，提高了复合材料的极化损耗能力。

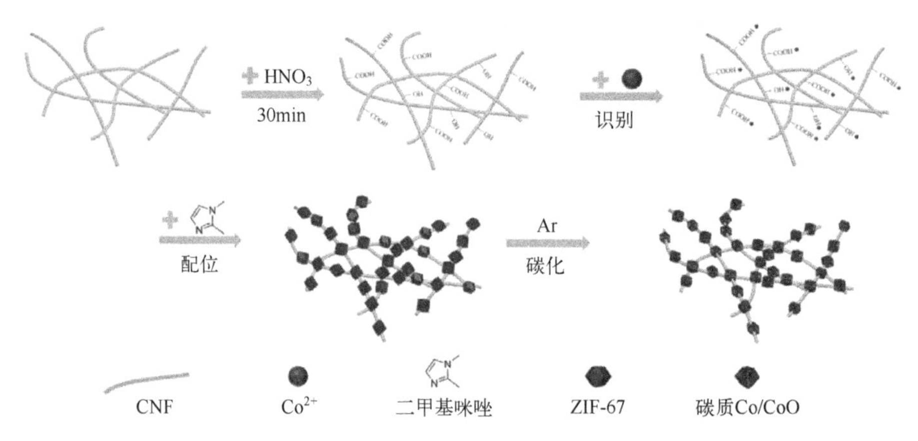

图 1-8　CNF@碳基 Co/CoO 复合材料的合成示意图[129]

2）二维石墨烯与 MOF 衍生物复合

石墨烯因其独特的二维平面结构在吸波领域引起了广泛的关注[134-135]。作为导电损耗型吸波材料，石墨烯由于损耗机制单一，对电磁波衰减能力有限。然而石墨烯具有极大的比表面积，将其与 MOF 衍生物复合，形成优势互补，既可以引入多重电磁损耗机制、改善阻抗匹配性能，提升衰减电磁波的能力，还可以进一步降低复合材料的密度。Yuan 等[136]以 ZIF-67 和 GO 的杂化体系为前驱体合成了碳质 Co_3O_4/Co/RGO 复合吸波材料，ZIF-67 衍生的碳质 Co_3O_4/Co 纳米颗粒均匀分散在 RGO 纳米薄片表面，构筑的二维多孔结构使复合材料能够获得较好的吸波性能。Zhang 等[137]采用类似的方法通过调控高温煅烧温度及时间制备了 Co/C-RGO 复合材料，填充比例为 6%（质量分数）时的有效带宽可达 7.72GHz。该课题组还通过介电/磁损耗结构和合理设计，在 MOF 前驱体中加入 Fe^{3+}，采用原位包覆-可控热解的方法成功制备了“三明治”结构的 $CoFe_2O_4$/RGO/$CoFe_2O_4$ 复合材料[138]，厚度为 2.6mm 时最大有效带宽达到 7.08GHz。Wang 等[139]则在 MOF 前驱体中引入 Fe_3O_4纳米粒子，经高温煅烧后合成的 Fe-Co/C/RGO 复合材料吸波性能得到显著增强，最小反射率可达-52.9dB。Yang 等[140]以 NiFe PB 类似物为前驱体，通过高温碳化将 NiFe 纳米合金颗粒镶嵌的纳米立方体负载在 GO 表面，得到 NiFe@C 纳米立方体/GO 复合材料（图 1-9），得益于独特的三维多孔结构，复合材料表现出良好的电磁波损耗能力和较好的阻抗匹配性能。Liang 等[141]将 ZIF-8 高温分解后得到的 ZnO/C 通过水热法负载在 GO 表面制备得到 ZnO/C/RGO 复合材料，优化 ZnO/C 负载量后得到的复合材料在厚度为 2.6mm 时有效带宽达 7.6GHz。Zhao 等[142]在 GO 表面原位生长 ZIF-8 后采用高温碳化和蚀刻的方法，制备了碳纳米多面体/RGO 复合材料，在厚度为 2.89mm 时达到最小反射率 -66.2dB。此外，Wang 等[143]将 MOF-53（Fe）直接负载在 GO 表面制备复合吸波材料，Liu 等[144]研究了 Co/Zn BMZIF 与 RGO 结合后制得复合材料的吸波性能，Kang 等[145]构造了三维异质结构的 Co/C@ZnO/RGO 复合材料并分析了其吸波性能。

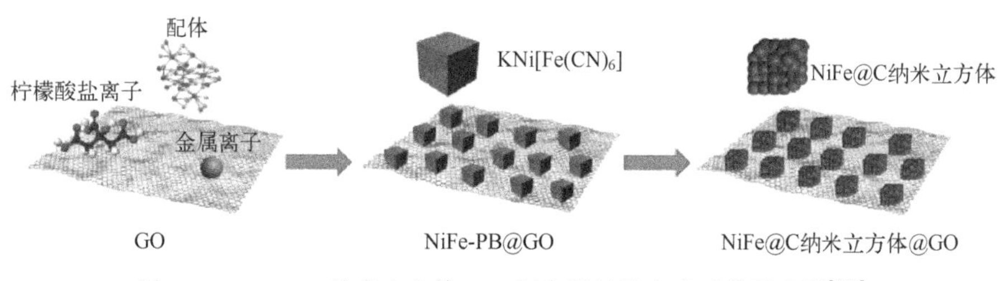

图 1-9 NiFe@C 纳米立方体/GO 复合材料的合成过程示意图[140]

3）其他碳材料与 MOF 衍生物复合

Gu 等[146]以 ZIF-8 为前驱体采用静电纺丝的方法制备了多孔 ZnO/C 纳米纤维，一维多孔纤维结构极大地增强了介电损耗性能，复合材料表现出良好的微波响应能力，有效吸收带宽达 5.64GHz。Wang 等[147]以 Fe/Co PB 类似物为成核位点，在其表面进行多巴胺聚合，聚多巴胺壳层有助于抑制 Fe/Co PB 类似物在高温热解过程中结构坍塌，从而形成了由聚多巴胺衍生的碳纳米笼包裹的核壳 FeCo@C 纳米材料的独特层次结构，碳纳米笼的形成不仅调节了碳的相对含量，而且可以显著提高介电损耗。Quan 等[148]将 ZIF-67 负载在碳纤维纸上，经高温热解后得到稳定的柔性 N 掺杂 C-Co_3O_4/碳纤维纸复合吸波材料，在较低厚度时表现出较好的吸波性能，厚度分别为 1.1mm 和 1.5mm 时最小反射率分别为 -16.12dB 和 -34.34dB。Yang 等[149]则将负载 ZIF-67 的三聚氰胺甲醛海绵作为模板，经高温碳化后成功制备了一种超轻（8mg · cm^{-3}）且具有微/纳米结构和中空骨架的三维复合碳海绵材料，复合材料由作为骨架的微米碳管、生长在其外表面的 N 掺杂 CNT，以及封装在 CNT 尖端的 Co 纳米粒子组成，独特的体系结构赋予了复合材料良好的吸波性能。

3. 磁性金属/金属氧化物/MOF 衍生物复合吸波材料

尽管由 Co、Fe、Ni 基 MOF 衍生的复合吸波材料含有磁性金属或金属氧化物，本身具有一定的磁损耗性能，但由于受磁性组分含量和分布状态的限制，其磁损耗能力往往较弱。因此，为进一步改善 MOF 衍生物的吸波性能，研究人员将磁性金属或金属氧化物与 MOF 衍生物复合，增强磁损耗，改善阻抗匹配性能，以期制得综合性能优异的吸波材料。

Zhang 等[150]将纳米 Fe_3O_4嵌入 ZIF-67，高温碳化得到 Fe-Co 合金镶嵌的多孔碳复合结构，Fe-Co 合金较高的饱和磁化强度提高了材料的磁性能，改善了材料的阻抗匹配特性，从而提升了其微波吸收性能。Co 纳米粒子的嵌入能够增加 ZIF-67 衍生物中磁性 Co 金属的含量，通过调整碳化温度和 Co 纳米粒子的嵌入比例能够进一步调控复合材料的电磁参数和吸波性能[151]。ZIF-8 衍生的介电损耗型多孔碳或 Zn/ZnO/C 复合材料通过掺杂嵌入[152]、包覆[153]、机械混合[154]等方法引入磁性金属 Fe 或 Fe_3O_4，磁性组分的加入能够增强复合材料的磁损耗能力，改善阻抗匹配性能。

构造核壳结构是复合材料制备的常用方式。Wang 等[155]将 ZIF-67 原位生长在 $Ba_{0.85}Sm_{0.15}Co_2Fe_{16}O_{27}$表面，高温分解后得到 $Ba_{0.85}Sm_{0.15}Co_2Fe_{16}O_{27}$/Co/C 复合材料，独特的多孔结构极大地改善了复合材料的阻抗匹配性能、增强了界面极化、提高了电磁损耗和散射损耗。Liu 等[156]将 PB 沉积在 Fe_3O_4 表面，在氮气保护下高温分解得到 Fe/Fe_3O_4复合材料，由于增强的介电损耗和引入的多重极化机制，复合材料的吸波性能得到极大改善，厚度为 1.55mm 时最小反射率达-48.04dB。Quan 等[157]利用 ZIF-67 高温后体积收缩的特性，采用 MOCVD 法在其表面包覆 CI 而后高温碳化得到卵黄-壳结构的 Co/C@Void@CI 复合材料，引入的电/磁异质结构和多重界面增强了复合材料的吸波性能，厚度为 2.2mm 时有效带宽达 6.72GHz。Rehman 等[158]以 ZIF-67 为模板构筑了海星状的 C/$CoNiO_2$复合异质结构。Zhang 等[159]将表面包覆有 CoNi 层状双氢氧化物的 ZIF-67 高温碳化，使 N 掺杂石墨烯层包覆的 CoNi 合金均匀分布在 N 掺杂多面体空心碳中，通过 Ni 掺杂和 Co/Ni 比例调控实现了复合材料性能的优化。Liu 等[160]则在此基础上进行了 B、N 双元素掺杂，丰富的 B-C-N 原子间的偶极子极化促进了复合材料吸波性能的增强，其制备过程示意图如图 1-10 所示。

4. 其他吸收剂与 MOF 衍生物的复合

导电聚合物如 PANI、PPY 等由于其易于制备和可控的电导率，与 MOF 复合后可以增强复合材料的导电损耗，调控阻抗匹配性能。Wang 等[161]在 Fe 基 MOF 表面原位包覆 PANI 制备的核壳结构 MOF(Fe)/PANI 复合材料，该方法无须高温碳化处理，复合材料的有效带宽达 5.5GHz。

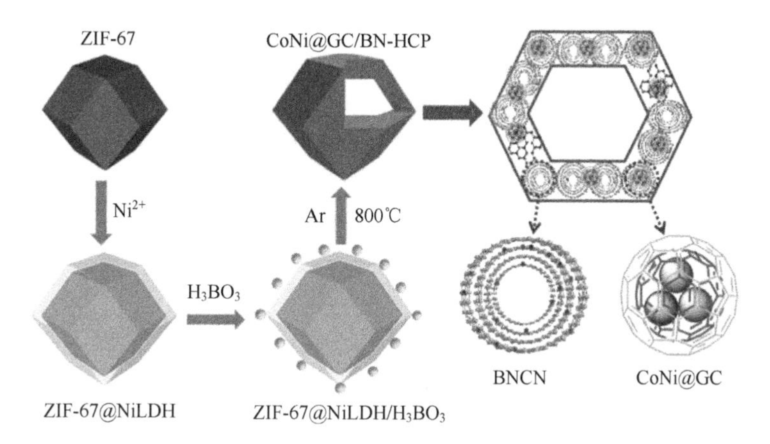

图 1-10 CoNi@GC/BN-HCP 复合材料的合成过程示意图[160]

Sun 等[162]在 ZIF-67 衍生的 Co/C 表面包覆链状 PPY 气凝胶，制得的复合材料填充比例仅为 5%（质量分数）时有效吸收带宽可达 5.2GHz。Jiao 等[163]将 PPY 纤维与 ZIF-8 衍生的多孔碳复合，通过调节导电性来调控复合材料的吸波性能。

具有一维纤维结构的 SiC[164]、MnO[165]、Ag[166]纳米线与 MOF 复合，有助于改善复合材料的分散状态、增强导电损耗和极化损耗性能。Zhang 等[164]在 SiC 纳米线上原位生长 ZIF-67，高温分解得到肉串状 Co@C/SiC 纳米线复合材料，独特的一维链状结构增大了展弦比、增强了界面极化损耗，使得复合材料具有较好的吸波性能。

为改善 MOF 衍生物的阻抗匹配性能，Zhang 等[167]在 ZIF-67 表面包覆 TiO_2并煅烧处理，构筑的核壳结构 Co@C@TiO_2复合材料既继承了 Co@C 复合材料的低密度、强衰减等优势，也克服了 Co@C 阻抗匹配性差的缺陷。同课题组的 Ma 等[168]设计了透波材料 CuO 镶嵌在 MOF 衍生的多孔碳孔道的复合结构（图 1-11），相较多孔碳材料而言，制备的 CuO@C 复合材料阻抗匹配性能得到了极大的改善，最小反射率可达-57.5dB，有效带宽达 4.7GHz。

构筑异质结构是吸波材料设计的常用方法。Yang 等[169]将 SiC 纳米粒子与 Ni MOF 复合，高温处理后得到 SiC/Ni/NiO/C 纳米复合材料，研究发现 SiC 纳米粒子引入有助于增加复合材料中导电路径、增强异质材料间的界面极化，从而增强吸波性能。Zhou 等[170]将 ZIF-67 包覆在 V_2O_3 纳米中空球外表面，高温碳化后得到的中空 Co/C@V_2O_3复合材料具有良

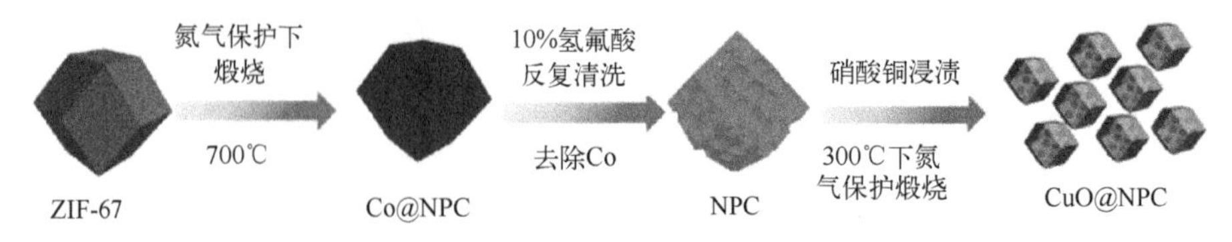

图 1-11　CuO@C 复合材料的合成示意图[168]

好的阻抗匹配性和较轻的重量。此外，研究人员还设计并分析了 MnO_2[171-172]、Mo_2C[173]、MoS_2[174] 等与 MOF 衍生物复合后的吸波性能。

1.2.4　存在的主要问题

从以上研究现状分析可以看出，目前围绕碳基/羰基铁及 MOF 衍生的碳基复合吸波材料的研究在提高吸波性能、拓宽吸收频带上取得了一些积极的进展和突破，但是仍然存在以下一些问题：

（1）目前吸波材料已达到的“宽”“强”性能普遍是在牺牲“薄”“轻”性能的条件下实现的，尽管轻质碳材料的引入在一定程度上可以降低复合吸波材料的密度，但是填充比例仍然较高，“轻”的问题有待解决。

（2）吸波材料在复合形式上以较常见的掺杂或结构调控为主，对材料掺杂、结构调控和多相复合的结合研究不够，在改进传统复合模式、构筑具有多维空间结构的复合吸波材料以增加电磁波损耗机制、增强电磁波损耗能力方面有待进一步研究。

（3）吸波材料的微纳结构与吸波性能之间的构效关系对比研究较少，对于吸波材料形态控制对综合吸波性能的影响缺乏定量实验依据，从精细形貌控制的角度设计吸波材料需要进一步研究。

（4）吸波材料的制备工艺仍然比较复杂，部分原材料存在毒性大、成本高的问题，开发高效率、低污染、低成本的制备工艺是吸波材料发展的重要方向。

1.3　主要内容及章节安排

1.3.1　主要内容

本书以开发轻质、高效吸波材料为研究目标，以羰基铁和 Co/Zn MOF 衍生的轻质 Co@C 复合材料为研究对象，从降低复合材料密度、提高复合材料的极化损耗和磁损耗能力、调控复合材料的阻抗匹配性能入手，通过核壳结构构筑、多维度形貌调控等手段，制备羰基铁/Co@C 复合材料，分析复合材料的组织结构、微观形貌及电磁性能，重点围绕复合吸波材料的设计制备及性能优化开展理论和实验研究。主要开展以下问题研究：

（1）采用数值方法求解单层吸波材料的匹配方程，研究基于传输线理论的单层吸波材料的阻抗匹配规律，从理论计算的角度提出增强“薄、宽、强”性能的吸波材料设计基本原则和思路。

（2）采用高能球磨法制备片状羰基铁，优化球磨工艺参数，研究球磨时间、退火处理等制备工艺对其微观结构、磁性能及电磁性能的影响；将 Co/Zn MOF 前驱体包覆在片状羰基铁表面，高温煅烧后制得核壳结构的片状羰基铁/Co@C 复合吸波材料，研究包覆层中 Co 含量对复合材料微观结构、磁性能和吸波性能的影响。

（3）采用气流诱导法制备羰基铁纤维，研究 $Fe(CO)_5$ 热解温度对羰基铁纤维微观结构、磁性能及电磁性能的影响；在 ZIF-67 的生长过程中引入羰基铁纤维，将制得的羰基铁纤维/ZIF-67 前驱体高温煅烧得到具有三维网络结构的羰基铁纤维/Co@C 复合吸波材料，研究羰基铁纤维掺杂量对复合材料微观结构、磁性能和吸波性能的影响。

（4）通过调控制备工艺，分别制备二维片状和一维棒状结构的 Co/Zn MOF，并以其为前驱体，经高温煅烧后得到片状和棒状结构的 Co@C 复合材料，研究前驱体中 Co/Zn 摩尔比对复合材料微观结构、石墨化程度、磁性能和吸波性能的影响，分析 Co 含量及多维形貌结构对 Co@C 复合吸波材料损耗电磁波的作用。

（5）以二维片状和一维棒状结构的 Co/Zn MOF 为模板，采用 MOCVD 法分别在其表面生长羰基铁粒子，经高温碳化后得到核壳结构的片状和棒状 Co@C/Fe 复合吸波材料，研究煅烧处理温度对复合材料微观结构、石墨化程度、磁性能和吸波性能的影响，分析复合材料的电磁波损耗机制。

（6）以开发的羰基铁/Co@C 复合材料为基础，以涂层厚度、面密度和有效带宽为约束条件，采用粒子群算法对多层吸波涂层进行优化设计，最后根据优化结果制备吸波涂层并测试验证优化设计结果。

1.3.2　结构安排

本书的结构安排如图 1-12 所示。

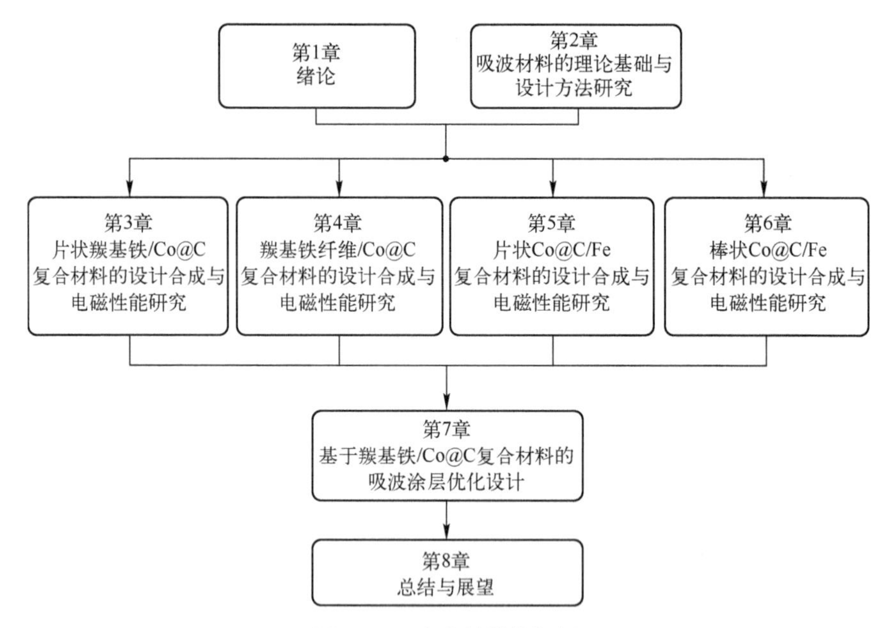

图 1-12　本书的结构框图

第2章 吸波材料的理论基础与设计方法研究

本章以基于MOF的羰基铁/Co@C复合材料设计构筑及电磁性能研究为出发点，首先介绍吸波材料对电磁波的损耗机制，讨论吸波材料设计基本原理和评价方法；然后采用数值方法求解单层吸波材料的匹配方程，研究基于传输线理论的单层吸波材料的阻抗匹配规律，从理论计算的角度提出了增强“薄、宽、强”性能的吸波材料设计基本原则和思路；最后介绍本书中将要使用到的吸波材料测试表征手段和电磁参数测试方法。本章的研究工作是后续开展羰基铁/Co@C复合材料设计制备、测试表征及电磁性能研究的理论基础和方法指导。

2.1 材料衰减电磁波的基本原理

2.1.1 材料对电磁波的损耗机制

根据物理机制的不同，吸波材料对电磁波的损耗机制可以分为导电损耗、极化损耗、磁损耗和干涉损耗。吸波材料通过不同的损耗机制将进入材料内部的电磁波能量转化成热能并耗散掉。

（1）导电损耗。电磁波进入吸波材料时，材料内部的自由电子在电磁场的作用下发生定向移动，形成传导电流，该电流使进入材料的电磁波以焦耳热的形式被消耗，这就是导电损耗。导电损耗与材料的电导率密切相关，电导率越大，导电损耗越强。然而，过大的电导率会导致吸波材料表面产生趋肤效应，电磁波只能分布在材料表面薄层，难以进入吸波材料内部完成衰减损耗，从而降低吸波性能。

(2) 极化损耗。对于电介质吸波材料，由于其内部几乎没有自由电子存在，电磁波进入材料后，电介质内部的电荷在电场力作用下产生极化，由无序分布变成有序分布，电场力因对电荷做功而消耗能量。由于电介质的极化需要一定时间完成，因此电介质吸波材料对电磁波的损耗主要是通过介质极化弛豫将电磁能转化为热能并耗散掉。电介质吸波材料的极化主要有电子极化、离子极化、分子极化、偶极子极化和界面极化。其中，电子极化和离子极化的弛豫时间分别约为 $10^{-15}\sim10^{-14}$s 和 $10^{-13}\sim10^{-12}$s，偶极子极化的时间较长，约为 $10^{-8}\sim10^{-2}$s。因此在吉赫频段，电介质吸波材料的极化行为主要是偶极子极化。此外，对复合材料而言，其内部存在大量的异质界面，电介质中的自由电荷在界面处聚集形成了局部积累，呈现电荷分布不均匀的状态，从而产生宏观的电矩，这种极化被称为界面极化。

(3) 磁损耗。磁性吸波材料在交变电磁场作用下将电磁能量转化成热能并耗散掉的过程称为磁损耗。交变电磁场中的磁损耗机制主要包括磁滞损耗、畴壁共振、涡流损耗和自然共振等。其中，磁滞损耗一般发生在强磁场条件下，弱磁场环境中可以忽略。畴壁共振通常出现在兆赫频段。因此在微波频段，吸波材料的磁损耗主要源于涡流损耗和自然共振。涡流损耗是由于磁性材料在交变电磁场作用下产生感应涡电流，涡电流在材料内部流动产生热能而损耗能量。在电磁波作用下，磁性材料内部的自旋磁矩以一定角度绕着外加磁场进动，当其进动的固有频率与外加电磁场的频率一致时，发生的共振现象称为自然共振。对于粒径在 100nm 以内的磁性粉体材料，纳米尺寸效应和表面效应能够引起磁矩体系的非一致进动，进而可以激发出多个共振吸收峰[175]。

(4) 干涉损耗。电磁波从自由空间入射到吸波材料内部后，未被损耗的电磁波在吸波材料-金属基底界面发生反射，并再次回到吸波材料-自由空间界面。当吸波材料的厚度 d 是材料内部反射电磁波 1/4 波长的奇数倍时，入射电磁波与反射到吸波材料-自由空间界面的电磁波刚好振幅相等、相位相反，发生干涉相消，从而实现电磁波的衰减。1/4 波长模型可表示为[176-177]

$$d=\frac{nc}{4f\,\mathrm{Re}(\mu_r\varepsilon_r)}\quad(n=1,3,5,\cdots)\tag{2-1}$$

式中：d 为吸波涂层厚度；c 为光速；ε_r 和 μ_r 分别为吸波材料的介电常数和磁导率；f 为电磁波的频率。该模型对吸波材料在特定频段的吸波性能设计具有指导作用。

2.1.2　吸波材料设计基本原理和评价方法

1. 吸波材料设计基本原理

吸波涂层一般由基体和吸波材料组成，基体一般为环氧树脂、石蜡等透波材料，吸波材料分散在基体中。2.1.1 节中分析了吸波材料损耗电磁波的机理，但由于吸波材料并非通过单一机制衰减电磁波，而是多重损耗机制共同作用的结果，因此仅从单一衰减机理去设计吸波材料是不可取的。吸波材料具有优异吸波性能需要具备两个方面的条件：①具有良好的阻抗匹配性能，保证入射电磁波能够最大限度进入到吸波材料内部；②具有较强的电磁波衰减能力，保证进入到吸波材料内部的电磁波能够最大限度地被损耗衰减。然而，在实际研究中吸波材料的阻抗匹配性能与衰减性能是相互矛盾的。较好的阻抗匹配性能可以保证大量的电磁波进入吸波材料内部，却难以避免地降低吸波材料对电磁波的衰减性能。因此，吸波材料的设计制备应从材料的整体性能考虑，兼顾阻抗匹配性能和衰减性能两个方面。此外，吸波材料在基体中的分布状态、填充比例等也会影响吸波性能。

2. 吸波材料的评价方法

材料的电磁参数包括介电常数 ε_r 和磁导率 μ_r，可分别表示为

$$\varepsilon_r=\varepsilon'-j\varepsilon''=\varepsilon'(1-j\cdot\tan\delta_e) \tag{2-2}$$

$$\mu_r=\mu'-j\mu''=\mu'(1-j\cdot\tan\delta_m) \tag{2-3}$$

式中：ε'、ε''分别为介电常数的实部和虚部；μ'、μ''分别为磁导率的实部和虚部；$\tan\delta_e$、$\tan\delta_m$ 分别为介电损耗正切和磁损耗正切；δ_e、δ_m 分别为介电损耗正切角和磁损耗正切角。根据传输线理论，材料电磁参数中 ε' 和 μ' 分别表示材料对电能和磁能的储存能力，ε'' 和 μ'' 分别表示材料对电能和磁能的损耗能力[178]。

吸波材料的阻抗匹配性能可用阻抗匹配因子（Δ）表示为[179]

$$\Delta=|\sinh^2(Kfd)-M| \tag{2-4}$$

式中：K 和 M 可分别表示为

$$K=\frac{4\pi\sqrt{\mu'\varepsilon'}\sin[(\delta_e+\delta_m)/2]}{c\cos\delta_e\cos\delta_m} \tag{2-5}$$

$$M=\frac{4\mu'\cos\delta_e\varepsilon'\cos\delta_m}{(\mu'\cos\delta_e-\varepsilon'\cos\delta_m)^2+[\tan(\delta_m/2-\delta_e/2)]^2(\mu'\cos\delta_e+\varepsilon'\cos\delta_m)^2} \tag{2-6}$$

式（2-4）中，Δ 的值越接近 0，材料的阻抗匹配性能越好，更多的电磁波能进入吸波材料内部，越有利于电磁波的吸收。

吸波材料对电磁波的衰减损耗能力可以用衰减常数 α 评价，α 可表示为[180]

$$\alpha=\frac{\sqrt{2}\pi f}{c}\sqrt{\mu''\varepsilon''-\mu'\varepsilon'+\sqrt{(\mu'^2+\mu''^2)(\varepsilon'^2+\varepsilon''^2)}} \tag{2-7}$$

式中：α 的值越大，材料对电磁波的损耗能力越强。

根据传输线理论，吸波材料的反射率（RL）可以表示为[125]

$$\mathrm{RL}=20\lg\left|(Z_{\mathrm{in}}-Z_0)/(Z_{\mathrm{in}}+Z_0)\right| \tag{2-8}$$

$$Z_{\mathrm{in}}=Z_0\sqrt{\mu_r/\varepsilon_r}\tanh(\gamma d)=Z_0\sqrt{\mu_r/\varepsilon_r}\tanh\left[\mathrm{j}(2\pi fd/c)\sqrt{\mu_r\varepsilon_r}\right] \tag{2-9}$$

式中：Z_{in}为吸波材料的输入阻抗；Z_0为自由空间的波阻抗；γ 为传播常数。通过式（2-8）和式（2-9）可以计算吸波材料的反射率。一般将反射率小于-10dB 时的频带宽称为有效带宽，此时 90%的入射电磁波被吸波材料损耗吸收。吸波涂层的厚度、有效带宽和反射率峰值分别对应吸波材料的“薄”“宽”“强”，是评价吸波材料性能的重要指标。

2.2 吸波材料的优化设计方法研究

通过 2.1.2 节的分析可知，单层吸波材料的吸波性能可通过材料的电磁参数进行模拟计算得到。可以看出，单层吸波材料的吸波性能与材料的电磁参数 ε_r 和 μ_r、厚度 d 及入射电磁波的频率 f 密切相关。因此研究 ε_r、μ_r、d 和 f 在单层吸波材料实现零反射时应满足的内在关系对单层材料的设计十分重要。单层吸波材料的设计一般采用 Fernandez 参数法[181-182]、Musal 参数法[183]等图解法。这些方法可根据电磁参数大小绘制设计曲线图，然后将待设计吸波材料的电磁参数与设计图对比，找出所设计材料的最优厚度和频率，也可以根据所需厚度和频率计算出吸波材料应具备的电磁参数。但是对于实际应用中的微波频段吸波材料，上述方法对一些特殊的情况或边界条件阐述得不够，比如，存在 $\delta_m=0$ 的介电损耗型吸波材料，$\tan\delta_m$ 和 $\tan\delta_e$ 一般小于 1，单层涂层的厚度 d 一般不大于 5mm。因而针对微波频段吸波材料的图解法设计还需要进一步的研究。

根据式（2-9）可知，电磁波在单层吸波材料中的传播常数 γ 可表示为

$$\gamma = \mathrm{j}(2\pi f/c)\sqrt{\mu_r\varepsilon_r} \tag{2-10}$$

传播常数 γ 也可表示为 $\gamma=\alpha+\mathrm{j}\beta$，其中衰减常数 α 和相位常数 β 可分别表示为[182]

$$\alpha = \frac{2\pi}{\lambda}\sqrt{\mu'\varepsilon'}\frac{\sin[(\delta_m+\delta_e)/2]}{\sqrt{\cos\delta_m\cos\delta_e}} \tag{2-11}$$

$$\beta = \frac{2\pi}{\lambda}\sqrt{\mu'\varepsilon'}\frac{\cos[(\delta_m+\delta_e)/2]}{\sqrt{\cos\delta_m\cos\delta_e}} \tag{2-12}$$

式中：λ 为真空中电磁波的波长。根据式（2-8），单层吸波材料实现零反射的条件为 $Z_{\mathrm{in}}=Z_0$，即吸波材料的输入阻抗与自由空间波阻抗相等，实现完美匹配。此时匹配方程为 $\sqrt{\mu_r/\varepsilon_r}\tanh[\mathrm{j}(2\pi fd/c)\sqrt{\mu_r\varepsilon_r}]=1$，该式左侧为复数，其实部为 1、虚部为 0，则根据这两个条件可以得到匹配方程[181]：

$$\frac{\mu'}{\varepsilon'} = \frac{\cos\delta_m}{\cos\delta_e}\frac{\cosh(\theta s)+\cos\theta}{\cosh(\theta s)-\cos\theta} \tag{2-13}$$

$$\sin\theta = r\sinh(\theta s) \tag{2-14}$$

式中：$s=\tan\left(\frac{\delta_m+\delta_e}{2}\right)$；$r=\tan\left(\frac{\delta_m-\delta_e}{2}\right)$；$\theta=2\beta d=4\pi\frac{d}{\lambda}\sqrt{\mu'\varepsilon'}\frac{\cos[(\delta_m+\delta_e)/2]}{\sqrt{\cos\delta_m\cos\delta_e}}$。

本书研究的吸波材料中，ε' 和 μ' 均为大于等于 0 的常数，对其并无特殊限制，因此可将 μ'/ε' 的比值作为未知参数考虑；由于介电常数和磁导率的虚部一般均不大于实部，因此 δ_e、δ_m 的取值均在 0~1 之间；对某一指定频率而言，λ 为常数，因此可将 d/λ 作为另一未知参数考虑；单层吸波材料的厚度 d 一般小于 5mm，厚度过大一方面会增加涂层的面密度，另一方面会影响涂层的力学性能，而本书研究的电磁波频率范围为 2~18GHz，对应的电磁波波长范围为 16.7~150mm，因此在后续方程求解中将 d/λ 的取值范围设为 0~0.3。

式（2-13）和式（2-14）阐明了吸波材料的 4 个重要参数 δ_m、δ_e、d/λ 和 μ'/ε' 在实现完美匹配时的关系。吸波材料根据其损耗电磁波的机理不同，可分为介电损耗型吸波材料和介电/磁损耗型吸波材料。本书对介电损耗型和介电/磁损耗型单层吸波材料的匹配方程式（2-13）和式（2-14）进行计算求解，分析两种情况下吸波材料的匹配规律，研究吸波材料实现较好匹配性能时电磁参数应满足的基本规律，为后续开展羰基铁/Co@C 复合材料设计构筑提供理论基础和方法指导。

2.2.1 介电损耗型单层吸波材料的匹配规律

对介电损耗型吸波材料而言，其磁导率实部μ'为1，磁损耗正切角δ_m为0，因此式（2-13）和式（2-14）可以简化为

$$\varepsilon'=\cos\delta_e\frac{\cosh(\theta s)-\cos\theta}{\cosh(\theta s)+\cos\theta} \tag{2-15}$$

$$\sin\theta=r\sinh(\theta s) \tag{2-16}$$

式中：$s=\tan(\delta_e/2)$；$r=\tan(-\delta_e/2)$；$\theta=2\beta d=4\pi\frac{d}{\lambda}\sqrt{\mu'\varepsilon'}\frac{\cos(\delta_e/2)}{\sqrt{\cos\delta_e}}$。此时方程组中的未知参数有3个，即$\varepsilon'$、$\delta_e$和$d/\lambda$。将$d/\lambda$设置为在0~0.3之间以步长为0.001增加的数列，则式（2-15）和式（2-16）共有ε'和δ_e两个未知参数，对此时的匹配方程进行计算求解。图2-1所示为介电损耗型单层吸波材料匹配方程的数值解。从图中可以看出，随着d/λ的减小，ε'的值逐渐增大，δ_e的值逐渐减小。表明在保持厚度d不变时，随着入射电磁波波长λ逐渐增大，介电损耗型吸波材料实现良好匹配性能需要具有较大的ε'和较小的δ_e。因此在厚度d不变时，要在宽频范围内实现完美匹配，ε'的值随着λ的减小（即频率f的增大）而逐渐减小，表现出明显的频散特性。

根据图2-1所示数值解可对介电损耗型单层吸波材料吸波性能进行设计。当d/λ的值大于0.15时，ε'和δ_e出现了两组不同的取值。当d/λ为0.2时，选取频率为12.0GHz，则d为5.0mm，从图中可以找出相对应的ε'、δ_e分别为1.961、14.142和0.659、0.114，则ε''分别为1.292和1.612，代入式（2-8）和式（2-9）计算得到此时的反射率分别为-73.7dB和-41.4dB。以Liu等[180]研究的CNT/ZnOw复合材料为例进行介电损耗型单层吸波材料设计。图2-2所示为介电损耗型单层吸波材料ε'-δ_e的理论和实验曲线。从图中可以看出，ε'-δ_e的实验曲线分别在ε'为8.7114、9.2457和9.8378处与理论曲线相交，此时实验值对应的频率分别为17.44GHz、14.0GHz、11.60GHz，而匹配方程的数值解中相对应的d/λ值分别为0.08864、0.084和0.08136，则对应的厚度为1.49mm、1.80mm和2.10mm，代入式（2-8）和式（2-9）计算得到此时的反射率分别为-48.10dB、-52.80dB和-44.60dB。实际应用中，吸波材料的电磁参数很难在所有频点均达到匹配方程式（2-13）和式（2-14）的要求，

一般是在某一些频率点达到或接近匹配方程，从而达到较好的吸波性能。

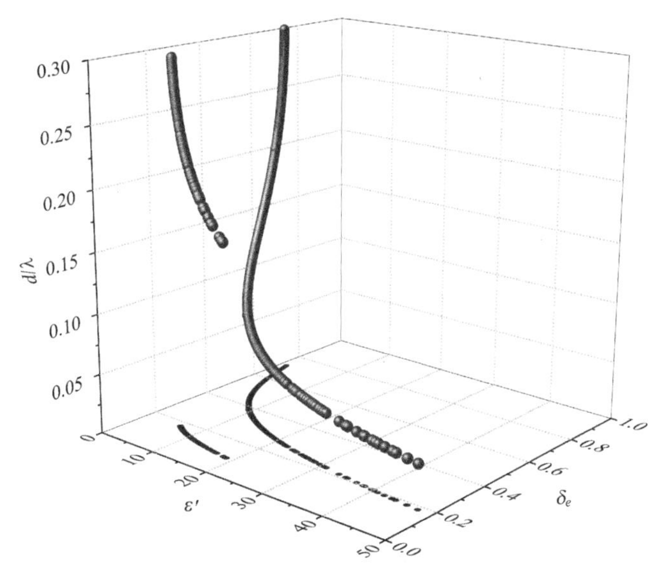

图 2-1　介电损耗型单层吸波材料匹配方程的数值解

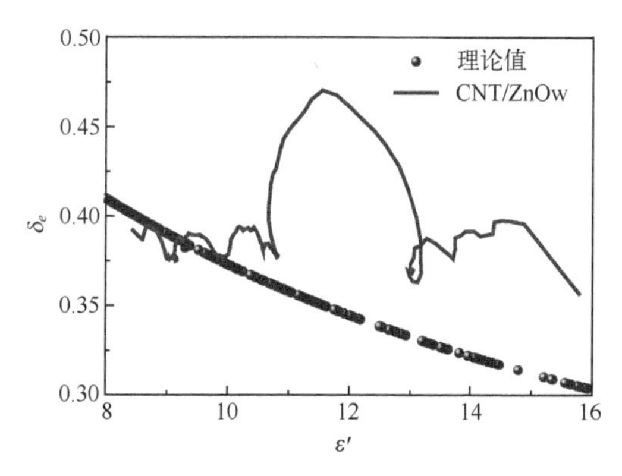

图 2-2　介电损耗型单层吸波材料 ε'-δ_e 的理论和实验曲线

为分析介电损耗型单层吸波材料实现完美匹配时其介电常数的实部与虚部应满足的条件，对匹配方程的数值解做进一步分析。图 2-3 所示为介电损耗型单层吸波材料实现完美匹配时介电常数随厚度与频率乘积的变化曲线。从图中可以看出，厚度一定时，实现完美匹配时的 ε'和 ε''值均随着频率的增大而减小，表明介电损耗型单层吸波材料具备宽频吸波性能的必

要条件是其 ε' 和 ε'' 值具有频散特性。这阐明了频散特性对拓宽吸波材料有效吸收带宽的重要作用。此外，厚度与频率乘积 $d \cdot f$ 较小，即厚度 d 和频率 f 均较小时，介电损耗型单层吸波材料需要具有较大的 ε' 和 ε'' 值和较强的频散特性才能实现较好的匹配性能。因此厚度较小时，介电损耗型吸波材料难以在低频区域实现较好的吸波性能。

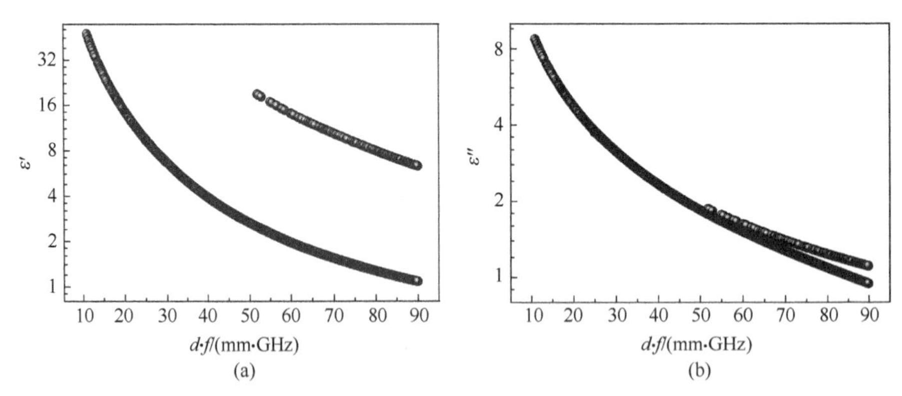

图 2-3　介电损耗型单层吸波材料实现完美匹配时介电常数随厚度与频率乘积的变化曲线

(a) 介电常数实部；(b) 介电常数虚部。

2.2.2　介电/磁损耗型单层吸波材料的匹配规律

对介电/磁损耗型单层吸波材料而言，式（2-13）和式（2-14）共有 δ_m、δ_e、d/λ 和 μ'/ε' 四个未知参数，因此在求解方程时需要固定两个未知参数。本书将 μ'/ε' 分别设置为 1、0.9、0.8、0.7、0.6、0.5、0.4、0.3、0.2、0.13、0.06，d/λ 设置为在 0~0.3 之间以步长为 0.001 增加的数列，则式（2-13）和式（2-14）共有 δ_m 和 δ_e 两个未知参数，对此时的匹配方程进行计算求解。图 2-4 所示为介电/磁损耗型单层吸波材料匹配方程的数值解。图中 $\delta_e=0$ 的区域主要对应磁性吸波材料，$\delta_m=0$ 的区域主要对应非磁性吸波材料。实际材料很难实现同时具有较大的电损耗和磁损耗性能，因此满足匹配条件的实际材料主要位于 δ_m 和 δ_e 接近于 0 的区域。从图中可以看出，随着 μ'/ε' 取值的减小，δ_e 的值逐渐减小，μ'/ε' 大于 0.7 时，随着 d/λ 的增大，δ_e 逐渐减小；μ'/ε' 在 0.4~0.7 之间时，随着 d/λ 的增大，δ_e 先减小然后逐渐增大；μ'/ε' 小于 0.5 时，δ_e 的值随着 d/λ 的增大逐渐增大。d/λ 在 δ_m 接近 0 的区域达到最大，随着 δ_m 的增大，d/λ 的值逐渐减小，表明增大磁损耗有助于降低涂层的厚度或在低频处获得较好的吸波性能。这也从理论上解释了通过调控介电性能和磁性能来合成具有较低匹配厚度的吸波材料是可行的。

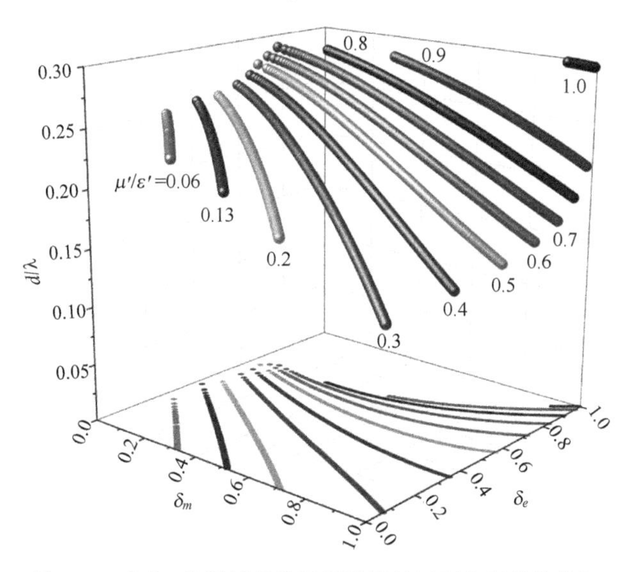

图 2-4　介电/磁损耗型单层吸波材料匹配方程的数值解

通过图 2-4 可对吸波材料的设计进行指导。假设需要设计吸波材料完全吸收 10GHz 处的电磁波。若先选定μ'/ε'的值为 0.2，从图 2-4 可以看出d/λ、δ_m 和 δ_e 单值对应，从中选定 d/λ 为 0.2，则 δ_m 的值为 0.70427，δ_e 的值为 0.00733。设定 ε' 为 10，则 μ' 为 2，ε_r 为 10－0.073j，μ_r 为 2-1.6992j，d 为 1.34mm，代入式（2-8）和式（2-9）计算得到反射率为 -57.10dB，代表电磁波能量被吸收了 99.9998%。

为进一步分析频散特性、增强磁损耗能力对拓宽有效带宽、降低匹配厚度、提高低频吸波性能的促进作用，本书通过传输线理论计算分析了电磁参数变化对材料吸波性能的影响，如图 2-5 所示。图 2-5（a）为 $\varepsilon'=10$、$\varepsilon''=3$ 时磁损耗角正切（$\tan\delta_m=0,0.1,0.3,0.4,0.5$）对吸波材料反射率的影响。从图 2-5（a）中可以看出，计算厚度为 2mm 时，具有磁损耗性能的吸波材料的反射率峰值频率明显低于介电损耗型吸波材料，并且随着磁损耗性能的提高，材料的峰值频率逐渐向低频移动。此外，材料的有效损耗带宽也随着磁损耗性能的增强逐渐增大，当 $\tan\delta_m$ 增大到 0.5 时，材料在 4~18GHz范围的反射率均小于 -10dB。图 2-5（b）为 $\varepsilon'=10$、$\varepsilon''=3$、

$\tan\delta_m = 0$，0.3 时材料在不同厚度下的反射率对比。与介电损耗型吸波材料相比较，$\tan\delta_m = 0.3$ 时的介电/磁损耗型吸波材料与 $\tan\delta_m = 0$ 时的介电损耗型吸波材料具有几乎相同的峰值频率和更低的反射率，而厚度则从 $\tan\delta_m = 0$ 时的 5.0mm 降低到 $\tan\delta_m = 0.3$ 时的 2.8mm。因此，增强材料的磁损耗能力、调控优化材料的电磁参数是合成具有“薄”“宽”“强”性能吸波材料的重要技术途径。

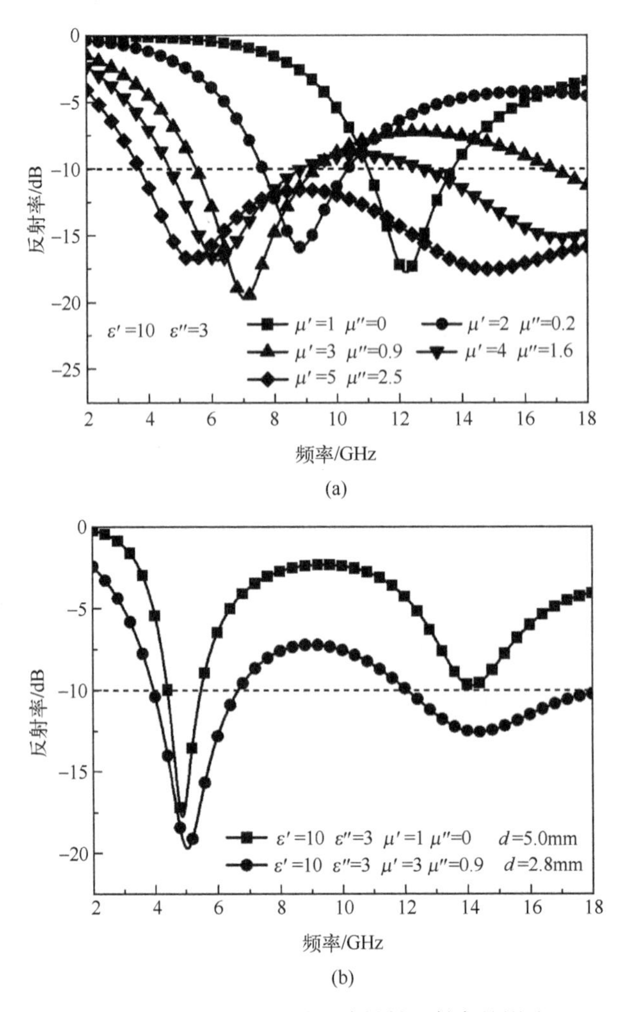

图 2-5 磁损耗能力对吸波材料反射率的影响

（a）厚度为 2mm 时的反射率；（b）不同厚度下的反射率对比。

频散特性是影响吸波材料宽频吸波性能的重要因素。本书通过传输线理论计算分析了介电常数实部与虚部的频散特性对介电/磁损耗型吸波材料吸波性能的影响，如图 2-6 所示。从图中可以看出，ε''的频散特性对材料反射率的影响较小，ε'和 ε''同时具有频散特性时材料的有效带宽增大，而 ε'的频散特性对材料有效吸收频带的展宽作用最为明显，有效带宽从 2.7GHz 大幅增加到 11.3GHz。因此，介电损耗型吸波材料与介电/磁损耗型吸波材料介电常数的频散特性均能展宽其有效带宽，增强宽频吸波性能。但是吸波材料介电常数随频率下降的程度目前还难以实现精确控制。材料内部具有可移动电荷的各种微观缺陷是影响其介电常数频率响应特性的重要因素之一[184]。因此，本书将采用微纳结构设计及复合材料制备工艺调控的方法优化电磁参数，实现宽带的频散效应，拓宽复合材料的有效吸收频带。

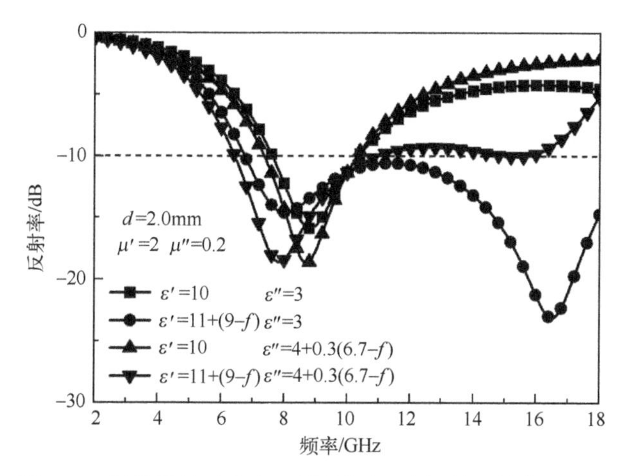

图 2-6　频散特性对介电/磁损耗型吸波材料反射率的影响

2.3　材料的表征及电磁参数测试

2.3.1　材料表征测试方法及仪器设备

本书采用 X 射线衍射（X-ray diffraction，XRD）仪、扫描电子显微镜（scanning electron microscope，SEM）和透射电子显微镜（transmission electron microscope，TEM）进行材料结构形貌的表征与分析，采用拉曼光

谱（Raman spectra）仪、X 射线光电子能谱（X-ray photoelectron spectroscopy, XPS）仪进行材料组分的表征与分析，采用振动样品磁强计（vibrating sample magnetometer, VSM）进行材料静磁性能的表征与分析。材料表征中用到的主要测试仪器设备如表 2-1 所示。

表 2-1 主要测试仪器设备

设备名称	规格型号	生产厂家
X 射线衍射仪	D8 ADVANCE	德国 Bruker 公司
扫描电子显微镜	ZEISS merlin compact	德国 ZEISS 公司
透射电子显微镜	JEM 2100F	日本电子株式会社
拉曼光谱仪	LabRAM HR Evolution	法国 HORIBA Jobin Yvon 公司
X 射线光电子能谱仪	EscaLab 250Xi	美国 Thermo Fisher Scientific 公司
振动样品磁强计	Lakeshore 7407	美国 LakeShore 仪器公司
矢量网络分析仪	3672C	中电科仪器仪表有限公司

2.3.2 材料的电磁参数测试

采用同轴法测试材料在 2~18GHz 内的复介电常数（$\varepsilon_r=\varepsilon'-j\varepsilon''$）和复磁导率（$\mu_r=\mu'-j\mu''$）。测试系统由矢量网络分析仪、同轴电缆、同轴夹具、计算机、测试软件等组成，系统组成示意图如图 2-7 所示。测试仪器为中国电科 3672C 矢量网络分析仪。测试样品制备步骤为：将称量好的切片石蜡置于坩埚中加热使其熔化，加入一定量的待测材料，然后迅速搅拌，

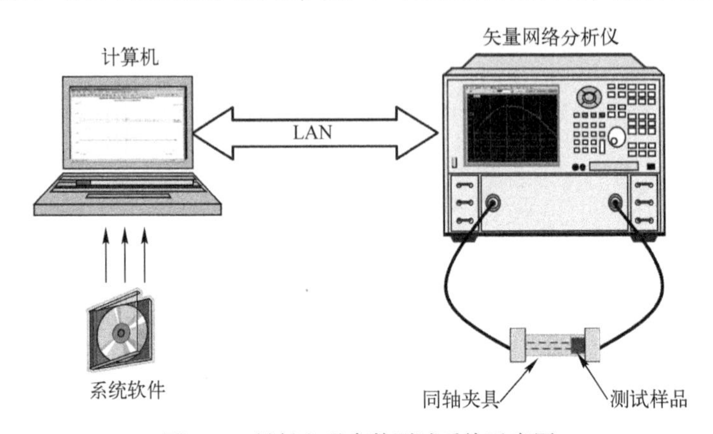

图 2-7 材料电磁参数测试系统示意图

使其混合均匀，冷却后用研钵研磨，再熔融搅拌，如此反复 3 次，将粉体填充到标准模具中并压实，制成外径为 7.0mm，内径为 3.04mm，厚度在 2.0~3.5mm 之间的圆环形同轴样品。

2.4　本章小结

本章围绕吸波材料衰减电磁波的基本原理、优化设计方法以及测试表征手段开展分析与研究工作，为后续开展羰基铁/Co@C 复合材料设计构筑及电磁性能研究提供了理论基础和方法指导。主要结论如下：

（1）吸波材料对电磁波的损耗机制主要可以分为导电损耗、极化损耗、磁损耗和干涉损耗，吸波材料的设计应兼顾阻抗匹配性能和衰减性能之间平衡。

（2）介电损耗型单层吸波材料在同一厚度 d 下实现宽频损耗吸收需要 ε' 值随 λ 的减小（即频率 f 的增大）而逐渐减小，表明介电损耗型吸波材料介电常数的频散特性能展宽其有效带宽、增强宽频吸波性能。介电/磁损耗型吸波材料具有类似的特性，并且 ε' 的频散特性对材料有效吸收频带的展宽作用更为明显。

（3）介电/磁损耗型单层吸波材料 d/λ 在 δ_m 接近 0 的区域达到最大，随着 δ_m 的增大，d/λ 值逐渐减小，表明增强吸波材料的磁损耗能力有助于拓宽有效吸收频带宽、降低匹配厚度或在低频处获得较好的吸波性能，是合成具有“薄、宽、强”性能吸波材料的重要技术途径。

第3章 片状羰基铁/Co@C复合材料的设计合成与电磁性能研究

羰基铁是一种典型的磁损耗型吸波材料，具有较高的饱和磁化强度和磁导率、较低的制备成本和较强的吸波性能。对磁性吸波材料而言，提高自然共振频率和磁导率不仅能够增强其在高频的电磁波损耗能力，而且有助于改善阻抗匹配性能，从而在微波频段获得较好的吸波性能。因此，进一步增强球状羰基铁的自然共振频率和磁导率是改善其吸波性能的重要技术途径。然而，立方磁晶各向异性磁性材料的自然共振频率f_r和初始磁导率μ_i'受斯诺克极限的限制[185]：

$$f_r(\mu_i'-1)=\gamma M_s/3\pi \tag{3-1}$$

式中：γ为旋磁比；M_s为饱和磁化强度。对同一材料体系，$f_r(1-\mu_i')$为常数，导致自然共振频率f_r和初始磁导率μ_i'无法同时提高。具有易磁化面的平面型材料斯诺克极限可表示为[186]

$$f_r(\mu_i'-1)=\frac{\gamma M_s}{3\pi}\sqrt{\frac{H_{\mathrm{ha}}}{H_{\mathrm{ea}}}} \tag{3-2}$$

式中：H_{ha}为面外难磁化场；H_{ea}为面内易磁化场。此时$f_r(1-\mu_i')$与材料的M_s和$\sqrt{H_{\mathrm{ha}}/H_{\mathrm{ea}}}$正相关。实际应用中，具有易磁化面的平面型材料的$H_{\mathrm{ha}}$往往在$H_{\mathrm{ea}}$的100倍以上，因而较大的$\sqrt{H_{\mathrm{ha}}/H_{\mathrm{ea}}}$值使具有易磁化面的平面型材料的$f_r(1-\mu_i')$值增大，突破了斯诺克极限，从而能够获得较大的自然共振频率f_r和初始磁导率μ_i'。此外，Walser等[187]发现具有形状各向异性的片状磁性材料若宽厚比达到10~1000，则磁导率可提高10~100倍。Qiao

等[188]研究发现，磁性材料的扁平椭圆或片状结构可以使其突破斯诺克极限限制，提高共振频率和磁导率、增强吸波性能。因此，对球状羰基铁进行片状化改性是突破斯诺克极限限制、提高其磁损耗性能的有效途径。机械球磨法是简单高效制备具有较好吸波性能片状羰基铁的重要方法途径[24-28]。

轻质是衡量吸波材料综合性能的重要指标。然而羰基铁的密度较大，填充比例较高，其作为吸波材料使用时填充比例一般不低于 70%（质量分数）[189-190]，难以满足吸波涂层轻量化设计需求。与其他吸波材料进行复合改性是改善羰基铁面临问题的重要途径。

将羰基铁与轻质碳材料复合，不仅可以有效降低复合材料的密度，而且能通过第二相材料的引入实现复合材料电磁参数的调控与优化，提高电磁波损耗能力。石墨烯、CNT 等碳材料合成难度较大、形貌结构调控较为困难，而采用原位热解 MOF 法制备的轻质多孔碳材料不仅合成方法简便、形貌结构易控，还具有较高的比表面积、可调的化学结构等优势，便于实现电磁性能的调控。Wang 等[155]在铁氧体表面原位生长 ZIF-67，通过控制热分解温度调控电磁参数，制得的铁氧体/Co/C 复合材料具有良好的吸波性能，高密度铁氧体在复合材料中的比例也明显减小。Liu 等[156]将 PB 沉积在 Fe_3O_4表面，通过调控热分解时的升温速率优化得到的 Fe/Fe_3O_4复合材料吸波性能得到极大的改善。

因此，本章首先采用机械球磨法制备片状羰基铁，研究球磨时间、退火处理等制备工艺对其微观结构、磁性能及电磁性能的影响；然后将 Co/Zn BMZIF 前驱体包覆在片状羰基铁表面，高温煅烧后制得核壳结构的片状羰基铁/Co@C 复合材料，通过控制包覆层中 Co 含量变化调控复合材料微观结构和电磁参数，以期获得较低的填充比例和较好的吸波性能。

3.1　片状羰基铁的设计制备与性能表征

3.1.1　制备路线设计及工艺方法

机械球磨法是实现羰基铁扁平化的常用有效手段。球磨过程中可通过控制球磨介质类型和大小、球磨时间、球料比、球磨机转速和球磨助剂等工艺参数来实现球磨产物的性能调控，其中球磨时间是影响粒子扁平化程度的重要因素之一[191-192]。因此，本节采用机械球磨法对球形羰基铁进行扁平化处理，通过控制球磨时间来调控羰基铁扁平化程度，得到具有不同颗粒形状和片状尺寸的片状羰基铁，并进一步研究其组织结构性能和吸波性能。片状羰基铁的制备路线示意图如图 3-1 所示。

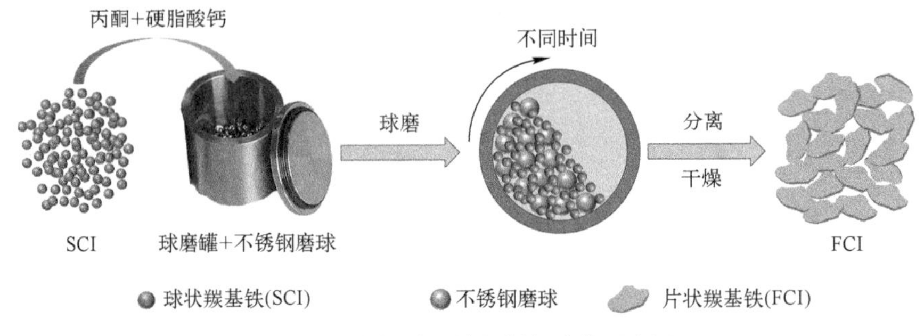

图 3-1　片状羰基铁的制备路线示意图

片状羰基铁的制备工艺为：按球料比 25∶1 在 100mL 不锈钢球磨罐中加入 200g 直径为 6mm 的不锈钢球和 8g 羰基铁粉（O-3，陕西兴化羰基铁粉厂），再分别加入表面活性剂硬脂酸钙 0.01g、球磨介质丙酮 40mL，在行星式球磨机上固定转速 375r/min 进行一定时间的高能球磨，经分离、洗涤、干燥后，得到片状羰基铁。球磨时间分别为 3h、7h、11h、15h，产物依次标记为 FCI-3、FCI-7、FCI-11、FCI-15。

采用“退火-球磨”工艺对羰基铁的低频吸波性能进行改性研究。将羰基铁粉在惰性气体保护下 450℃退火处理 90min，按照上述工艺进行球磨处理，具体为：球磨转速为 500r/min，球磨时间为 6h、7h、8h，产物依次标记为 T-FCI-6、T-FCI-7、T-FCI-8。

3.1.2　组织结构及性能表征

图 3-2 为不同工艺制备羰基铁的 XRD 图谱。经不同工艺球磨处理后，羰基铁的晶体结构并未发生明显的改变，FCI 和 T-FCI 在 2θ 为 44.6°、65.1°、82.3°处的衍射峰分别归属于体心立方结构 α-Fe（JCPDS card No.06-0696）的（110）、（200）和（211）晶面，未出现其他杂质峰，表明其主要成分为金属铁。“退火-球磨”工艺制备的 T-FCI 结晶度明显增强。不同球磨时间对羰基铁的晶体结构影响较小，这主要是由于球磨过程中液态球磨介质能对钢球与羰基铁粒子的碰撞起缓冲作用，因此球磨处理不会对羰基铁的晶体结构造成影响，只是改变了粒子的微观形貌。

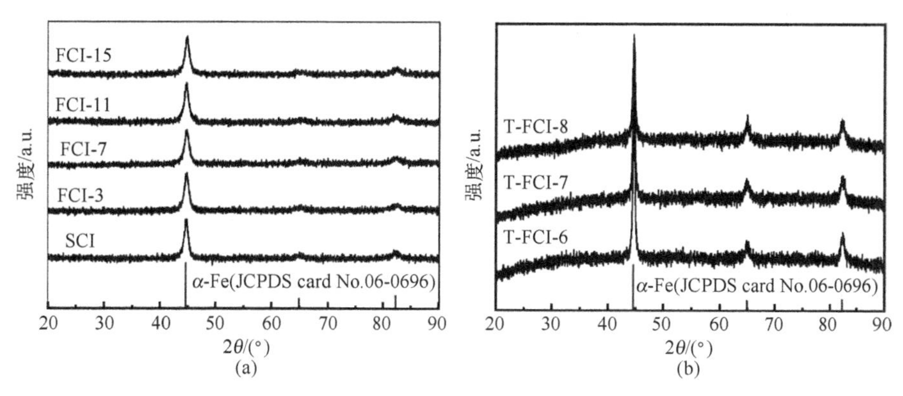

图 3-2 不同工艺制备羰基铁的 XRD 图谱

(a) FCI;(b) T-FCI。

图 3-3 为不同工艺制备羰基铁的 SEM 照片。原始样品 SCI 呈球状，粒径在 1~4μm 之间。随着球磨时间的增加，视场中球形羰基铁逐渐减少，片状羰基铁逐渐增多，并且片状直径逐渐变大，片层厚度变薄。经不同时间球磨处理后，样品形貌发生明显的改变，但由于球磨的不均衡性，导致样品中会同时出现不同形貌的羰基铁粒子，主要有 3 种：钢球在高速旋转的球磨罐中对球形羰基铁进行碾压，使得粒子逐渐扁平化，得到片状羰基铁；剩余的少量未被碾压的球形羰基铁；钢球在与球形羰基铁粒子的碾压、碰撞过程中会导致其破碎并出现羰基铁粒子碎片。而经“退火-球磨”工艺制备的 T-FCI-7 [图 3-3 (f)] 片状结构较为规整、片层较薄，未出现 FCI 中出现的碎片状粒子。这主要是由于热处理降低了羰基铁粉的内应力和硬度，使其更易被碾压成片状。

图 3-4 为球磨处理前后羰基铁的磁滞回线图。球磨处理前后的羰基铁均具有典型的铁磁材料磁滞回线。随着球磨处理时间的延长，样品的饱和磁化强度 (M_s) 逐渐减小，SCI 及 FCI-3~FCI-15 的 M_s 分别为 214.2A·m^2·kg^{-1}、197.3A·m^2·kg^{-1}、177.9A·m^2·kg^{-1}、174.9A·m^2·kg^{-1}和 157.4A·m^2·kg^{-1}，而矫顽力 (H_c) 则逐渐增大，样品的 3 分别为 4.40e、26.60e、54.40e、53.80e 和 64.90e。在球磨处理过程中，钢球对羰基铁粒子的高速撞击产生大量的热量，导致羰基铁表面被部分氧化形成氧化层，并且随着球磨处理时间的增加，羰基铁的比表面积逐渐增大，氧化层逐渐增多，导致 M_s 逐渐减小[185]。同时，球磨时间增加会使羰基铁晶格发生严重错位，晶粒内产生大量的晶格缺陷，磁畴壁移动阻碍增大，从而导致 H_c 增大[192]。

图 3-3　不同工艺制备羰基铁的 SEM 照片

（a）SCI；（b）FCI-3；（c）FCI-7；（d）FCI-11；（e）FCI-15；（f）T-FCI-7。

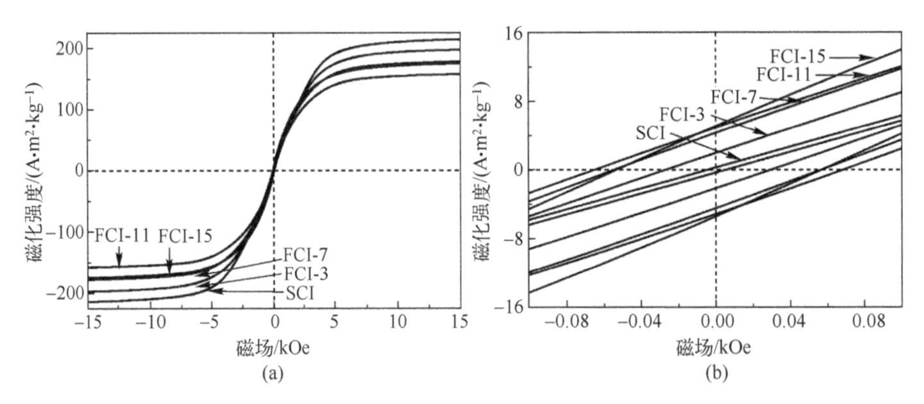

图 3-4　球磨处理前后羰基铁的磁滞回线图

（a）磁滞回线图；（b）磁滞回线局部放大图。

3.1.3　电磁参数及吸波性能分析

采用矢量网络分析仪测试了球磨前后羰基铁在 2～18GHz 内的电磁参数，材料的填充比例为 80%（质量分数）。

图 3-5 为球磨处理前后羰基铁的介电常数和介电损耗角正切图。球磨处理前后羰基铁的 ε''和介电损耗角正切 $\tan\delta_e$ 随着频率的升高而逐渐增大，而 ε'基本保持不变。随着球磨处理时间的增加，各样品的 ε'、ε''和 $\tan\delta_e$ 均

呈现逐渐增大的趋势。球磨处理前后的羰基铁主要由 α-Fe 单相组成，因此可以排除极化现象对其介电常数的影响，其介电损耗能力的增大主要归因于导电损耗的增加。随着球磨处理时间的增加，羰基铁粒子逐渐由球状转变为片状，同时产生一些微小碎片，这有助于提高羰基铁粒子在石蜡中的导电网络形成，增强导电损耗能力。

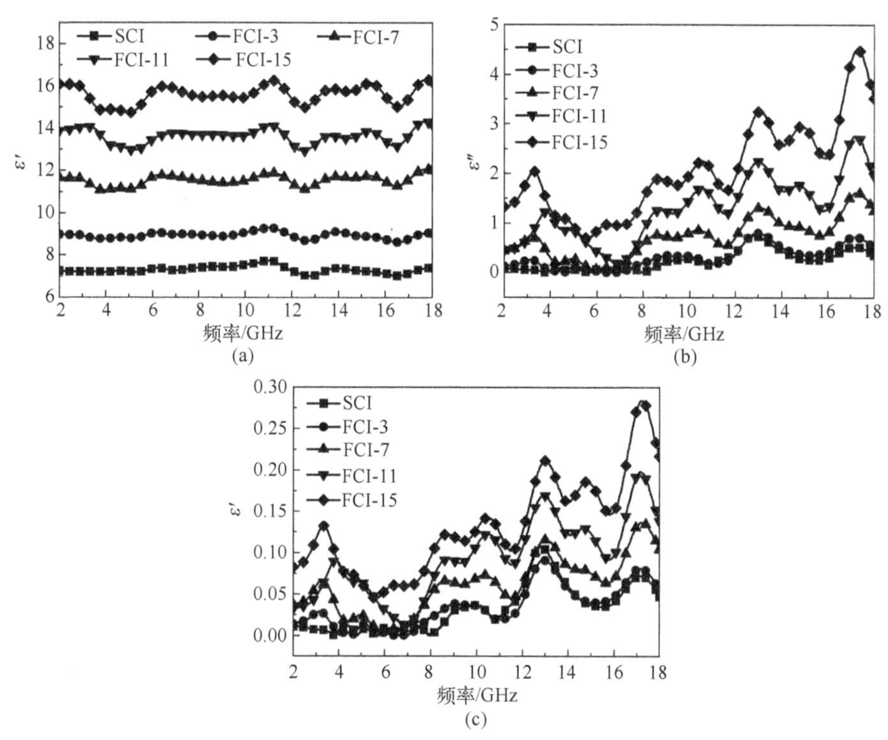

图 3-5　球磨处理前后羰基铁的介电常数和介电损耗角正切图

（a）介电常数实部；（b）介电常数虚部；（c）介电损耗角正切。

图 3-6 为球磨处理前后羰基铁的磁导率、磁损耗角正切图。SCI 的 μ' 值随着频率的升高从 2.2 降低到 1.2 左右，球磨处理后，FCI 的 μ' 值在 2~6GHz 之间高于 SCI，而在 8~18GHz 之间低于 SCI，经不同球磨时间处理的 FCI 的 μ' 值差别较小。与 μ' 的变化规律不同，μ'' 值随着球磨处理时间的增加呈现逐渐增大的趋势，SCI 的 μ'' 值在 0.7~0.9 之间，而 FCI-15 的 μ'' 值增加到 0.6~1.6。羰基铁粒子的磁损耗角正切 $\tan\delta_m$ 值随着球磨处理时间的增加而呈现逐渐增大的趋势，表明球磨时间的延长有助于增加羰基铁粒子的磁损耗能力。

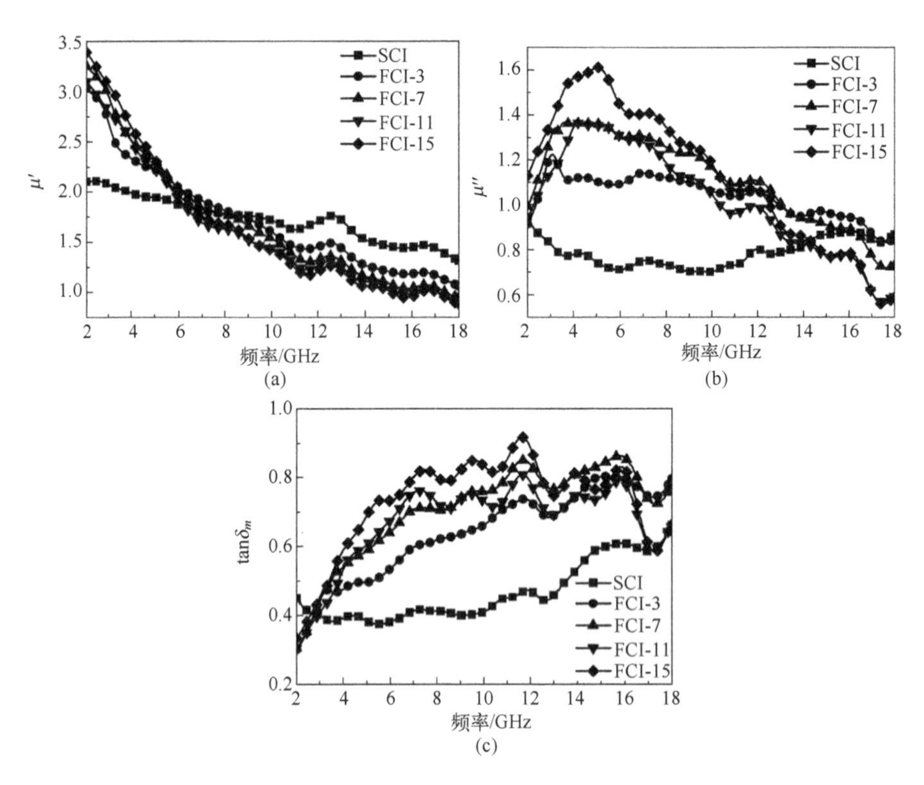

图 3-6　球磨处理前后羰基铁的磁导率、磁损耗角正切图

(a) 磁导率实部；(b) 磁导率虚部；(c) 磁损耗角正切。

材料在不同厚度下对电磁波的反射率可根据式（2-8）和式（2-9）计算得到。图 3-7 为球磨处理前后羰基铁在不同厚度下的反射率图。厚度较小时 SCI 在高频区域有较好的吸波性能，随着厚度的增大，吸波性能逐渐下降。经过球磨处理后，FCI 的吸波性能有较大程度的提升，在图中所列的厚度条件下均存在反射率小于-10dB 的有效吸收，FCI-7 在厚度为 1.20mm 时有效吸收带宽达 8.20GHz（频率范围为 9.62~17.82GHz），厚度为 2.40mm 时 FCI-11 在 5.20GHz 处最小反射率达到-53.70dB，但各样品对电磁波的损耗能力与球磨处理时间密切相关。FCI-3 和 FCI-7 在 4~18GHz 内反射率均能达-10dB 以下，当球磨时间进一步增加时，FCI-11 和 FCI-15 在厚度较低时在高频区域的吸波性能逐渐减弱。当厚度在 1.2~2.8mm 之间时，FCI-15 的反射率峰值主要集中在低频区域（3~7GHz）。

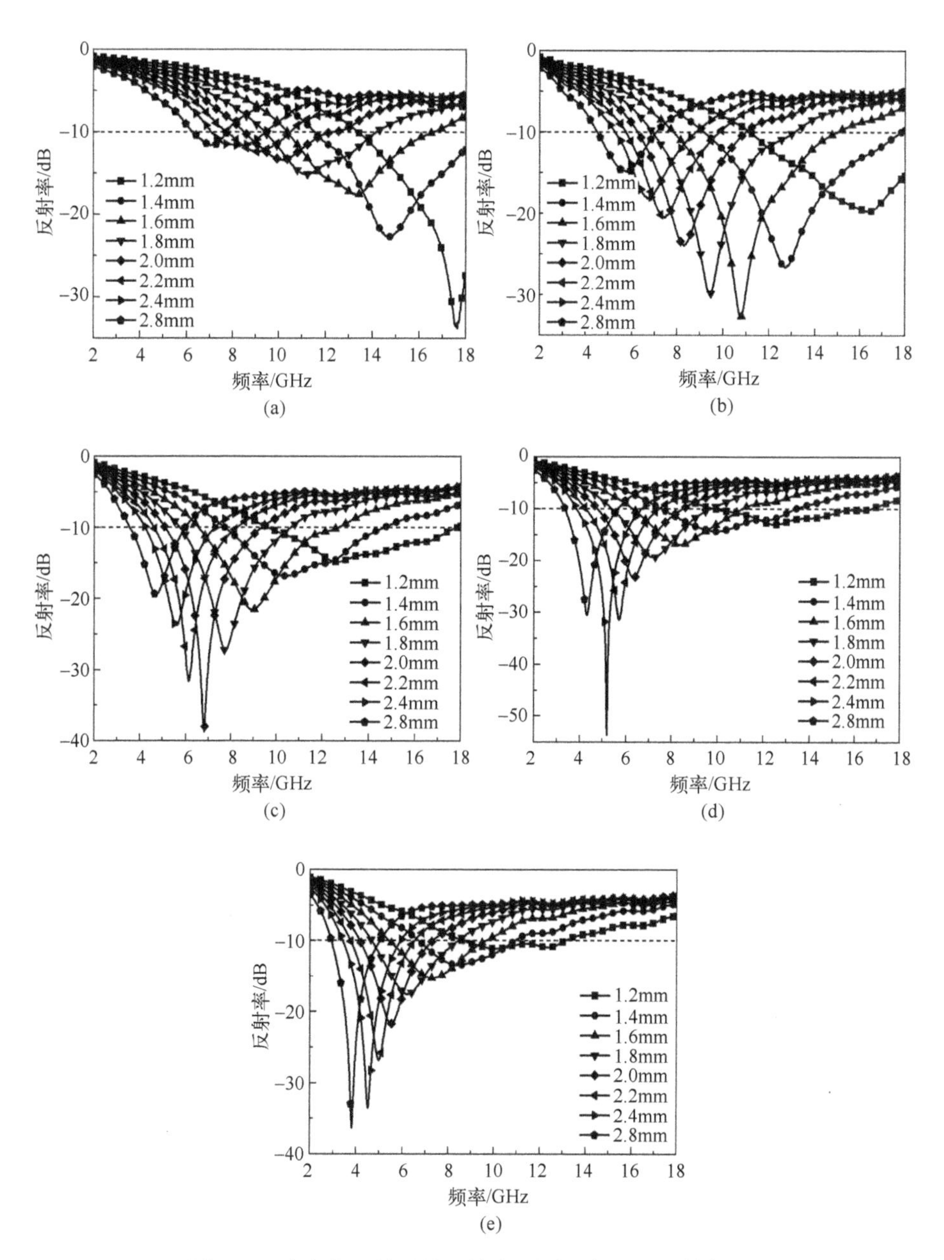

图3-7　球磨处理前后羰基铁在不同厚度下的反射率图

(a) SCI; (b) FCI-3; (c) FCI-7; (d) FCI-11; (e) FCI-15。

此外，随着球磨处理时间的增加，FCI 的反射率峰值逐渐向低频区域移动，这可用式（2-1）所示的 1/4 波长模型解释：随着球磨处理时间的增加，FCI 的 ε'和 μ'逐渐增大，在厚度一定时，反射率峰值频率逐渐减小。表 3-1 列举了本研究及文献报道的改性羰基铁的吸波性能。可以看出，经不同改性方法得到的羰基铁吸波材料的填充比例普遍较高，FCI-7 的最小反射率峰值并不突出，但在较低的厚度下具有较大的有效带宽，展现出较好的低厚度、宽频吸收性能。

表 3-1　本研究及文献报道的改性羰基铁的吸波性能对比

样　　品	填充比例	最小反射率		最大有效带宽（≤-10dB）		参考文献
		厚度/mm	反射率/dB	厚度/mm	有效带宽/GHz	
球状羰基铁	80%（质量分数）	1.50	-56.90	1.38	7.44	[193]
片状羰基铁	55%（质量分数）	2.00	-42.50	2.00	6.10	[8]
片状羰基铁	18%（体积分数）	1.40	-13.20	1.40	6.40	[28]
中空壳状羰基铁	80%（质量分数）	1.00	-10.70	1.00	2.40	[33]
树枝状羰基铁	60%（质量分数）	2.68	-47.10	2.68	5.38	[34]
多孔片状羰基铁	20%（体积分数）	3.50	-41.80	1.20	4.14	[194]
FCI-7	80%（质量分数）	2.00	-38.73	1.20	8.20	本研究

由式（2-8）可知，当吸波材料的输入阻抗 Z_{in} 等于或接近自由空间阻抗 Z_0时，吸波材料具有较大的反射率值。对 Z_{in} 进行归一化后得到材料的归一化阻抗为

$$|Z_{in}/Z_0| = \left|\sqrt{\mu_r/\varepsilon_r}\tanh\left[\mathrm{j}(2\pi fd/c)\sqrt{\mu_r\varepsilon_r}\,\right]\right| \tag{3-3}$$

当 $|Z_{in}/Z_0|$ 的值等于或接近 1 时，几乎所有的电磁波都能进入吸波材料内部，从而在吸波材料与自由空间界面实现零反射。

选取 FCI-7 为例进行分析。图 3-8（a）为 FCI-7 在不同厚度的反射率。图 3-8（b）为根据式（2-1）在 $n=1$ 时计算得到的 FCI-7 在不同频率下 1/4 波长匹配厚度（标记为 d^{cal}）。图中的灰色圆点为直接通过图 3-8（a）中的反射率峰值得到的峰值频率与匹配厚度的交点（标记为 d^{sim}）。从图中可以看出，d^{sim}的值与 d^{cal}曲线基本吻合，表明 1/4 波长模型可以较好地解释 FCI-7 优异的吸波性能。图 3-8（c）为图 3-8（a）相应厚度下通过式（3-3）计算得到的归一化阻抗 $|Z_{in}/Z_0|$ 曲线。从图中可以看出，在不

同厚度下，FCI-7 的反射率峰值均出现在 $|Z_{in}/Z_0|$ 的值最接近 1 的频率位置，并且 $|Z_{in}/Z_0|$ 的值越接近 1，其相应的反射率峰值越大。厚度在 1.2~2.8mm 之间时，FCI-7 的 $|Z_{in}/Z_0|$ 值在高频区域均小于 0.8，而在 2.0~7.0GHz 频率范围内在 1 附近波动，因此 FCI-7 的反射率峰值集中在 2.0~7.0GHz 范围内，而在高频区的反射率较小。

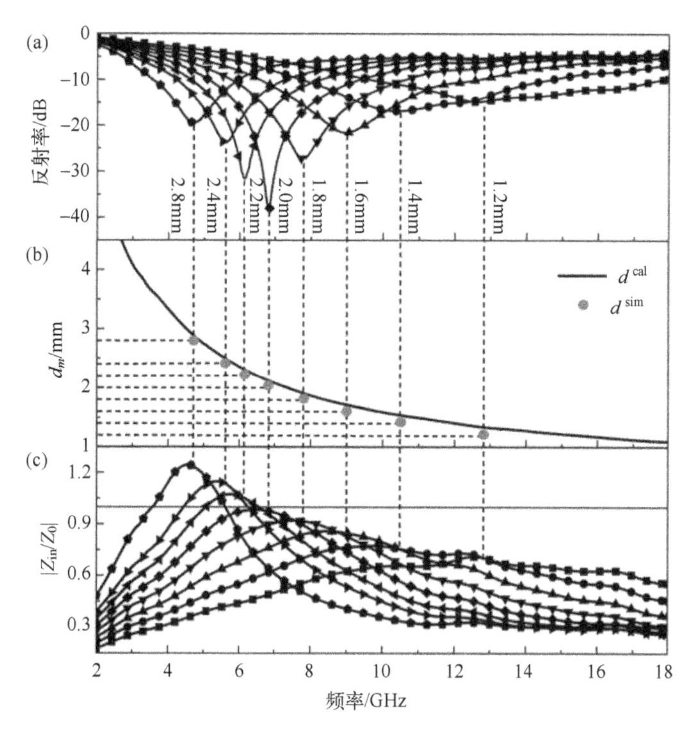

图 3-8　FCI-7 的反射率、1/4 波长模型和归一化波阻抗图

（a）不同厚度的反射率；（b）1/4 波长匹配厚度曲线；（c）归一化阻抗曲线。

3.1.4 “退火-球磨”工艺对片状羰基铁低频吸波性能的影响

从以上分析可以看出，片状化处理能够有效提高羰基铁的磁导率和磁损耗能力，增强其吸波性能。由 2.2.2 节的理论分析可知，增大材料的磁损耗有助于降低涂层的厚度或在低频处获得较好的吸波性能。因此，本书采用“退火-球磨”工艺制备了片状羰基铁（标记为 T-FCI），并在填充比例为 80%（质量分数）时测试了其在 L 波段（1~2GHz）、S 波段（2~4GHz）和 C 波段（4~8GHz）的电磁参数，分析其低频吸波性能。

图 3-9 为 T-FCI 的介电常数和介电损耗角正切图。随着球磨时间的增加，各样品的 ε'、ε''和介电损耗角正切 $\tan\delta_e$ 呈现逐渐增大的趋势。在小于 8GHz 的低频区域，T-FCI 的介电常数的 ε'、ε''和 $\tan\delta_e$ 比 FCI 有较大幅度的提高。FCI-7 的 ε'在 11~12 之间、ε''在 0. 08~0. 75 之间，而 T-FCI-7 的 ε'在 23~29 之间、ε''在 3. 1~5. 2。T-FCI-6 的 $\tan\delta_e$ 值在 0. 07~0. 12 之间，而 T-FCI-8 的 $\tan\delta_e$ 值则大幅增大到 0. 22~0. 31。羰基铁良好的薄片状结构易于在基体中形成导电网络，从而增强其介电损耗性能。图 3-10 为 T-FCI 的磁导率及磁损耗角正切图。随着球磨时间的增加，T-FCI 的 μ'值在 1~5GHz 范围内逐渐增大，在 6~8GHz 范围内逐渐减小。而 μ''值和磁损耗角正切 $\tan\delta_m$ 值在 1~8GHz 范围内呈逐渐增大趋势，T-FCI-8 的 μ''值增大到 1. 9~2. 8。此外，各样品的 $\tan\delta_m$ 值随着频率的增大逐渐增大，在较低的频率范围内 $\tan\delta_m$ 值也较小。

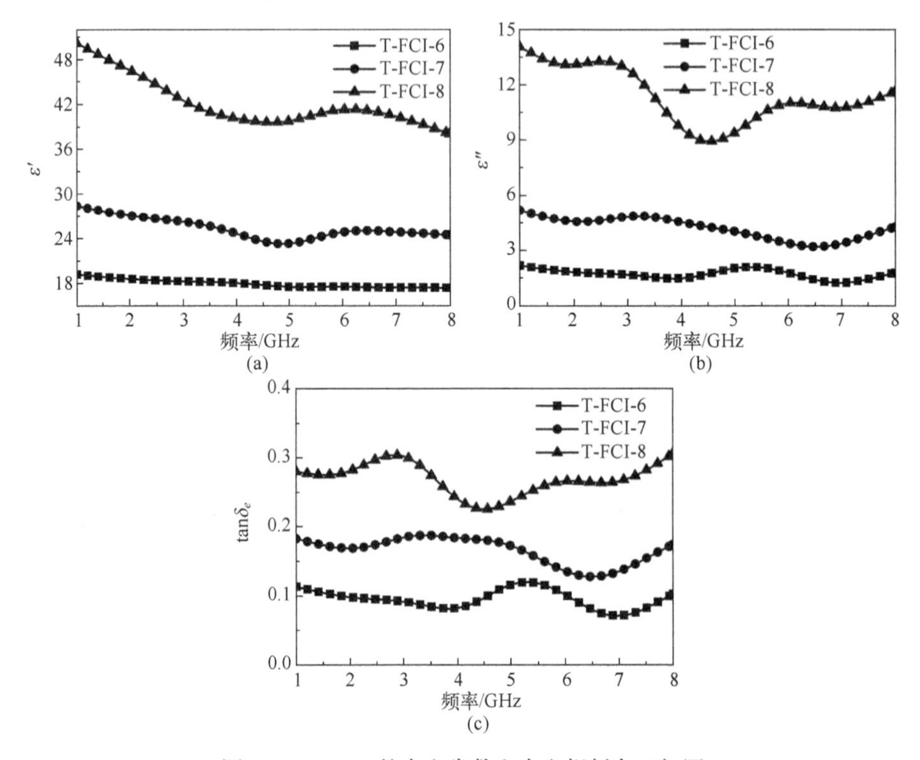

图 3-9　T-FCI 的介电常数和介电损耗角正切图

(a) 介电常数实部；(b) 介电常数虚部；(c) 介电损耗角正切。

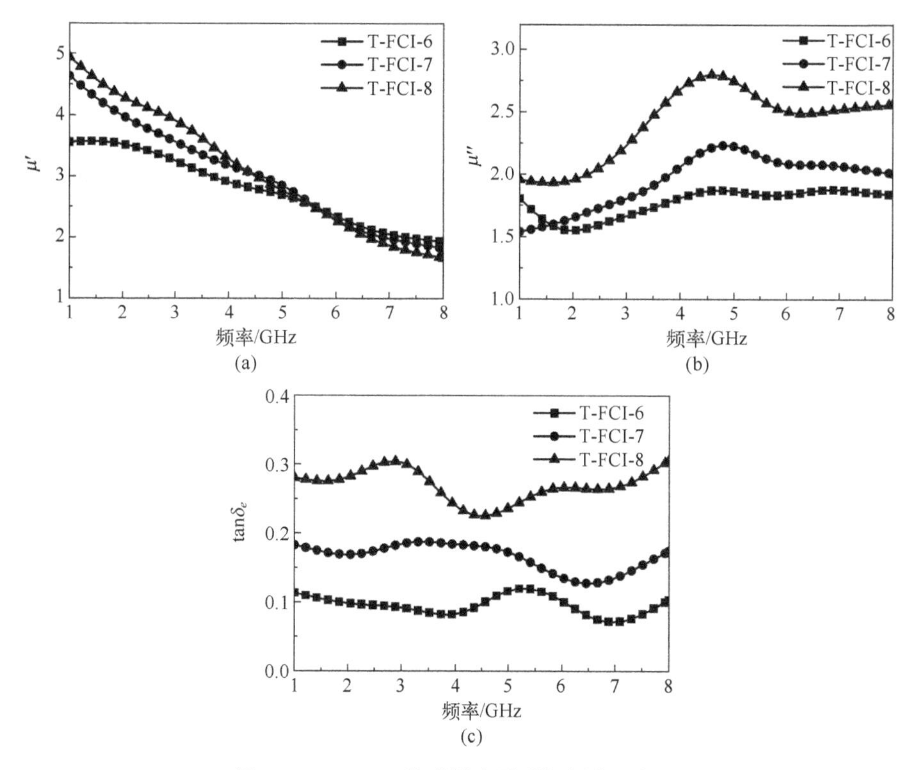

图 3-10　T-FCI 的磁导率及磁损耗角正切图

(a) 磁导率实部；(b) 磁导率虚部；(c) 磁损耗角正切。

图 3-11 为 T-FCI 在 1～8GHz 范围内不同厚度下的反射率及平均反射率对比图。从图 3-11 (a) ～ (c) 可以看出，各样品在 S 波段和 C 波段均具有较好的吸波性能。厚度为 2.6mm 时，T-FCI-6 在 3.5GHz 处的反射率峰值达到-48.44dB，在 2～8GHz 范围内的反射率均小于-5dB。T-FCI-7 在 S 波段的吸波性能较好，厚度为 2.6mm 时在 2.7GHz 处的反射率峰值为-22.27dB，在 S 波段的反射率均小于-7.8dB。厚度不超过 3.0mm 时，T-FCI-6 和 T-FCI-7 在 L 波段未出现反射率峰，T-FCI-8 在厚度为 3.0mm 时在 L 波段的反射率均小于-5dB，在 1.6GHz 处有反射率峰值-13.3dB。此外，随着球磨时间的增加，相同厚度下的反射率峰值频率逐渐向较低频率区域移动。这是由于随着球磨时间的增加，T-FCI 的 ε_r 和 μ_r 值逐渐增大，根据 1/4 波长模型，材料在厚度一定时发生 1/4 波长干涉损耗的频率与其电磁参数成反比，因而峰值频率逐渐较小。

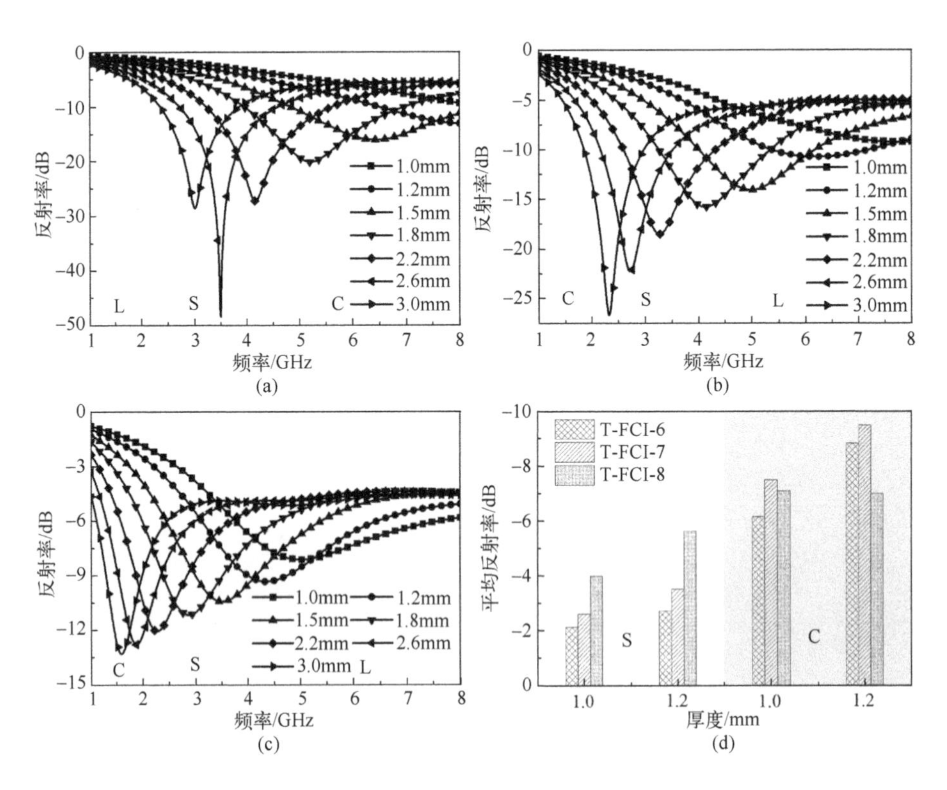

图 3-11 T-FCI 在不同厚度下的反射率及平均反射率对比图

(a) T-FCI-6；(b) T-FCI-7；(c) T-FCI-8；(d) 平均反射率对比。

“薄”“宽”是衡量吸波材料在低频区域吸波性能的重要指标。图 3-11（d）展示了厚度分别为 1.0mm 和 1.2mm 时各样品在 S 波段和 C 波段的平均反射率对比。T-FCI-8 在 S 波段的平均反射率高于其他样品，在 1.0mm 和 1.2mm 时的平均反射率分别为-4.0dB 和-5.6dB。材料在 C 波段的平均反射率均有所提高。其中，T-FCI-7 在 1.0mm 和 1.2mm 时的平均反射率分别为-7.5dB 和-9.5dB。厚度为 1.2mm 时 T-FCI-7 在 2~8GHz（S 波段和 C 波段）的平均反射率为-6.5dB，在低频区域展现出优异的吸波性能。

3.2　片状羰基铁/Co@C 复合材料的设计合成与性能表征

3.2.1　合成路线设计及工艺方法

片状羰基铁较大的密度和较高的填充比例是制约其综合性能的重要短板。受到在 $Ba_{0.85}Sm_{0.15}Co_2Fe_{16}O_{27}$ 铁氧体表面包覆 ZIF-67 衍生的 Co/C 以调控复合物电磁参数、降低复合物密度的启发[155]，本节利用 CoZn BMZIF 在适当条件下的原位聚合与高温分解，发展了一种简单的方法合成了核壳结构的片状羰基铁/Co@C 复合材料。

首先通过调整反应体系中 Co/Zn 摩尔比、控制金属离子与有机配体的络合反应条件，在片状羰基铁表面原位生长出颗粒尺寸均匀、结合致密的 CoZn BMZIF 包覆层。然后通过高温碳化处理，将片状羰基铁/CoZn BMZIF 前驱体中的 CoZn BMZIF 转化为 Co@C 复合物，从而实现在片状羰基铁表面包覆轻质的 Co@C 复合材料，并通过前驱体中 Co/Zn 摩尔比变化调控包覆层的结构性能。CoZn BMZIF 在片状羰基铁表面的原位聚合生长是需要调控的关键因素，否则无法形成稳定的包覆层。图 3-12 为片状羰基铁/Co@C 复合材料的合成路线示意图。

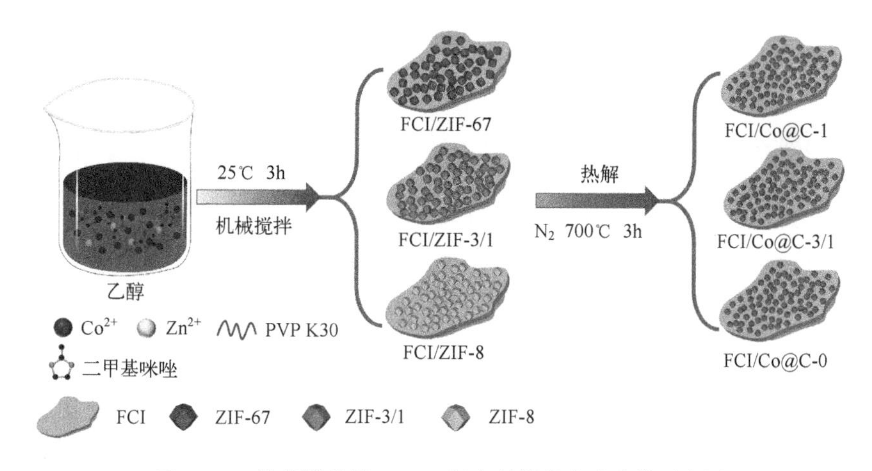

图 3-12　片状羰基铁/Co@C 复合材料的合成路线示意图

片状羰基铁/Co@C 复合材料合成的具体步骤为：将 2g 3.1 节中制备的片状羰基铁（FCI-11）、1g PVP（K30）、7.5mmol Co（NO_3）$_2$ · 6H_2O 和 Zn（NO_3）$_2$ · 6H_2O 加入 80mL 甲醇中，先后超声、机械搅拌 20min，标记为溶液 A；将 60mmol 二甲基咪唑溶于 20mL 甲醇得到溶液 B；在机械搅拌下将溶液 B 逐滴滴加到溶液 A 中，封口膜密封，室温（25℃）条件下持续搅拌 3h；产物磁选分离，用无水乙醇洗涤 3 次，于真空干燥箱中 60℃ 干燥；所得样品置于管式炉中在氮气保护下高温煅烧，首先以 4℃/min 升温到 200℃，保温 30min，再以 1℃/min 升温到 700℃，保温 3h，随炉冷却至室温。所得产物即为片状羰基铁/Co@C 复合材料。上述实验中 Co^{2+} 和 Zn^{2+} 的摩尔比分别设置为 1:0、3:1 和 0:1，对应煅烧前后所得样品分别标记为 FCI/ZIF-67、FCI/ZIF-3/1 和 FCI/ZIF-8，以及 FCI/Co@C-1、FCI/Co@C-3/1、FCI/Co@C-0。

3.2.2 组织结构及性能表征

图 3-13 为片状羰基铁/Co@C 复合材料前驱体 FCI/BMZIF 的 XRD 图谱。前驱体中 2θ 为 5°~40°之间观察到的衍射峰位置和强度与 Co/Zn BMZIF 的 XRD 图谱一致[89-90]，而在 2θ 为 44.6°、64.9°、82.2°处的衍射峰分别归属于体心立方结构 α-Fe 的（110）、（200）和（211）晶面（JCPDS card No. 06-0696）。片状羰基铁/Co@C 复合材料的 XRD 图谱如图 3-14 所示。在 2θ 为 44.7°、65.0°、82.3°处可观察到 α-Fe 的特征衍射峰，FCI/Co@C-1 和 FCI/Co@C-3/1 在 2θ=50.8°处可以观察到较弱的衍射峰，归属于体心立方结构 Co 的（200）晶面（JCPDS card No. 06-0806），表明前驱体中的 Co^{2+}高温下还原成金属 Co，而其在 2θ=44.2°处（111）晶面的衍射峰与 α-Fe 的（110）晶面衍射峰重合，由于强度较弱而被掩盖。此外，各样品在 2θ=35.4°处观察到的衍射峰归属于 Fe_3O_4的（311）晶面（JCPDS No. 89-0688），证实了 FCI 表面存在 Fe_3O_4 氧化层。在 2θ 为 37.8°、42.9°、43.6°、45.9°处观察到的衍射峰归属于 Fe_3C 的（210）、（211）、（102）和（112）晶面（JCPDS No. 35-0772），表明在高温条件下，羰基铁与 Co/Zn BMZIF 中的碳反应生成了少量的弱磁性 Fe_3C，并且 FCI/Co@C-0 中特征峰强度较大，表面 Fe_3C 含量较高。

采用 SEM 和 TEM 对复合材料的微观形貌和结构进行分析。图 3-15 为前驱体 FCI/BMZIF 的 SEM 照片。从图中可以看出，Co/Zn BMZIF 通过原位生长法均匀包覆在 FCI 表面，ZIF-67 晶体呈现出规则正十二面体形态，随着 Co 摩尔比的减小，Co/Zn BMZIF 晶体粒径逐渐减小，包覆层也更加致密。由于 Co/Zn BMZIF 大量包覆在 FCI 周围，前驱体 FCI/BMZIF 的片状结构并不明显。前驱体 FCI/BMZIF 经高温煅烧后得到的片状羰基铁/Co@C 复合材料的 SEM 照片如图 3-16 所示。高温煅烧导致 Co/Zn BMZIF 的结构发生不同程度的坍缩，使得复合材料的表面包覆层更加致密，因此复合材料继承了 FCI 的片状形貌，呈现出明显的核壳结构，并具有良好的分散状态。从图中还可以看出，复合材料片状颗粒表面的包覆层致密、粗糙，进一步放大后可发现，FCI/Co@C-1 中 ZIF-67 经高温煅烧后得到的 Co@C 结构收缩明显，但仍保持了多面体形状轮廓，随着 Co 摩尔比的减小，包覆层进一步坍缩，FCI/Co@C-0 的包覆层已完全坍塌并均匀分布在复合材料片状颗粒表面。

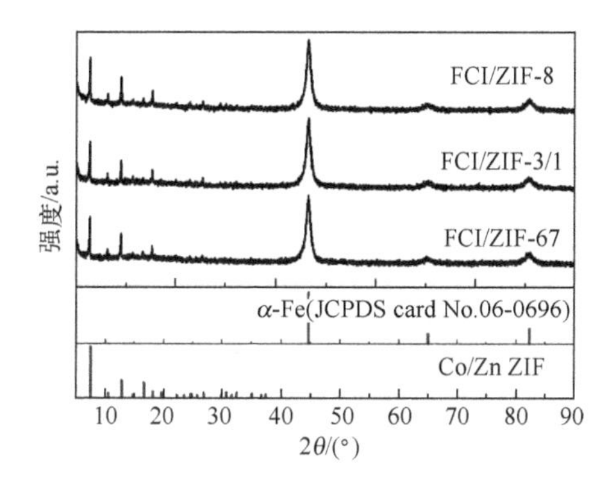

图 3-13　前驱体 FCI/BMZIF 的 XRD 图谱

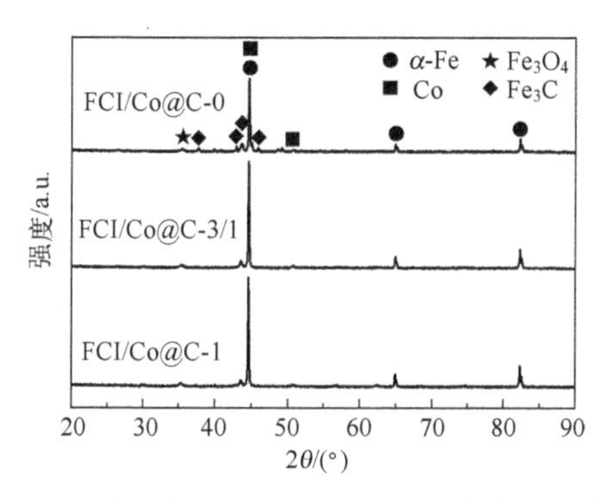

图 3-14　片状羰基铁/Co@C 复合材料的 XRD 图谱

图 3-15　前驱体 FCI/BMZIF 的 SEM 照片
（a）FCI/Co@C-1；（b）FCI/Co@C-3/1；（c）FCI/Co@C-0。

图 3-16　片状羰基铁/Co@C 复合材料的 SEM 照片
（a）FCI/Co@C-1；（b）FCI/Co@C-3/1；（c）FCI/Co@C-0。

为进一步分析复合材料的微观结构，以 FCI/Co@C-3/1 为例对其进行 TEM 分析。图 3-17 为 FCI/Co@C-3/1 的 TEM 照片和 SAED 图。从 TEM 照片中可以看出，羰基铁仍保持了较好的片状结构，均匀分布的 Co 纳米粒子和碳骨架组成 Co@C，并包覆在 FCI 表面。图 3-17（c）为复合材料的 HRTEM 照片，0.34nm 的晶格条纹归属于石墨化碳，这是 Co、Fe 在高温环境下将周围的无定形碳催化形成石墨化碳层，0.20nm 的晶格条纹分别归属于 α-Fe 的（110）晶面和 Co 的（111）晶面。此外，还可以观察到 0.25nm 的晶格条纹，归属于 FCI 表面氧化层中 Fe_3O_4的（311）晶面，这与 XRD 分析的结果一致。图 3-17（d）为图 3-17（a）标记区域的选区电子衍射（selected area electron diffraction，SAED）图，由内至外的衍射环分别归属于石墨化碳的（002）晶面、Fe_3O_4的（311）晶面、α-Fe 的（110）

晶面和 Co 的（110）晶面、Co 的（200）晶面和 α-Fe 的（200）晶面，此外还可以观察到 α-Fe 的（310）、（222）晶面和 Co 的（311）晶面的衍射斑。

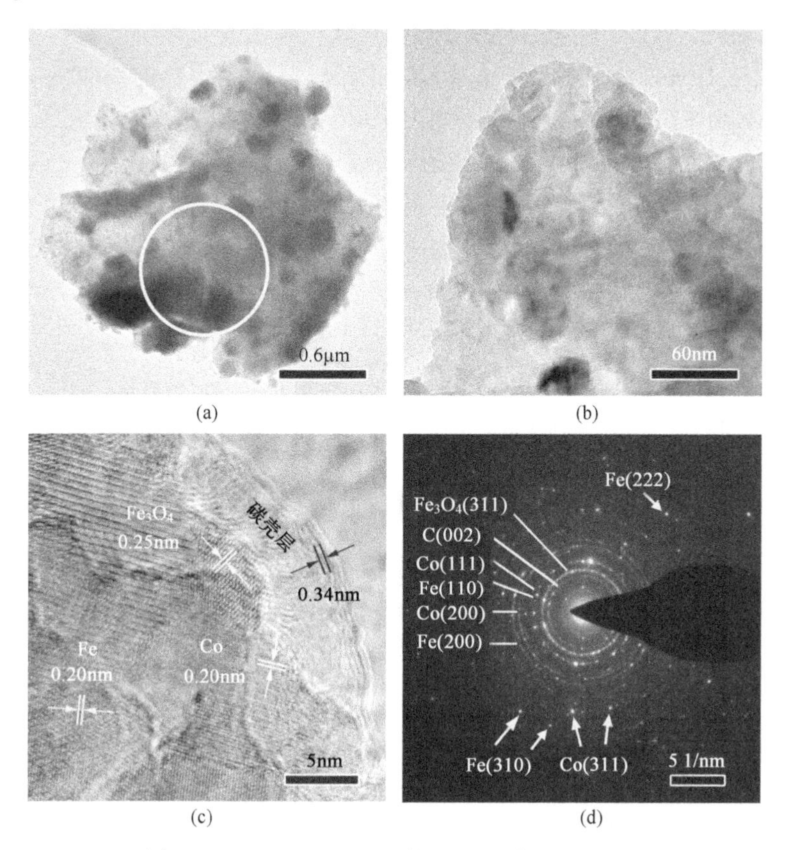

(a)　(b)　(c)　(d)

图 3-17　FCI/Co@C-3/1 的 TEM 照片和 SAED 图
（a）、（b）TEM 照片；（c）HRTEM 照片；（d）SAED 图。

为进一步分析片状羰基铁/Co@C 复合材料表面的元素组成及其化学价态，以 FCI/Co@C-3/1 为例采用 XPS 对复合材料进行研究。图 3-18 为 FCI/Co@C-3/1 的 XPS 谱图。从图 3-18（a）所示的全谱图中可以看出，复合材料主要由 C、N、O、Fe、Co 组成，此外还可以看到 Cr、Mn 元素的特征峰，这可能是由于在球磨过程中球磨罐及钢球上的元素附着到 FCI 造成的。将 C 1s、Fe 2p 和 Co 2p 的高分谱分别分峰拟合后得到图 3-18（b）、（c）、（d）。C 1s 谱图中结合能为 284.6eV、285.1eV 和 289.3eV 处的 3 个特征峰分别对应 C—C/C ═C、C—O、C ═O 基团。Fe 2p 谱图中，结合能为 707.0eV、719.3eV 处特征峰分别对应 FCI 中 Fe 的 $2p_{3/2}$和 $2p_{1/2}$原子轨道，而结合能为 710.7eV 和 724.4eV 处的特征峰分别对应 Fe^{3+} 的 $2p_{3/2}$和 $2p_{1/2}$原子轨道，Fe^{3+}较强的特征峰表明片状羰基铁表面存在金属 Fe 的氧化层，这与 TEM 的观察结果一致。Co 2p 谱图中，结合能为 778.4eV 和 794.1eV 处特征峰对应复合材料中金属 Co 的 $2p_{3/2}$和 $2p_{1/2}$原子轨道，结合能为 780.9eV 和 796.9eV 处的特征峰分别对应 Co^{2+} 的 $2p_{3/2}$和 $2p_{1/2}$原子轨道，而结合能为 802.9eV 处的特征峰证实了 Co-N_x的存在。Co^{2+}的存在是由于复合材料的热解还原过程不完全或者表面金属 Co 在空气中被氧化。

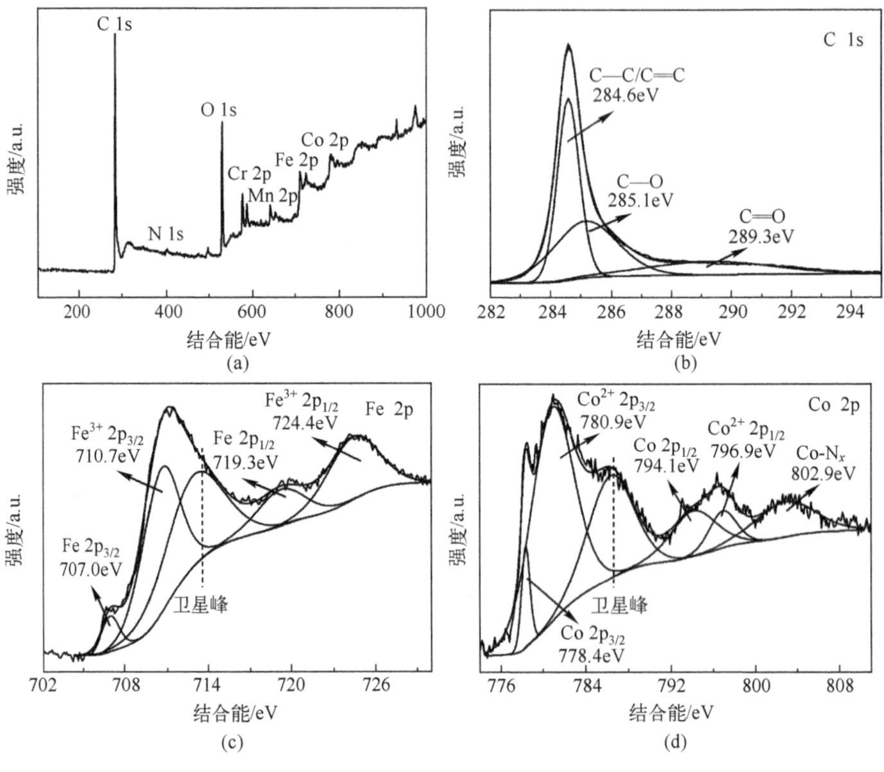

图 3-18　FCI/Co@C-3/1 的 XPS 谱图

（a）全谱；（b）C 1s 谱；（c）Fe 2p 谱；（d）Co 2p 谱。

片状羰基铁/Co@C 复合材料表面包覆层中碳组分的石墨化程度直接影响其导电损耗性能，进而对材料的吸波性能产生影响。为研究复合材料的石墨化程度，对其进行拉曼光谱分析。图 3-19 为片状羰基铁/Co@C 复合材料的拉曼光谱。图中在 1330cm^{-1}和 1590cm^{-1}处两个明显的峰分别为材料的 D 带和 G 带，其中 D 带与碳材料的缺陷和无序结构有关，G 带是由石墨化碳 sp^2键的面内伸缩振动引起的，因此 D 峰与 G 峰的强度比值（I_D/I_G）可在一定程度上表征碳材料的石墨化程度。四面体非晶碳向完美石墨转变的过程可根据I_D/I_G值变化可分为 3 个阶段[195]：四面体非晶碳向无定形碳转变时 I_D/I_G值从 0 增大到 0.25，G 峰红移；无定形碳逐渐转变为微晶石墨时，I_D/I_G值从 0.25 增大到 2 时，G 峰蓝移；微晶石墨向完美石墨转变时，I_D/I_G值从 2 减小至 0，G 峰红移。FCI/Co@C-1、FCI/Co@C-3/1 和FCI/Co@C-0 的 I_D/I_G值分别为 1.25、1.21 和 1.16。随着包覆层中 Co 含量的升高，I_D/I_G值逐渐增大，表明复合材料中的碳材料正处于无定形碳向石墨化碳转变的阶段，较高的 Co 含量有助于提高复合材料的石墨化程度，增强导电损耗性能。

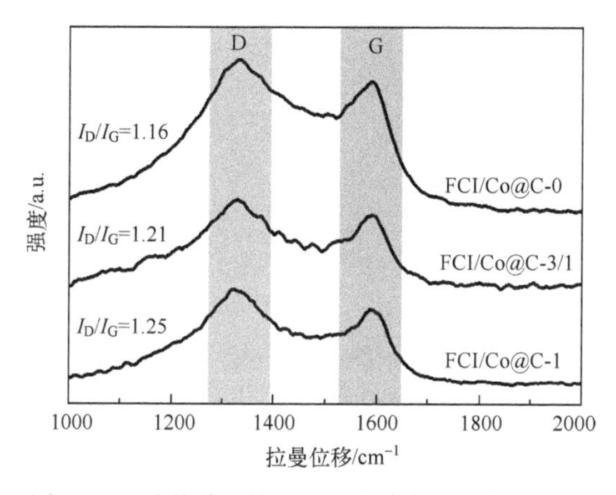

图 3-19　片状羰基铁/Co@C 复合材料的拉曼光谱

图 3-20 为片状羰基铁/Co@C 复合材料的磁滞回线图。由于含有一定量的非磁性的碳组分，复合材料的饱和磁化强度（M_s）与 3.1.2 节中的片状羰基铁相比较有一定程度的降低。FCI/Co@C-1、FCI/Co@C-3/1 和 FCI/Co@C-0 的 M_s分别为 161.3A · m^2 · kg^{-1}、143.1A · m^2 · kg^{-1}和 123.4A · m^2 · kg^{-1}。随着复合材料中磁性组分 Co 含量的降低，M_s逐渐减小。FCI/Co@C-1、FCI/Co@C-3/1 的矫顽力（H_c）接近，分别为102.2Oe 和 96.7Oe，而 FCI/Co@C-0 的 H_c增大到 128.6Oe。复合材料的 H_c与掺杂物的成分、数量及分布状态密切相关，FCI/Co@C-0 具有较大的 H_c主要由于非磁性掺杂相碳的相对含量较高。

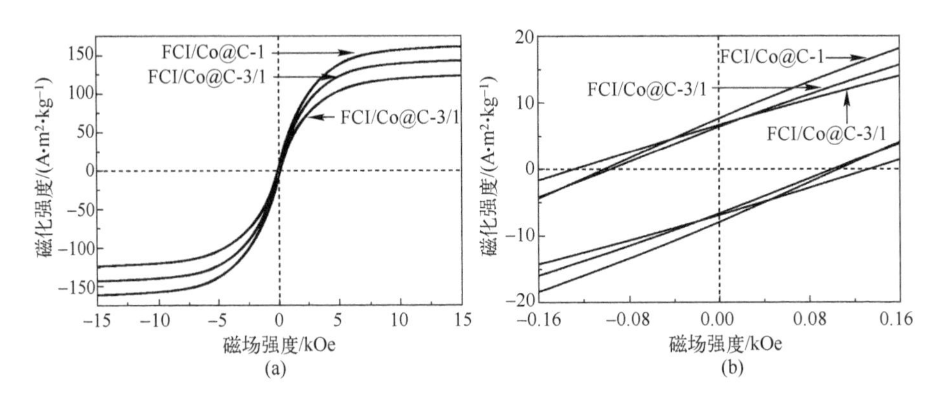

图 3-20 片状羰基铁/Co@C 复合材料的磁滞回线图

（a）磁滞回线图；（b）磁滞回线局部放大图。

3.2.3 电磁参数及吸波性能分析

采用同轴法测试片状羰基铁/Co@C 复合材料的电磁参数，复合材料的填充比例为 60%（质量分数），并测试 FCI-11 在相同填充比例时的电磁参数，标记为 FCI-0。图 3-21 为片状羰基铁/Co@C 复合材料的介电常数和介电损耗角正切图。FCI-0 的 ε' 和 ε'' 值均较小，ε' 在 5～6 之间波动、ε'' 在 0～0.9 之间波动。而片状羰基铁/Co@C 复合材料的 ε' 和 ε'' 值均有较大幅度的增加，并且随着前驱体中 Co 摩尔比的减小，ε' 和 ε'' 值先增大后减小，FCI/Co@C-3/1 的 ε' 和 ε'' 值最大，FCI/Co@C-0 的 ε' 和 ε'' 值则较小。包覆处理后，复合材料的介电损耗角正切 $\tan\delta_e$ 值有不同程度的增大，其变化规律与 ε' 和 ε'' 相似，FCI/Co@C-3/1 具有较大的 $\tan\delta_e$ 值。材料的介电损耗主要来自导电损耗和极化损耗，后者包括电子极化、离子极化、偶极子极化和界面极化，而电子极化和离子极化通常发生在 THz 和 PHz 频段[178]。复合材料表面包覆碳材料的石墨化程度随着 Co 含量的升高逐渐增大，有助于提高其导电性能，增强导电损耗；而表面包覆层中大量的极性基团增强了偶极子极化，大量的 Fe-C、Co-C、无定形碳-石墨化碳等异质界面增强了界面极化，从而提高了复合材料的介电损耗性能。FCI/Co@C-3/1 中碳的石墨化程度较高，并且具有大量的极性基团和丰富的界面，因而 $\tan\delta_e$ 值较大，而 FCI/Co@C-0 中碳的石墨化程度较低，且成分单一，极化损耗性能弱，因而 $\tan\delta_e$ 值较小。

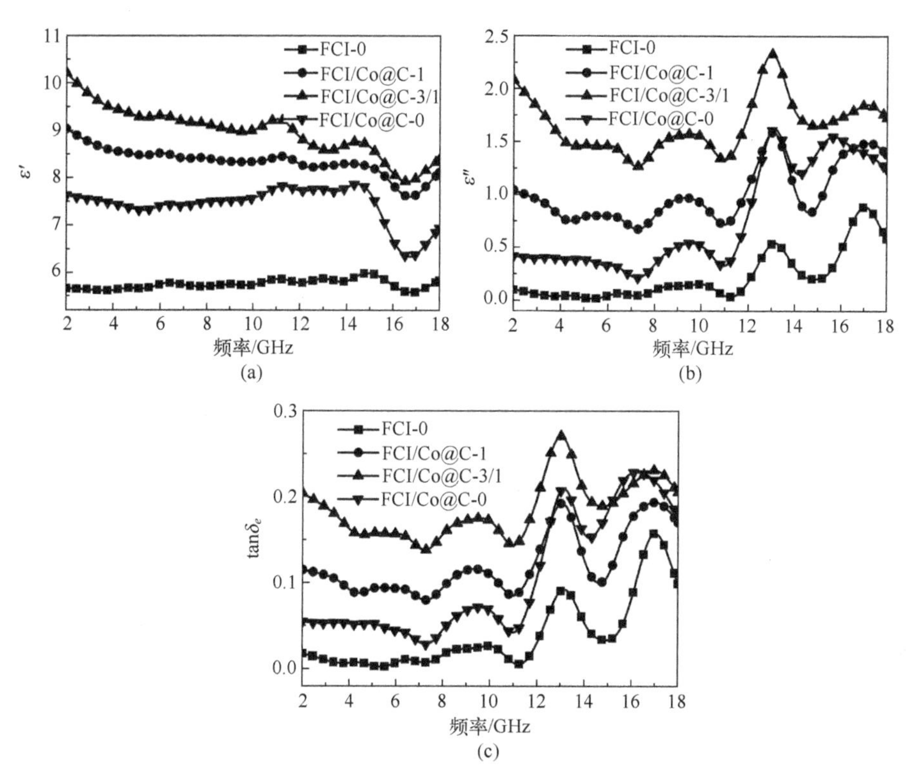

图3-21　片状羰基铁/Co@C复合材料的介电常数和介电损耗角正切图

(a) 介电常数实部；(b) 介电常数虚部；(c) 介电损耗角正切。

图3-22为片状羰基铁/Co@C复合材料的磁导率、磁损耗角正切及C_0曲线。从图中可以看出，在FCI表面引入包覆层后，复合材料的μ'值在2~11GHz范围内有所降低，而在余下的测试频段里不同程度地升高，包覆层的变化对μ'的影响并不明显。而μ''值在引入包覆层后出现明显的降低，FCI-0的μ''值在0.23~0.55之间，而FCI/Co@C-1和FCI/Co@C-3/1的μ''值比较接近，均降低到0.2~0.3，FCI/Co@C-0的μ''值则在2~11GHz范围内进一步降低到0.2以下。复合材料的磁损耗角正切$\tan\delta_m$变化规律与μ''相似，包覆层的引入使得复合材料的$\tan\delta_m$值出现不同程度的降低，这主要是由于复合材料包覆层中含有大量非磁性碳组分导致的。FCI/Co@C-1和FCI/Co@C-3/1中含有少量的磁性金属Co，而FCI/Co@C-0的包覆层均为非磁性的碳，因而$\tan\delta_m$值最低。在GHz频段，材料的磁损耗主要来源于涡流损耗和自然铁磁共振[196]。其中，涡流损耗可通过以下公式判别[103]。

$$C_0=\mu''(\mu')^{-2}f^{-1} \tag{3-4}$$

如果磁损耗仅来源于涡流损耗，则 C_0 为不随频率变化的常数。图 3-22（d）为片状羰基铁/Co@C 复合材料的 C_0 值随频率的变化曲线。包覆前的 FCI-0 和包覆后的 FCI/Co@C 的 C_0 值均随频率的变化而变化，表明包覆后的片状羰基铁/Co@C 复合材料的磁损耗来源于涡流损耗和自然共振。

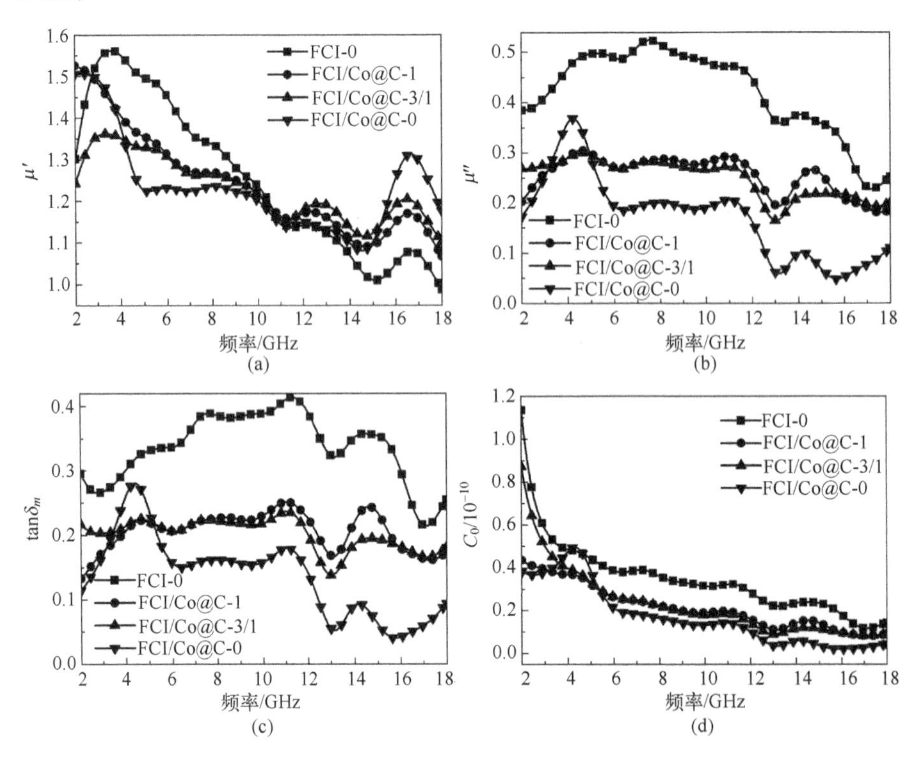

图 3-22　片状羰基铁/Co@C 复合材料的磁导率、磁损耗角正切及 C_0 曲线图

（a）磁导率实部；（b）磁导率虚部；（c）磁损耗角正切；（d）C_0 曲线图。

根据式（2-8）和式（2-9）对复合材料的反射率性能进行计算分析。图 3-23 为片状羰基铁/Co@C 复合材料在厚度为 1.8mm 时的反射率图。FCI-0 在 13.82~18.0GHz 范围内有小于-10dB 的反射率，包覆层的引入使得反射率峰向低频移动。随着 Co 含量的减小，复合材料的反射率峰值先增大后减小，FCI/Co@C-1 的反射率峰值为-15.99dB，而 FCI/Co@C-3/1 在 13.30GHz 处最小反射率峰值达到-21.98dB，有效带宽达 4.86GHz（频率范围为 11.04~15.90GHz）。FCI/Co@C-0 的反射率峰值增大并向高频区域移动。

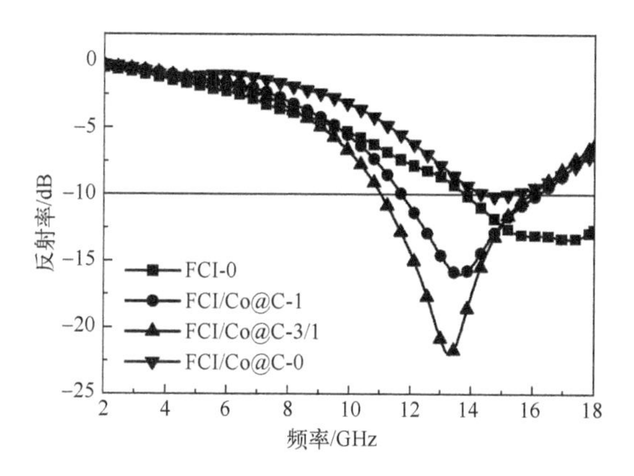

图 3-23　片状羰基铁/Co@C 复合材料在厚度为 1.8mm 时的反射率图

图 3-24 为片状羰基铁/Co@C 复合材料在不同厚度下的反射率图。FCI-0 在厚度为 1.53~4.0mm、频率为 6.50~18.0GHz 范围内有小于-10dB 的有效吸收，引入包覆层的复合材料吸波性能逐渐增强，FCI/Co@C-1 的反射率峰值降低，并出现在更低的厚度区域。随着 Co 含量的减少，FCI/Co@C-3/1 的反射率峰值进一步减小，最小反射率峰值可达-20dB 以下，而对于不含 Co 的 FCI/Co@C-0，吸波性能大幅减弱，仅在极小区域内能达到有效反射率-10dB。反射率小于-10dB 时的频带宽称为有效带宽。材料在不同厚度下的有效带宽能够直观反映其作为吸波材料的“宽”“薄”性能。

图 3-25 为片状羰基铁/Co@C 复合材料在不同厚度下的有效带宽。厚度为 2.0mm 时，FCI-0 有最大有效带宽 5.90GHz。引入包覆层后，尽管最大有效带宽有所降低，但其对应的涂层厚度也大幅降低，FCI/Co@C-1 在 1.73mm 处达到最大有效带宽 4.74GHz，而 FCI/Co@C-3/1 在 1.62mm 处达到最大有效带宽 5.24GHz，FCI/Co@C-0 吸波性能较差，最大有效带宽小于 2.0GHz。综合所述，FCI/Co@C-3/1 在较低厚度下达到了较小的反射率峰值和较大的有效带宽，具有较为优异的吸波性能。本研究及相关文献报道的磁性核壳结构材料的吸波性能对比如表 3-2 所示。可以看出，包覆碳、金属及其氧化物等壳层后，核壳结构磁性复合材料的填充比例不同程

度减小，而吸波性能差异明显。片状羰基铁/Co@C 复合材料在填充比例和有限厚度下的最大有效带宽均处于较高的水平。

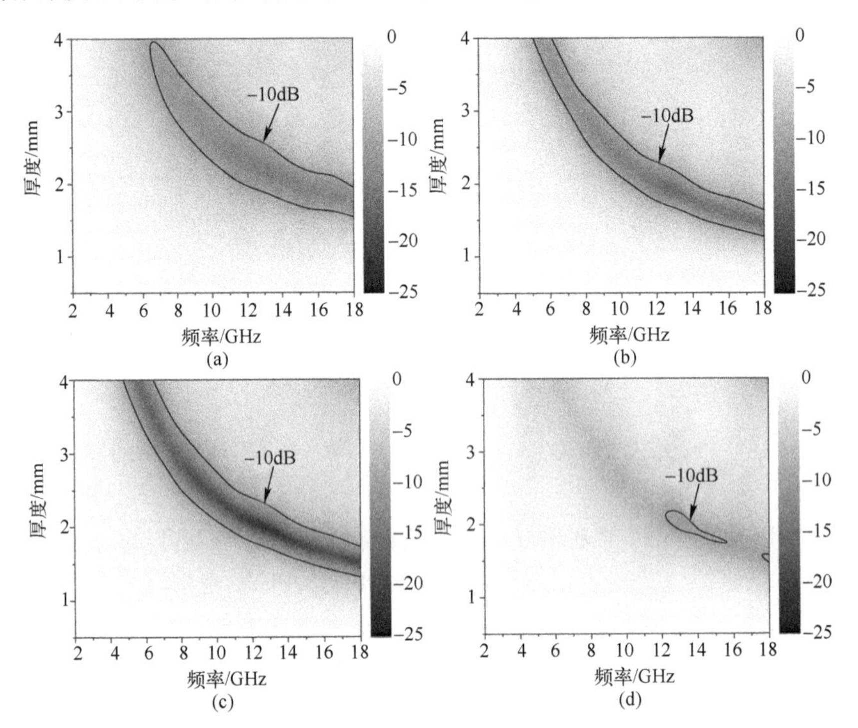

图 3-24　片状羰基铁/Co@C 复合材料在不同厚度下的反射率图

(a) FCI-0；(b) FCI/Co@C-1；(c) FCI/Co@C-3/1；(d) FCI/Co@C-0。

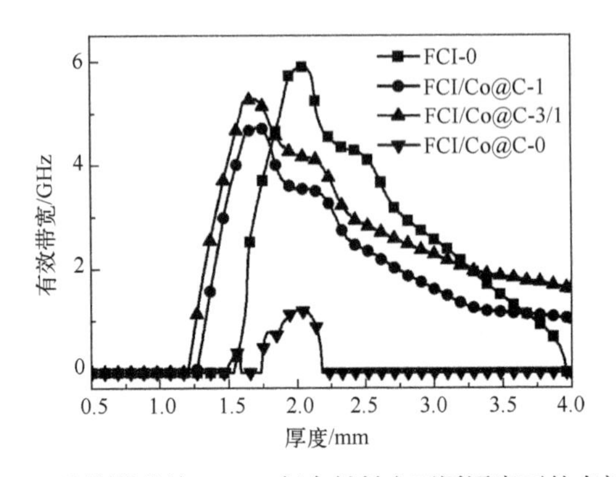

图 3-25　片状羰基铁/Co@C 复合材料在不同厚度下的有效带宽

表 3-2 本研究及相关文献报道的磁性核壳结构材料的吸波性能对比

样品	填充比例（质量分数）	最小反射率		最大有效带宽（≤-10dB）		参考文献
		厚度/mm	反射率/dB	厚度/mm	有效带宽/GHz	
RGO/FCI/PANI	70%	2.00	-38.80	—	—	[5]
FCI/Co	70%	1.50	-22.10	1.50	4.20	[12]
FCI/SiO_2	80%	1.90	-38.80	1.90	6.00	[15]
FCI/MnO_2	70%	2.50	-36.18	1.50	6.30	[16]
FCI/SnO_2	50%	2.30	-20.50	2.30	3.80	[18]
FCI/RGO/PVP	50%	2.50	-27.59	2.50	13.80	[38]
FCI/CNT	45%	0.60	-5.50	—	—	[46]
铁氧体/Co/C	70%	1.50	-31.05	1.50	4.80	[155]
FCI/Co@C-3/1	60%	1.80	-21.98	1.62	5.24	本研究

材料的吸波由衰减性能和阻抗匹配性能共同决定，根据式（2-7）可计算得到材料的衰减常数。图 3-26 为片状羰基铁/Co@C 复合材料的衰减常数。FCI/Co@C-1 的衰减常数相较 FCI-0 变化不大，仅在高频区域有一定程度的增大，而 FCI/Co@C-3/1 的衰减常数在整个测试频段内均有所增大。随着 Co 含量的进一步减少，FCI/Co@C-0 的衰减常数减小，在 5~18GHz 范围内甚至比 FCI-0 更低。对于 FCI/Co@C-1 和 FCI/Co@C-3/1，其 $\tan\delta_m$ 接近，而后者的 $\tan\delta_e$ 更大，与衰减常数变化规律一致，表明此时衰减常数的变化由介电损耗决定。FCI/Co@C-0 的 $\tan\delta_e$ 值高于 FCI-0，而 $\tan\delta_m$ 值和衰减常数均低于 FCI-0，表明其衰减常数主要由磁损耗性能决定。

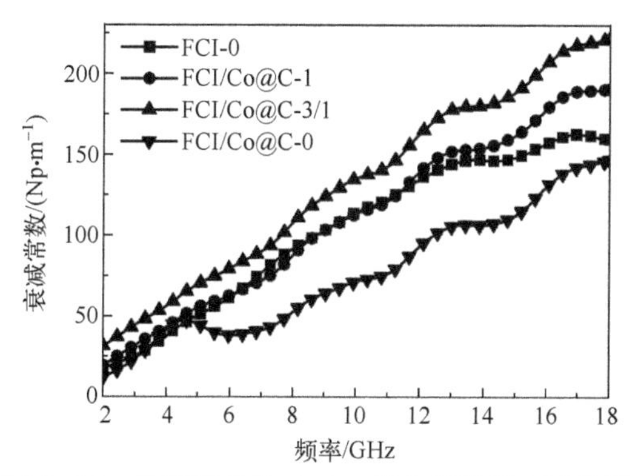

图 3-26 片状羰基铁/Co@C 复合材料的衰减常数

吸波材料的阻抗匹配性能可用式（2-4）~式（2-6）所示的阻抗匹配因子（Δ）表示。图 3-27 为片状羰基铁/Co@C 复合材料的阻抗匹配因子图，其中 Δ 值接近 0 的区域面积越大，材料的阻抗匹配性能越好。FCI/Co@C-3/1 中 Δ<0.3 的区域相对较大，表明其具有较好的阻抗匹配性能。综合上述分析，FCI/Co@C-3/1 具有较大衰减常数和较好的阻抗匹配性能，因而具有良好的吸波性能。

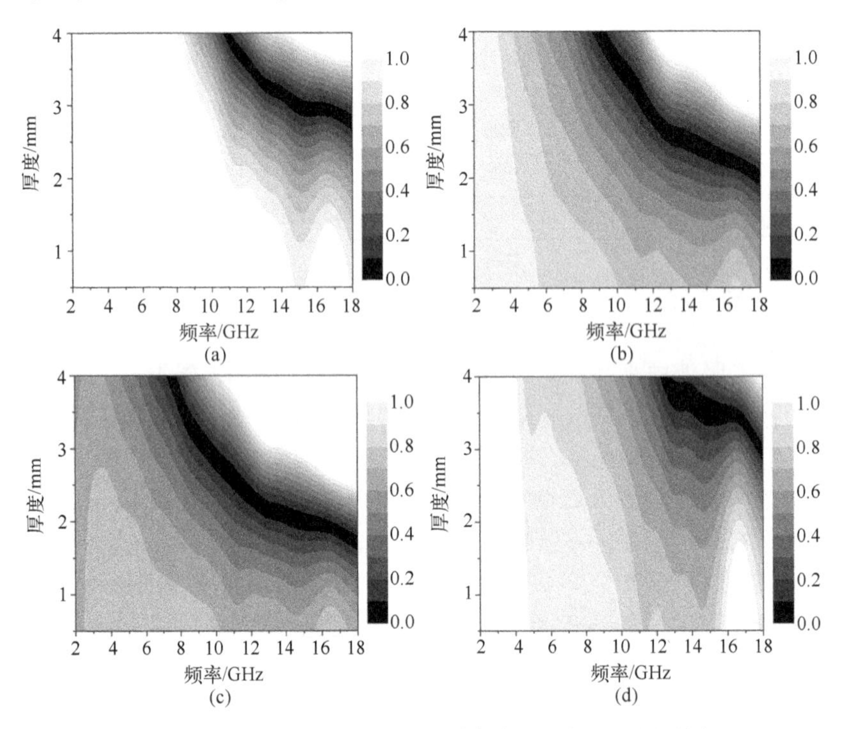

图 3-27　片状羰基铁/Co@C 复合材料的阻抗匹配因子图

（a）FCI-0；（b）FCI/Co@C-1；（c）FCI/Co@C-3/1；（d）FCI/Co@C-0。

3.3　本章小结

本章首先采用高能球磨法制备片状羰基铁，然后将 Co/Zn BMZIF 前驱体包覆在片状羰基铁表面，高温煅烧后制得核壳结构的片状羰基铁/Co@C 复合材料，研究了微观组织结构对材料电磁性能的影响，分析了其电磁波损耗机制。主要结论如下：

（1）采用高能球磨法制备了片状羰基铁（FCI）。经不同时间球磨处理得到的片状羰基铁晶体结构未发生明显改变，形貌逐渐从球状转变为片状，饱和磁化强度逐渐减小。球磨时间增加可以增强片状羰基铁的介电损耗和磁损耗性能，吸波性能有较大程度的提升。填充比例为80%（质量分数）时FCI-7在厚度为1.20mm时有效带宽达到8.20GHz（频率范围为9.62~17.82GHz），FCI-11的最小反射率达到-53.70dB（频率为5.20GHz，厚度为2.40mm）。

（2）采用“退火+球磨”工艺制备了片状羰基铁（T-FCI）。经“退火-球磨”工艺制备的片状羰基铁具有较好的低频吸波性能。T-FCI-7在填充比例为80%（质量分数）、厚度分别为1.0mm和1.2mm时在4~8GHz的平均反射率分别为-7.5dB和-9.5dB，厚度为1.2mm时在2~8GHz的平均反射率为-6.5dB。

（3）合成了核壳结构的片状羰基铁/Co@C复合材料。随着包覆层中Co含量的增加，复合材料的铁磁特性及碳组分的石墨化程度逐渐增强，进而影响材料的吸波性能。Co/Zn摩尔比为3∶1、填充比例为60%（质量分数）时复合材料具有最佳吸波性能，最小反射率峰值达到-21.98dB（频率为13.30GHz，厚度为1.80mm），在1.62mm处有效带宽达到5.24GHz。

（4）轻质包覆层的引入使片状羰基铁/Co@C复合材料在填充比例降低了25%时在较低的厚度下达到了较小的反射率峰值和较大的有效带宽。复合材料吸波性能的增强主要源于包覆层引入了偶极子极化和界面极化，增强了导电损耗，使其具有较大的衰减常数和较好的阻抗匹配性能。

第4章
羰基铁纤维/Co@C复合材料的设计合成与电磁性能研究

在第3章的研究中，片状羰基铁/Co@C复合材料在填充比例降低了25%时仍保持了优异的吸波性能。但片状羰基铁的密度仍然较大，在降低复合材料的密度及填充比例、增强吸波性能方面仍有较大提升空间。构造空心、多孔或一维纤维结构可以使磁性吸波材料保持良好的吸波性能的同时降低密度和填充比例[33, 194, 197-198]。Yin等[33]和Wang等[194]分别采用点蚀法制备了具有较好吸波性能的空心羰基铁微球和多孔片状羰基铁。Cho等[197]制备的Fe-Co中空纤维在填充比例为30%（质量分数）时具有较好的吸波性能。Shen等[198]合成的$SrFe_{12}O_{19}/\alpha-Fe$纳米纤维具有较好的宽频吸收性能。

一维结构磁性金属纤维的轴向介电常数和磁导率均大于径向，表现出独特的形状各向异性，能够通过导电损耗、涡流损耗、自然共振的多种机制损耗电磁波。与颗粒状金属相比，磁性金属纤维不仅密度较小，并且可在填充比例较低时获得较高的等效磁导率，这对降低吸波材料密度、提高吸波性能十分有利。磁场诱导热分解法是制备磁性金属（Fe、Co、Ni）纤维的常用方法，Nie等[199]和Li等[200]分别采用磁场诱导热分解法制备了微米级的羰基铁纤维和$Fe_{55}Ni_{45}$合金纤维，该方法效率高、可操作性强，但对设备和工艺的要求较高。童国秀等[29-30]采用较为简单的气流诱导法制备了羰基铁纤维，但并未对制备工艺与吸波性能之间的关系进行深入研究。

MOF衍生物在单独作为吸波材料使用时填充比例一般不低于30%

（质量分数）。将具有一维纤维结构的 CNT、CNF 等碳材料与 MOF 衍生物复合构建三维网络结构，碳质纤维在复合材料中形成导电网络，有利于调控导电性能，增强导电损耗，降低复合材料的填充比例[125-133]。纳米纤维结构碳材料的引入仅是从调控导电损耗性能的角度入手来实现与 MOF 衍生物复合体的性能调控。是否有途径能够实现导电损耗和磁损耗双重损耗机制的引入？羰基铁纤维独特结构与性能为实现这一想法提供了可能。采用气流诱导法制备的羰基铁纤维不仅具有一维纳米纤维结构，而且具有较好的导电性能和磁性能。将其与 MOF 衍生物复合，构建三维互联网络结构，一方面可以通过导电损耗和异质结构引入的极化损耗调控复合材料的介电损耗性能，另一方面磁性组分的加入能够增强复合材料的磁损耗性能。这为合成轻质高效吸波材料提供了一个新思路，而目前未见相关的公开报道。

因此，本章将采用气流诱导法制备羰基铁纤维，研究 $Fe(CO)_5$ 热解温度对羰基铁纤维微观结构、磁性能及吸波性能的影响；然后在 ZIF-67 的生长过程中引入羰基铁纤维，将制得的羰基铁纤维/ZIF-67 前驱体高温煅烧得到羰基铁纤维/Co@C 复合材料，研究羰基铁纤维掺杂量对复合材料微观形貌结构、磁性能和吸波性能的影响，并分析其吸波机理。

4.1　羰基铁纤维的设计合成与性能表征

4.1.1　合成路线设计与工艺方法

本节拟通过调控 $Fe(CO)_5$ 热分解的工艺参数来制备具有一维纳米结构的羰基铁纤维。图 4-1 为羰基铁纤维合成路线示意图，其反应过程为：利用惰性气体气流将 $Fe(CO)_5$ 蒸气导入高温管式炉中，$Fe(CO)_5$ 受热分解得到铁纳米晶，并在惰性气流诱导下沿径向生长形成羰基铁纤维。反应过程中气流的诱导作用对羰基铁纤维的稳定合成起决定性作用，主要体现在对 $Fe(CO)_5$ 蒸气及产物的输送、对铁纳米晶的径向生长控制和纤维状产物的沉降控制[29]。

反应过程中的热分解温度是影响产物成分结构和性能的重要因素。$Fe(CO)_5$ 在热分解过程中发生了两种化学反应：

$$Fe(CO)_5(g) \longrightarrow Fe(s) + 5CO(g) \tag{4-1}$$

$$2CO(g) \longrightarrow C(s) + CO_2(g) \tag{4-2}$$

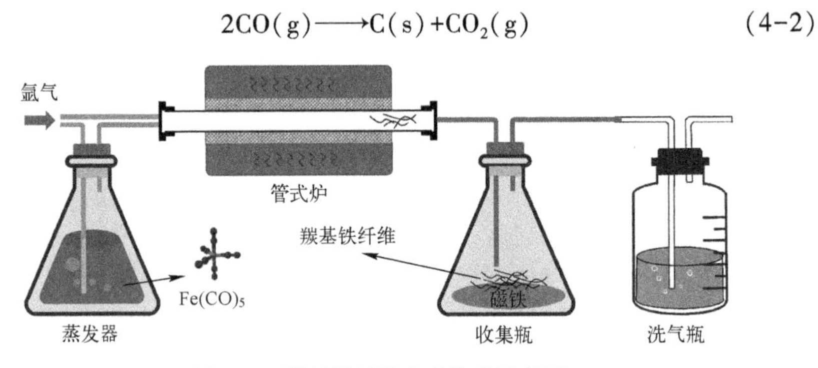

图 4-1 羰基铁纤维合成路线示意图

其中反应式（4-1）是吸热反应，反应式（4-2）是放热反应。提高热解温度有利于提高反应式（4-1）中分子的活化能，加剧 $Fe(CO)_5$的热解，使得 CO 的浓度增加，促进第二种反应的进行，从而增加产物中碳的含量。但是由于 CO 的热解是放热反应，过高的温度会抑制反应式（4-2）的进行，从而降低产物中的碳含量。非磁性碳组分的含量变化对羰基铁纤维的磁损耗性能有较大影响。因此，本节将通过控制 $Fe(CO)_5$气流诱导热分解温度实现羰基铁纤维的形貌结构及吸波性能的调控。

羰基铁纤维制备具体步骤为：实验反应装置由蒸发器、管式炉、收集瓶、尾气处理装置以及连接管路组成；检查装置气密性后，将 20mL $Fe(CO)_5$加入 100mL 蒸发器中（室温，约 25℃），再将氩气通入反应装置 2h 以排出内部空气，关闭蒸发器的氩气供应，待管式炉升温至指定温度后，关闭管式炉的氩气供应，将氩气按 1L/min 的流量通入蒸发器，引导 $Fe(CO)_5$蒸气进入管式炉分解，反应 1h 后，在氩气保护下冷却至室温，最终得到羰基铁纤维。热解温度分别设置为 250℃、300℃、400℃、500℃、600℃、700℃和 800℃，产物依次标记为 CIF-250、CIF-300、CIF-400、CIF-500、CIF-600、CIF-700 和 CIF-800。

4.1.2 组织结构及性能表征

图 4-2 为不同热解温度条件下制备的羰基铁纤维的 XRD 图谱。各样品的 XRD 图谱较为相似，在 2θ 为 44.8°、65.1°、82.4°处的衍射峰分别归属于体心立方结构 α-Fe 的（110）、（200）和（211）晶面（JCPDS card No. 06-0696），表明羰基铁纤维的主要成分为金属 Fe。进一步观察发现，样品 CIF-700 和 CIF-800 在 2θ 为 37.8°、42.9°、43.8°、45.9°、49.2°处

的衍射峰分别归属于 Fe_3C 的（210）、（211）、（102）、（112）和（221）晶面（JCPDS No. 35-0772），说明温度升高到700℃以上时，羰基铁纤维中开始出现少量的 Fe_3C 杂质。此外，热解温度小于700℃时，α-Fe 在 $2\theta=44.8°$ 处的衍射峰强度随着热解温度的升高而增强，表明Fe纳米颗粒结晶度逐渐提高。热解温度大于700℃时，由于 Fe_3C 杂质的出现，α-Fe 在 $2\theta=44.8°$ 的衍射峰强度降低。根据Scherrer公式计算样品CIF-250~CIF-800的平均晶粒尺寸，结果分别为12.0nm、15.8nm、17.9nm、25.3nm、30.8nm、28.4nm和35.3nm，表明热解温度的升高能促进羰基铁纤维晶粒尺寸的增大。

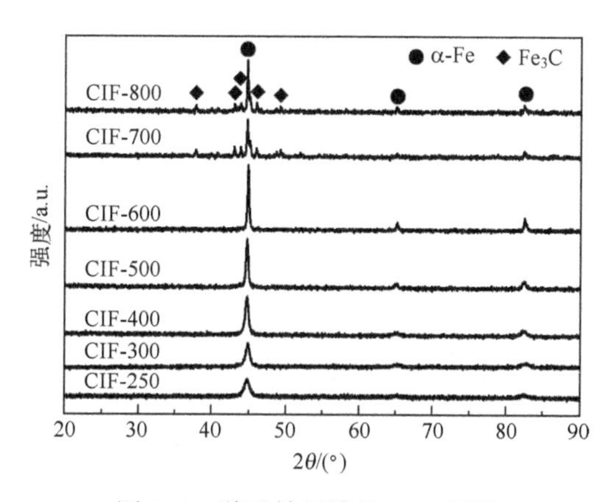

图4-2　羰基铁纤维的XRD图谱

采用美国力可（LEKO）公司的CS844型硫碳分析仪测试了羰基铁纤维的碳元素含量。CIF-250~CIF-800的碳含量分别为1.22%、2.05%、2.74%、2.98%、2.43%、1.62%和1.07%（质量分数）。随着热解温度的升高，羰基铁纤维中的碳含量先升高后降低。

图4-3为不同热解温度条件下制备的羰基铁纤维的SEM照片。热解温度小于500℃时，羰基铁纤维由纳米颗粒聚集形成，表面比较粗糙，随着热解温度的升高，纤维表面逐渐光滑，样品CIF-600~CIF-800具有光滑平整的纤维表面。羰基铁纤维的直径在100~300nm之间，CIF-250~CIF-700的长径比均大于20，而样品CIF-800的纤维呈树枝状，纤维长度大幅降低，长径比小于10。从图中可以看出，热解温度对羰基铁纤维的形貌有明显的影响。$Fe(CO)_5$ 在高温下分解得到的纳米Fe晶粒在气流诱导和自发磁化作用下，聚集生长形成羰基铁纤维。当热解温度小于500℃时，

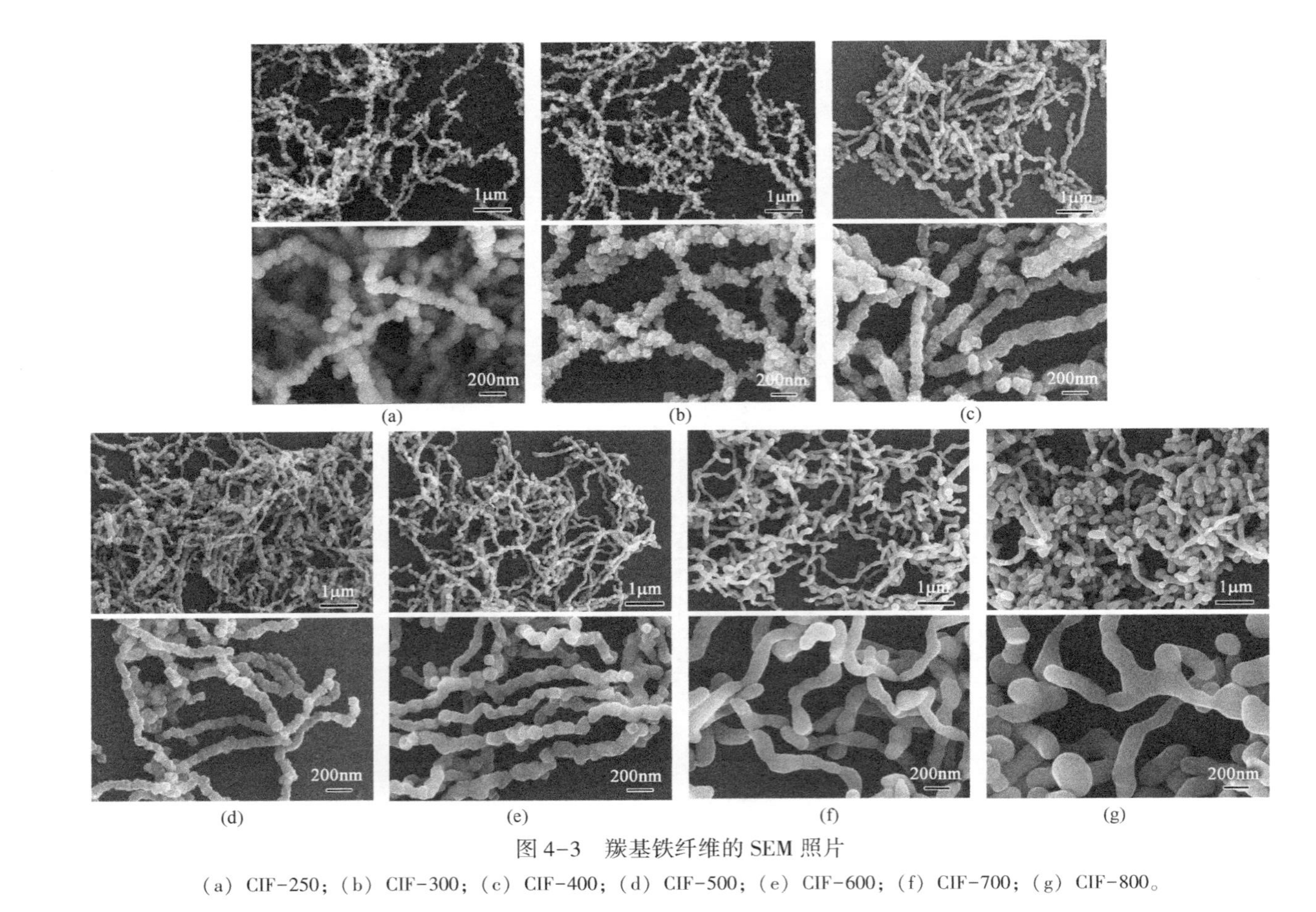

图 4-3 羰基铁纤维的 SEM 照片

(a) CIF-250；(b) CIF-300；(c) CIF-400；(d) CIF-500；(e) CIF-600；(f) CIF-700；(g) CIF-800。

$Fe(CO)_5$分解反应速率和纳米Fe晶体的生长速率较慢，晶体生长界面上的质量和热量传递较为稳定，晶体沿各个方向均匀生长，形成颗粒状。随着热解温度的升高，$Fe(CO)_5$的分解速率加快，由于质量和热量传递不平衡，各晶体表面的生长速率差异很大，导致组成纤维的颗粒变小，表面变得光滑。

图4-4为不同热解温度条件下制备的羰基铁纤维的磁滞回线。羰基铁纤维具有较高的饱和磁化强度（M_s）和较低的矫顽力（H_c），为典型的铁磁材料磁滞回线。CIF-250~CIF-800的M_s分别为175.8A·m²·kg⁻¹、205.8A·m²·kg⁻¹、200.8A·m²·kg⁻¹、181.3A·m²·kg⁻¹、102.1A·m²·kg⁻¹、92.5A·m²·kg⁻¹和158.9A·m²·kg⁻¹。热解温度是造成羰基铁纤维M_s波动的主要原因：一方面，热解温度的提高增大了羰基铁纤维中铁纳米粒子的晶粒尺寸和结晶度，这有利于M_s的提高；另一方面，样品中非磁性碳的含量随热解温度的升高先增加后减少，同时在温度高于600℃时，样品出现弱磁性的Fe_3C。这两方面的因素共同作用导致羰基铁纤维的M_s波动。图4-4（b）为磁滞回线局部放大图，其中CIF-250~CIF-800的H_c分别为60.5Oe、21.6Oe、175.7Oe、337.8Oe、371.4Oe、241.6Oe和121.6Oe。材料的H_c与晶粒尺寸和磁晶各向异性显著相关，当晶粒尺寸小于铁的单畴临界尺寸28nm[201]时，H_c随晶粒尺寸的增大而增大。当热解温度小于600℃时，CIF-250~CIF-500的晶粒尺寸均小于28nm，并逐渐增大，导致H_c逐渐增大。对于CIF-600~CIF-800，其晶粒尺寸均大于铁的单畴临界尺寸，由于碳含量的降低以及晶粒尺寸增大，使畴结构壁移磁化提高，从而导致其H_c减小。磁性材料磁损耗能力大小可用初始磁导率（μ_i）评价，μ_i可表示为[114]

$$\mu_i=\frac{M_s^2}{akH_cM_s+b\lambda\xi} \tag{4-3}$$

式中：a、b为与材料种类有关的常数；λ为磁致伸缩常数；ξ为弹性应变参数。从式（4-3）可以看出，μ_i的值与M_s正相关、与H_c负相关。CIF-300具有较高的M_s和较低的H_c，因而有较强的磁损耗特性。

4.1.3　电磁参数及吸波性能分析

为测试羰基铁纤维在2~18GHz范围内的电磁参数，将样品分散在石蜡中制成同轴测试样品［材料的添加量为45%（质量分数）］，采用矢量网络分析仪进行测试。图 4-5 为不同热解温度下合成的羰基铁纤维的介电常数和介电损耗角正切图。CIF-400~CIF-800 的 ε'在测试频率范围内基本保持稳定，而样品 CIF-250 和 CIF-300 的 ε'随频率的升高而降低，展现了明显的频散特性，这有助于拓宽材料的电磁波吸收带宽。随着热解温度的升高，材料的 ε'呈现波动，当温度在 250~500℃时，ε'逐渐降低，温度升高到 600℃时，材料的 ε'大幅提高，而后随着热解温度的升高而逐渐下降。相比之下，材料的 ε''随着热解温度的升高而降低，CIF-250 具有较高的 ε''值，温度升高到 300℃时，ε''大幅减小，温度进一步升高，各样品 ε''差别较小，均在 0~1.8 之间波动。图 4-5（c）所示为样品的介电损耗角正切（$\tan\delta_e$），与 ε''的变化规律相似，材料的 $\tan\delta_e$ 随着热解温度的升高先降低，而后保持平稳，CIF-250 和 CIF-300 具有较大的 $\tan\delta_e$，说明其具有较好的介电损耗性能。

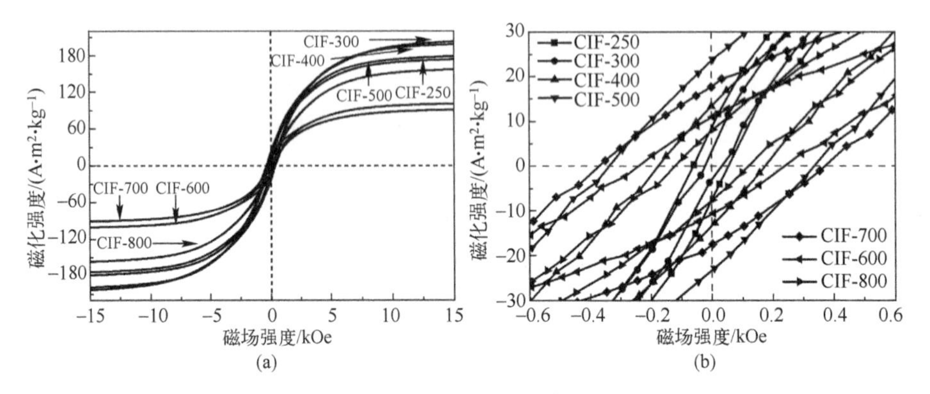

图 4-4 羰基铁纤维的磁滞回线图

（a）磁滞回线图；（b）磁滞回线局部放大图。

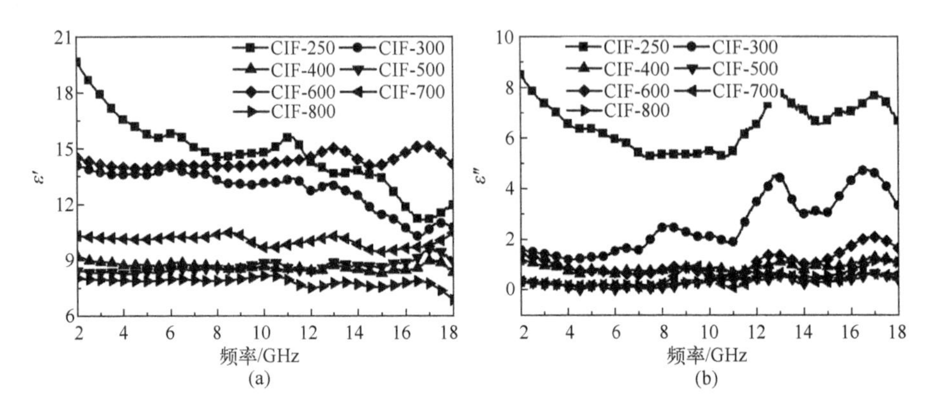

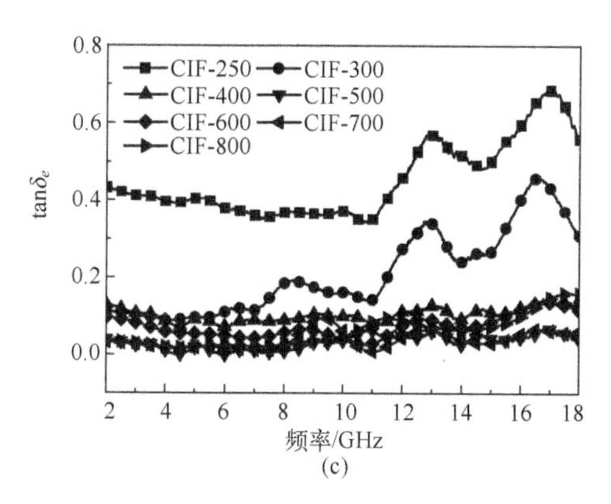

图4-5　羰基铁纤维的介电常数和介电损耗角正切图

（a）介电常数实部；（b）介电常数虚部；（c）介电损耗角正切。

图4-6（a）、（b）分别为不同热解温度下合成的羰基铁纤维的磁导率实部和虚部随频率的变化曲线。从图中可以看出，热解温度对材料的磁导率有较大影响，随着热解温度的升高，材料的μ'和μ''整体呈现先增大后减小的趋势，CIF-300和CIF-400具有较大的μ'和μ''，而CIF-700和CIF-800的μ'和μ''相对较小。图4-6（c）为羰基铁纤维的磁损耗角正切（$\tan\delta_m$）随频率的变化曲线，与μ''的变化规律相似，CIF-300和CIF-400具有较高的$\tan\delta_e$，表明其具有较强的磁损耗能力。可以看出，通过调节热解温度可以获得具有较高磁损耗性能的羰基铁纤维。图4-6（d）为不同热解温度下合成的羰基铁纤维的C_0值随频率的变化曲线。从图中可以看出，所有样品的C_0值均随频率的变化而变化，因此羰基铁纤维的磁损耗不仅仅来源于涡流损耗，图4-6（c）中4GHz附近的共振峰也证实了材料中自然共振的存在。

图4-7为羰基铁纤维在厚度为1.4mm时的反射率图。随着热解温度的升高，材料的吸波性能先增强后减弱，仅CIF-250、CIF-300、CIF-400和CIF-600有小于-10dB的反射率，样品CIF-300具有最优吸波性能，14.22GHz处的最小反射率可达-50.4dB，有效吸收带宽为5.54GHz（频率范围为11.7~17.24GHz）。图4-8为不同厚度下羰基铁纤维的反射率图。各样品的最小反射率峰值随着厚度的增大均向低频移动。各样品均对入射电磁波有不同程度的损耗，但损耗能力差异较大。CIF-500和CIF-800的反射率较大，在0.5~4.0mm厚度范围内均未达到-10dB，CIF-700仅在厚度约为3.5mm时在高频范围内有少量有效吸收。CIF-250、

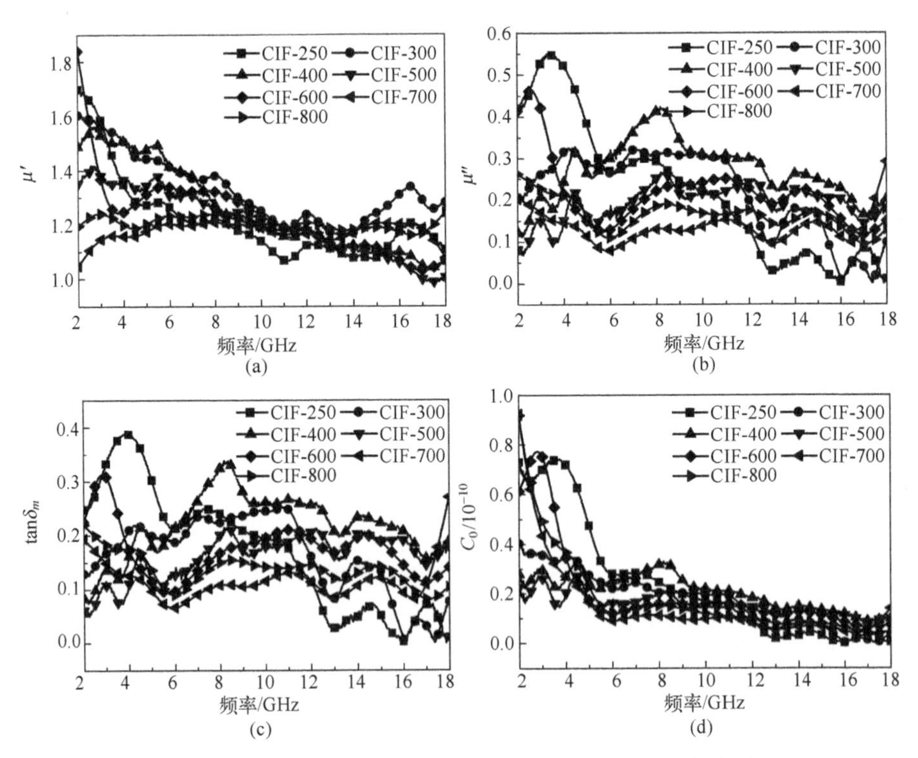

图 4-6 羰基铁纤维的磁导率、磁损耗角正切及 C_0 曲线图

（a）磁导率实部；（b）磁导率虚部；（c）磁损耗角正切；（d）C_0 曲线图。

CIF-400 和 CIF-600 在测试频率和厚度范围内均有较大范围的有效吸收，最小反射率分别为-14.24dB、-20.67dB 和-19.82dB，而 CIF-300 在厚度为 1~4mm、频率为 3.7~18.0GHz 范围内的反射率均小于-10dB，其在厚度为 1.43mm、频率为 13.8GHz 处最小反射率可达-58.1dB，有效损耗带宽在 1.44mm 时达到 5.66GHz。综合上述，不同热解温度下合成的羰基铁纤维的吸波性能有较大差异，可通过调节热解温度实现羰基铁纤维的吸波性能调控，其中 CIF-300 具有最优的吸波性能。表 4-1 为本研究及文献报道的磁性金属纤维材料的吸波性能对比。从表中所列的数据可以看出，本研究制备的羰基铁纤维在较小的填充比例和较低的厚度下达到了较小的反射率峰值和较大的有效带宽，表现出较好的综合吸波性能。

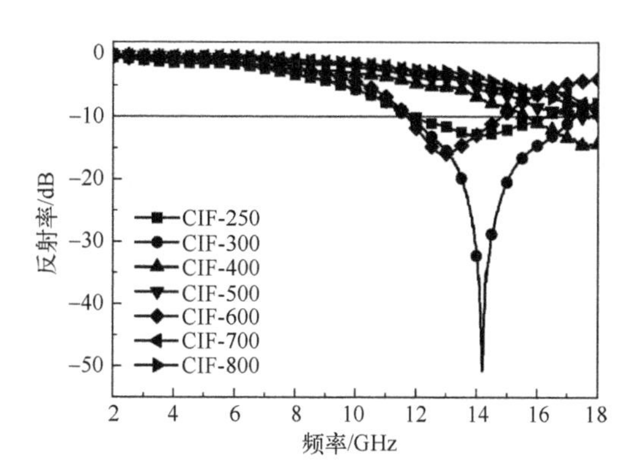

图 4-7 羰基铁纤维在厚度为 1.4mm 时的反射率图

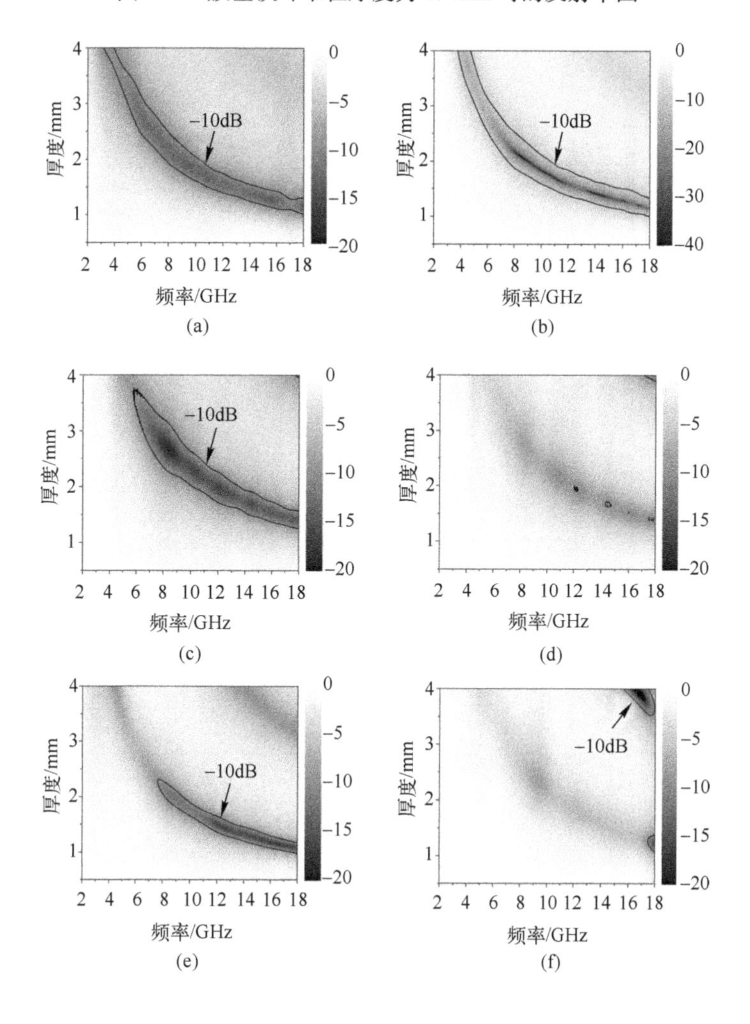

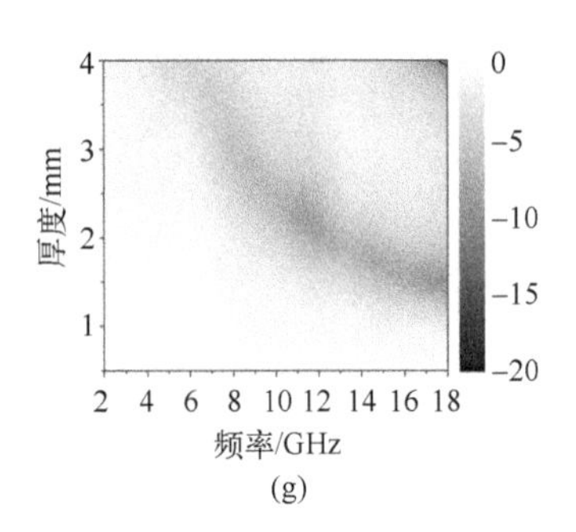

图 4-8 不同厚度下羰基铁纤维的反射率图

(a) CIF-250; (b) CIF-300; (c) CIF-400; (d) CIF-500;
(e) CIF-600; (f) CIF-700; (g) CIF-800。

表 4-1 本研究及文献报道的磁性金属纤维材料的吸波性能对比

样品	填充比例	最小反射率		最大有效带宽(≤-10dB)		参考文献
		厚度/mm	反射率/dB	厚度/mm	有效带宽/GHz	
$SrFe_{12}O_{19}$/Fe 纤维	67%(质量分数)	3.00	-51.1	4.00	8.50	[198]
$Fe_{55}Ni_{45}$合金纤维	20%(体积分数)	1.20	-6.5	—	—	[200]
$Fe_{10}Ni_{90}$合金纤维	20%(质量分数)	2.00	-45.4	2.00	3.78	[202]
定向 Fe 纤维	50%(质量分数)	1.20	-12.1	1.20	3.61	[203]
Fe 纳米线	29%(体积分数)	2.00	-47.0	1.70	6.40	[204]
多晶 Fe 纤维	67%(质量分数)	2.00	-16.5	2.00	3.78	[205]
CIF-300	45%(质量分数)	1.43	-58.1	1.44	5.66	本研究

材料的衰减常数和阻抗匹配性能对其吸波性能有重要影响。图 4-9 为不同热解温度下合成的羰基铁纤维的衰减常数。羰基铁纤维的衰减常数随着频率的升高而逐渐增强，在高频区域具有更优的衰减性能。随着热解温度的升高，CIF-250～CIF-500 的衰减常数逐渐降低，CIF-250 有较大的衰

减常数，CIF-500、CIF-700 和 CIF-800 的衰减常数基本一致，衰减能力均较弱。CIF-250 具有最强的衰减性能，而系列样品中吸波性能最优异的却是衰减性能次之的 CIF-300，这是由于材料的吸波性能还受其阻抗匹配性能的影响。材料的阻抗匹配性能越好，更多的电磁波能进入吸波材料内部，越有利于电磁波的损耗吸收。

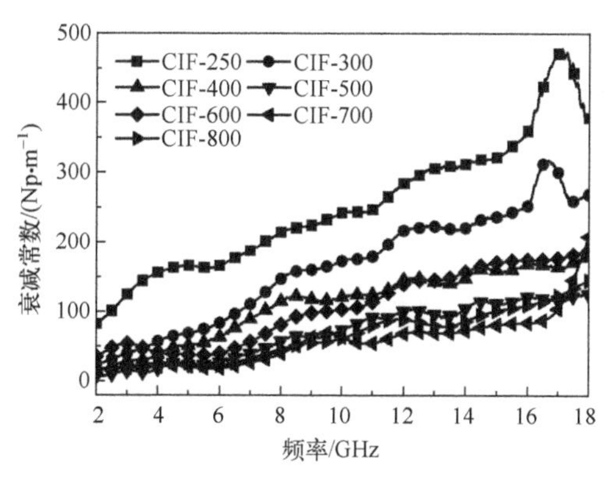

图 4-9 羰基铁纤维的衰减常数

吸波材料的阻抗匹配性能可用阻抗匹配因子（Δ）表示。图 4-10 为根据式（2-4）~式（2-6）计算得到的不同热解温度下合成羰基铁纤维的阻抗匹配因子。图中 Δ 接近 0 的区域面积越大，表明阻抗匹配性能越好。CIF-300 中 Δ 小于 0.3 的区域面积较大，表明其具有较好的阻抗匹配性能。材料的吸波性能是由衰减常数和阻抗匹配性能共同决定的，CIF-300 具有良好的阻抗匹配性能和适宜的衰减特性，因而表现出最佳吸波性能。

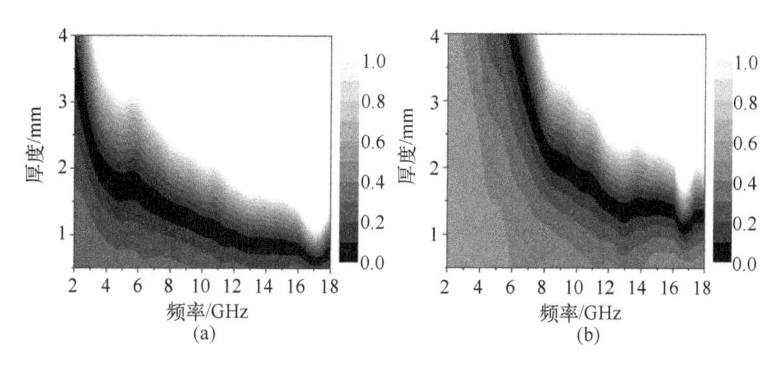

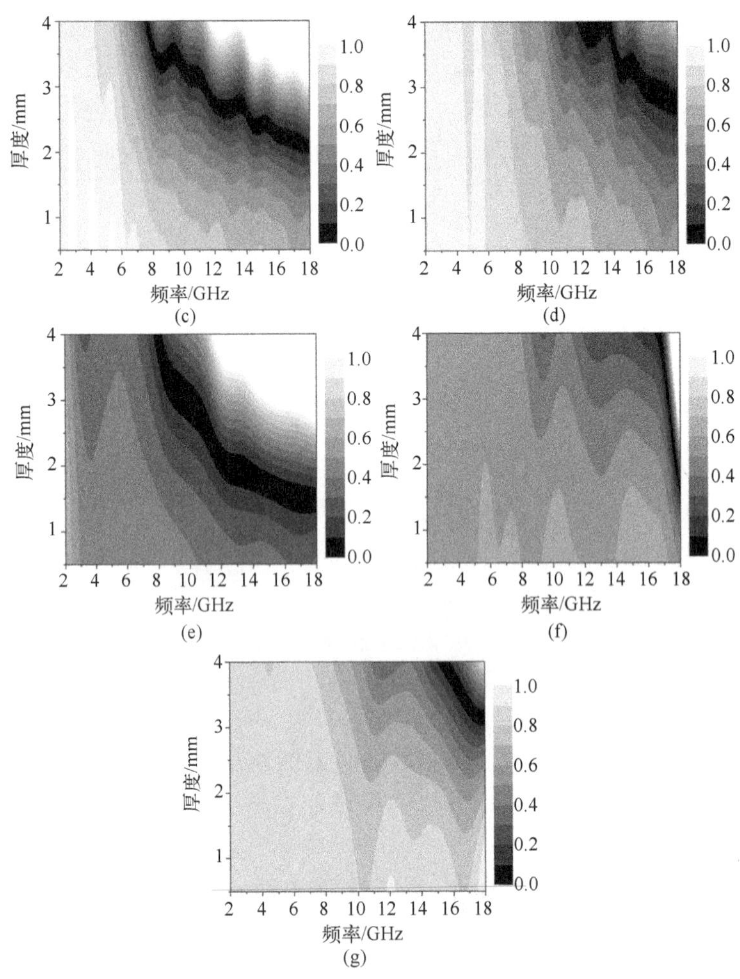

图 4-10 羰基铁纤维的阻抗匹配因子图

(a) CIF-250；(b) CIF-300；(c) CIF-400；(d) CIF-500；

(e) CIF-600；(f) CIF-700；(g) CIF-800。

4.2 羰基铁纤维/Co@C 复合材料的设计合成与性能表征

4.2.1 合成路线设计与工艺方法

由一维碳质纳米纤维与 MOF 衍生物复合构建的三维网络结构对调控导

电损耗性能、降低填充比例有较好的促进作用[125-133]。受此启发，本节将兼具导电损耗和较好磁损耗性能的羰基铁纤维与 ZIF-67 衍生物复合，发展了一种同时实现三维网络互联结构构建和电、磁损耗性能调控的简单方法。首先是在均匀分散有羰基铁纤维的有机溶剂体系中实现 ZIF-67 晶体的成核、长大，将羰基铁纤维分散在 ZIF-67 晶粒之间，形成网络结构。然后通过高温碳化处理，将羰基铁纤维/ZIF-67 前驱体中的 ZIF-67 转化为 Co@C 复合物，实现三维网络结构羰基铁纤维/Co@C 复合材料的构建。复合材料的合成路线示意图如图 4-11 所示。羰基铁纤维在网络结构中兼具调控导电损耗和磁损耗性能的双重作用，因而反应体系中羰基铁纤维的添加量是实现复合材料性能调控的关键工艺参数。

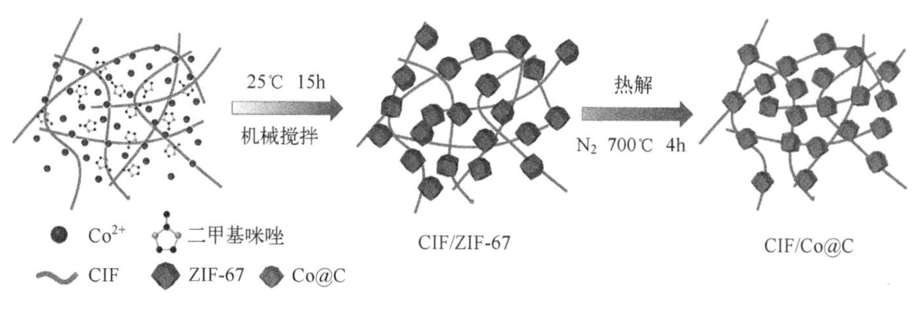

图 4-11　羰基铁纤维/Co@C 复合材料的合成路线示意图

羰基铁纤维/Co@C 复合材料制备的具体步骤为：按照体积比 1:1 配制甲醇和乙醇的混合溶剂 A；将一定量 CIF-600 和 10mmol $Co(NO_3)_2 \cdot 6H_2O$ 加入 80mL 溶剂 A，先后超声、机械搅拌 30min，标记为溶液 B；将 40mmol 二甲基咪唑溶于 80mL 溶液 A 得到溶液 C；在机械搅拌下将溶液 C 逐滴滴加到溶液 B 中，封口膜密封，室温（25℃）条件下持续搅拌 15h；产物真空抽滤，用无水乙醇洗涤 3 次，于真空干燥箱中 60℃ 干燥；产物置于管式炉中在氮气保护下高温煅烧，首先以 4℃/min 升温到 200℃，保温 30min，再以 1℃/min 升温到 700℃，保温 4h，随炉冷却至室温。所得产物即为羰基铁纤维/Co@C 复合材料。

煅烧前后所得样品分别标记为 CIF/ZIF-67-X 和 CIF/Co@C-X，X 为 1、2、4 和 6，表示制备过程中羰基铁纤维的添加量分别为 100mg、200mg、400mg 和 600mg。此外，制备过程中不加羰基铁纤维即可得到 ZIF-67，煅烧处理后的样品标记为 S-Co@C。

4.2.2 组织结构及性能表征

图 4-12 为羰基铁纤维/Co@C 前驱体（CIF/ZIF-67）的 XRD 图谱。未添加羰基铁纤维的样品在 5～40°的衍射峰与单晶 ZIF-67 的衍射峰峰位一致[85]，证实了 ZIF-67 晶体已成功合成。CIF/ZIF-67 在 2θ 为 44.7°、65.0°、82.3°处的衍射峰分别归属于体心立方结构 α-Fe 的（110）、(200）和（211）晶面（JCPDS card No.06-0696），属于前驱体中羰基铁纤维的特征峰，并且衍射峰的强度随着羰基铁纤维添加量的增加逐渐增强。图 4-13 为羰基铁纤维/Co@C 复合材料的 XRD 图谱。ZIF-67 经高温煅烧处理后得到的 S-Co@C 在 2θ=44.4°的衍射峰归属于体心立方结构 Co 的（111）晶面（JCPDS card No.06-0806）。加入羰基铁纤维后，羰基铁纤维/Co@C 复合材料在 2θ 为 44.6°、65.0°、82.3°处的衍射峰分别归属于体心立方结构 α-Fe 的（110)、(200）和（211）晶面，且衍射峰的强度随着羰基铁纤维添加量的增加而逐渐增强。羰基铁纤维/Co@C 复合材料中并未发现明显的 Co 特征峰，这是由于复合材料中 Co 的含量较少，特征峰较弱，并且 Co 在 2θ=44.2°处的（111）晶面特征峰与 α-Fe 在 2θ=44.6°处的（110）晶面重叠，特征峰易被其掩盖。此外，各样品中均无明显的石墨化碳衍射峰(26.1°)，表明样品中石墨化碳组分的含量较少。

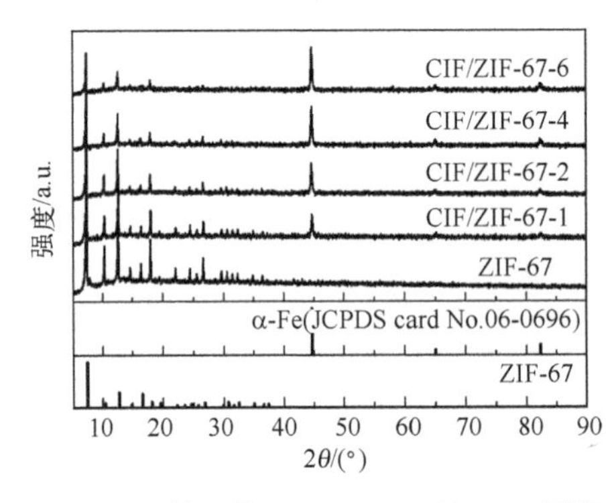

图 4-12 前驱体 CIF/ZIF-67 的 XRD 图谱

采用 SEM 和 TEM 对复合材料的微观形貌和结构进行分析。图 4-14 为前驱体 CIF/ZIF-67 的 SEM 照片。从图 4-14（a）中可以看出，纯 ZIF-67 具有规则的多面体结构，表面光滑，平均粒径约为 1μm，颗粒尺寸分布均匀，无明显的团聚。前驱体 CIF/ZIF-67 中 ZIF-67 的形貌与纯的 ZIF-67

类似，羰基铁纤维的加入未对 ZIF-67 的形貌造成影响。CIF 均匀分布在 ZIF-67 颗粒之间，部分纤维嵌入到 ZIF-67 颗粒内部。

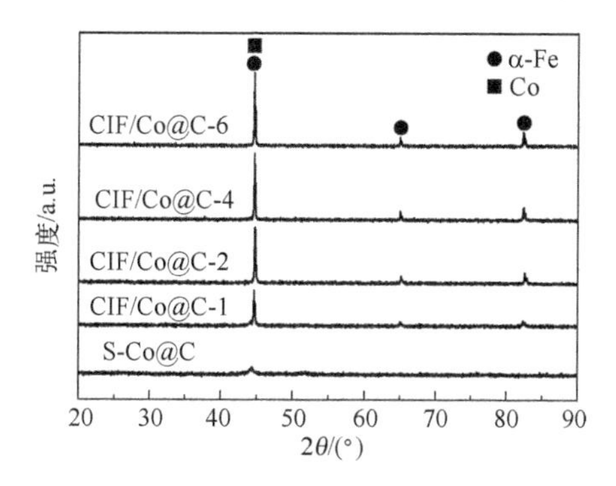

图 4-13　羰基铁纤维/Co@C 复合材料的 XRD 图谱

图 4-14　前驱体 CIF/ZIF-67 的 SEM 照片

(a) ZIF-67；(b) CIF/ZIF-67-1；(c) CIF/ZIF-67-2；(d) CIF/ZIF-67-4；(e) CIF/ZIF-67-6。

图 4-15 为羰基铁纤维/Co@C 复合材料的 SEM 照片。前驱体中的 ZIF-67 经高温煅烧处理后，仍然保留了多面体形状，但高温处理使得多面体的骨架坍缩，颗粒尺寸减小，表面变得粗糙。羰基铁纤维/Co@C 复合材料中，羰基铁纤维和 Co@C 均匀分布，CIF/Co@C-1 和 CIF/Co@C-2 中，羰基铁纤维分散在 Co@C 粒子周边，呈串联状态，随着羰基铁纤维添加量的进一步增加，CIF/Co@C-4 中羰基铁纤维缠绕在 Co@C 周围，而 CIF/Co@C-4

中羰基铁纤维有轻微团聚，表明其含量已超过 Co@C。此外，从图中观察可以发现，在 Co@C 表面有少量纤维状突起，这是 Co@C 中非晶态碳在高温环境下通过 Co 催化形成的 CNT。羰基铁纤维/Co@C 复合材料中羰基铁纤维的缠结串联结构以及 CNT 的形成，有利于电子的传递，提高复合材料的导电性能。

图 4-15　羰基铁纤维/Co@C 复合材料的 SEM 照片

（a）S-Co@C；（b）CIF/Co@C-1；（c）CIF/Co@C-2；（d）CIF/Co@C-4；（e）CIF/Co@C-6。

为进一步分析复合材料的微观结构，以 CIF/Co@C-2 为例对其进行 TEM 分析。图 4-16 为羰基铁纤维/Co@C-2 的 TEM 照片和 SAED 图。从图 4-16（a）、（b）中可以看出，复合材料中羰基铁纤维与 Co@C 缠绕在一起，Co@C 由均匀分布的 Co 纳米粒子和碳骨架组成。图 4-16（a）标记区域的 SAED 结果如图 4-16（c）所示。从图中可以观察到两个明显的衍射环和若干衍射斑，其中内侧衍射环归属于石墨化碳的（002）晶面，说明样品中石墨化碳的存在。外侧衍射环可归属于 α-Fe 的（110）晶面和 Co 的（110）晶面，其余衍射斑分别归属于 α-Fe 的（110）、（220）、（222）、（310）晶面和 Co 的（222）晶面，这与图 4-13 中的 XRD 分析结果一致。图 4-16（d）所示的 HRTEM 照片中，0.20nm 的晶格条纹归属于 Co 纳米粒子，0.34nm 的晶格条纹归属于石墨化碳，这表明 ZIF-67 中的 Co^{2+} 经高温煅烧处理后被还原为 Co 单质，并与石墨化碳层构成核壳结构 Co@C。石墨化碳壳层的形成主要是由于 Co 纳米粒子在高温环境下对无定形碳的催化作用。图 4-16（e）所示的 HRTEM 照片中，0.14nm 和 0.20nm 的晶格条纹分别归属于 α-Fe 的（200）和（110）晶面，其周边也有石墨化碳的存在。由于 Co、Fe 在高温环境下对无定形碳的催化仅能作用于其周围的碳层，因此复合材料中石墨化碳的含量较少。

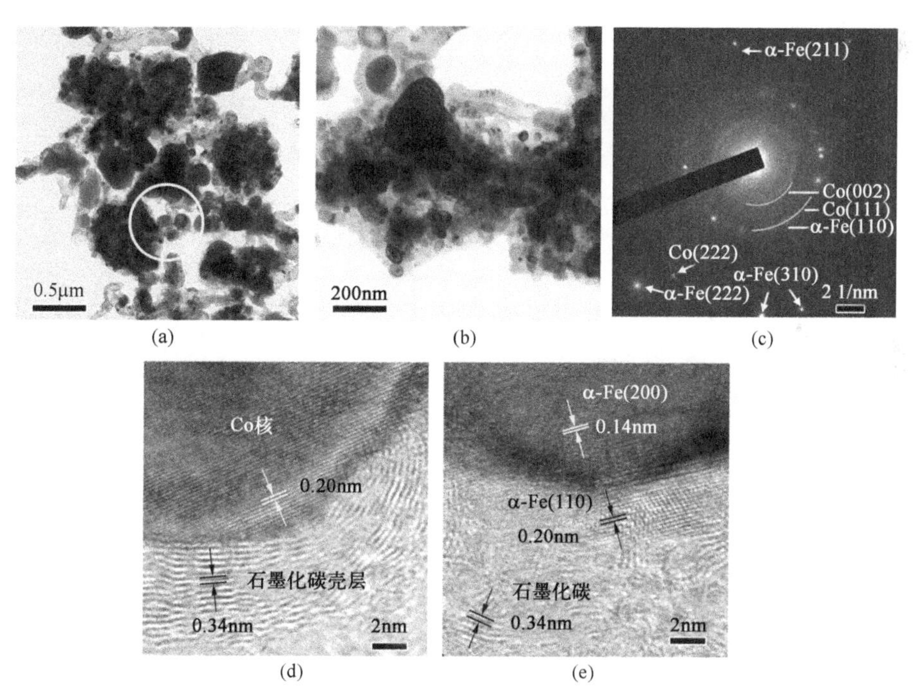

图 4-16　CIF/Co@C-2 的 TEM 照片及 SAED 图

（a）、（b）TEM 照片；（c）SAED 图；（d）、（e）HRTEM 照片。

为进一步分析 CIF/Co@C 复合材料表面的元素组成及其化学价态，以 CIF/Co@C-2 为例采用 XPS 对复合材料进行研究。图 4-17 为 CIF/Co@C-2 的 XPS 谱图。从图 4-17（a）的全谱图可以看出，复合材料主要由 C、N、O、Fe、Co 元素组成。图 4-17（b）为 CIF/Co@C-2 的 C 1s 谱，分峰拟合后发现，C 1s 谱图中 284.6eV、285.2eV 和 288.7eV 处的 3 个特征峰分别对应 C—C/C ═C、C—O、C ═O 基团。Fe 2p 谱图［图 4-17（c）］中，707.1eV、720.1eV 处特征峰分别对应 CIF 中金属 Fe 的 $2p_{3/2}$和 $2p_{1/2}$原子轨道，而 710.6eV、724.6eV 处的特征峰分别对应 Fe^{3+}的 $2p_{3/2}$和 $2p_{1/2}$原子轨道，表明样品表面有少量的 Fe 被氧化。Co 2p 谱图［图 4-17（d）］中，可以观察到金属 Co、Co^{2+}及其卫星峰，其中结合能为 779.3eV、794.3eV 处对应复合材料中金属 Co 的 $2p_{3/2}$和 $2p_{1/2}$原子轨道，而 781.4eV、795.8eV 处的特征峰分别对应 Co^{2+}的 $2p_{3/2}$和 $2p_{1/2}$原子轨道。Co^{2+}的存在可能是由于

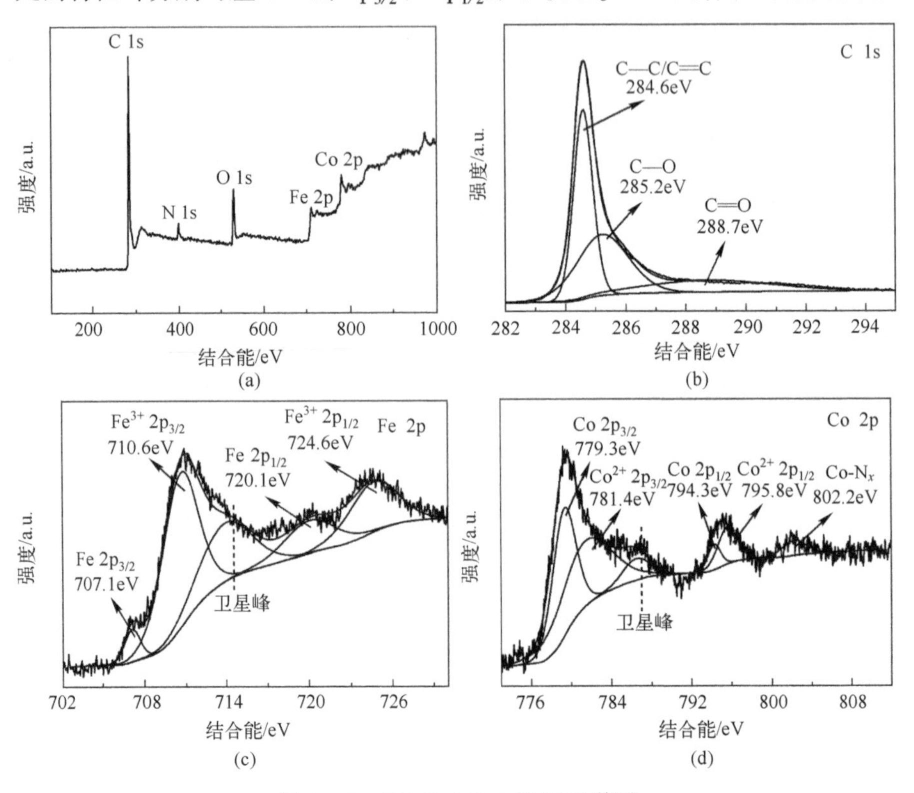

图 4-17　CIF/Co@C-2 的 XPS 谱图

（a）全谱；（b）C 1s 谱；（c）Fe 2p 谱；（d）Co 2p 谱。

复合材料表面金属 Co 热解还原过程不完全或在空气中氧化造成的。此外，802.2eV 处为 Co—N_x的特征峰，证实了 Co—N 键的形成[99]。复合材料中丰富的极性基团有利于增强偶极子极化，提高介电损耗性能，促进材料对电磁波的吸收。

为研究复合材料的石墨化程度，对其进行拉曼光谱分析。图 4-18 为羰基铁纤维/Co@C 复合材料的拉曼光谱。复合材料在 1330cm^{-1}（D 带）和 1580cm^{-1}（G 带）处有两个明显的特征峰，特征峰的强度比 I_D/I_G可在一定程度上表征碳材料的石墨化程度。S-Co@C 及 CIF/Co@C-1～CIF/Co@C-6 的 I_D/I_G值分别为 1.15、1.19、1.27、1.14 和 1.00。随着羰基铁纤维掺杂量的增加，复合材料的 I_D/I_G值呈现先增大后减小的趋势。I_D/I_G值变化与复合材料中碳的组分有关：羰基铁纤维掺杂量的增加提高了复合材料中 Fe、Co 金属催化剂的含量，有助于无定形碳向微晶石墨转变，石墨化程度增强，I_D/I_G值增大；羰基铁纤维掺杂量的进一步增加有助于消除微晶石墨区的缺陷，石墨化程度增强，I_D/I_G值减小。因此 I_D/I_G值的减小并不意味着复合材料碳组分的石墨化程度降低，而是两种机制共同增加碳组分的石墨化程度导致的。羰基铁纤维掺杂量的增加有利于增强复合材料的石墨化程度，提高导电损耗能力，从而影响吸波性能。

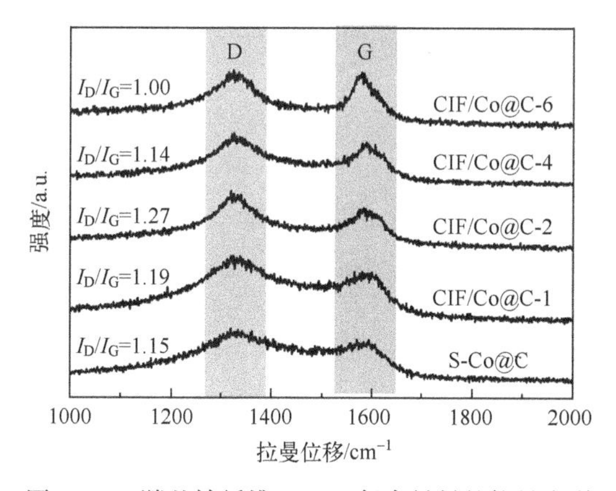

图 4-18　羰基铁纤维/Co@C 复合材料的拉曼光谱

图 4-19 为羰基铁纤维/Co@C 复合材料的磁滞回线图。复合材料展现了典型的铁磁特性，样品 S-Co@C 以及 CIF/Co@C-1～CIF/Co@C-6 的饱和磁化强度（M_s）分别为 46.1A · m^2 · kg^{-1}、97.4A · m^2 · kg^{-1}、155.2A · m^2 · kg^{-1}、163.9A · m^2 · kg^{-1}和 183.5A · m^2 · kg^{-1}。复合材料中的铁磁性主要来源于

磁性金属 Co 和羰基铁纤维，随着羰基铁纤维添加量的增大，复合材料中非磁性的碳组分含量逐渐降低，导致 M_s 呈逐渐增大的趋势。图 4-19（b）为磁滞回线局部放大图，样品 S-Co@C、CIF/Co@C-1 ~ CIF/Co@C-6 的矫顽力（H_c）分别为 361.8Oe、269.4Oe、315.8Oe、214.6Oe 和 257.3Oe。复合材料的 H_c 呈波动下降的趋势，这可能与复合材料中碳组分的逐渐降低以及组成结构有关。

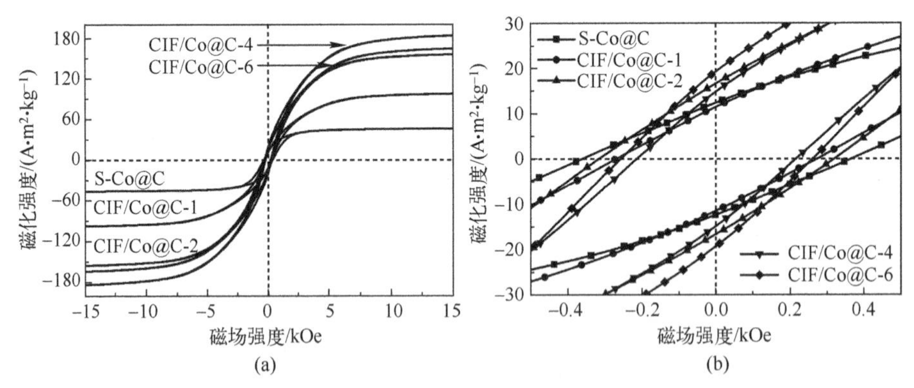

图 4-19　羰基铁纤维/Co@C 复合材料的磁滞回线图

（a）磁滞回线图；（b）磁滞回线局部放大图。

4.2.3　电磁参数及吸波性能分析

为测试羰基铁纤维/Co@C 复合材料在 2 ~ 18GHz 范围内的电磁参数，将其分散在石蜡中制成同轴测试样品［样品的添加量为 40%（质量分数）］，采用矢量网络分析仪进行测试。图 4-20 为羰基铁纤维/Co@C 复合材料的介电常数和介电损耗角正切图。S-Co@C 的 ε' 值在 9 ~ 15 之间、ε'' 值在 3~6 之间，掺杂羰基铁纤维后样品的 ε' 值和 ε'' 值均随着频率的升高而逐渐降低，呈现出明显的频散特性。随着羰基铁纤维的掺杂量增加，ε' 和 ε'' 的值逐渐增大，羰基铁纤维的掺杂有助于在材料中的 S-Co@C 之间形成导电网络，从而提高材料的 ε' 值和 ε'' 值。当羰基铁纤维的掺杂量进一步增加到 600mg 时，ε' 和 ε'' 的值则出现了下降趋势，这是由于掺杂量过大，S-Co@C 的占比急剧降低导致的。从图 4-20（c）中介电损耗角正切 $\tan\delta_e$ 曲线可以看出，掺杂羰基铁纤维后，样品的 $\tan\delta_e$ 值明显增大，这主要是由于羰基铁纤维的掺杂引入了大量的异质界面，增强了材料的界面极化，同时纤维结构提高了材料导电性，增强了材料的导电损耗。此外，$\tan\delta_e$ 在 9GHz、13GHz 和 17GHz 处出现多个共振峰表明了多重极化损耗的存在。

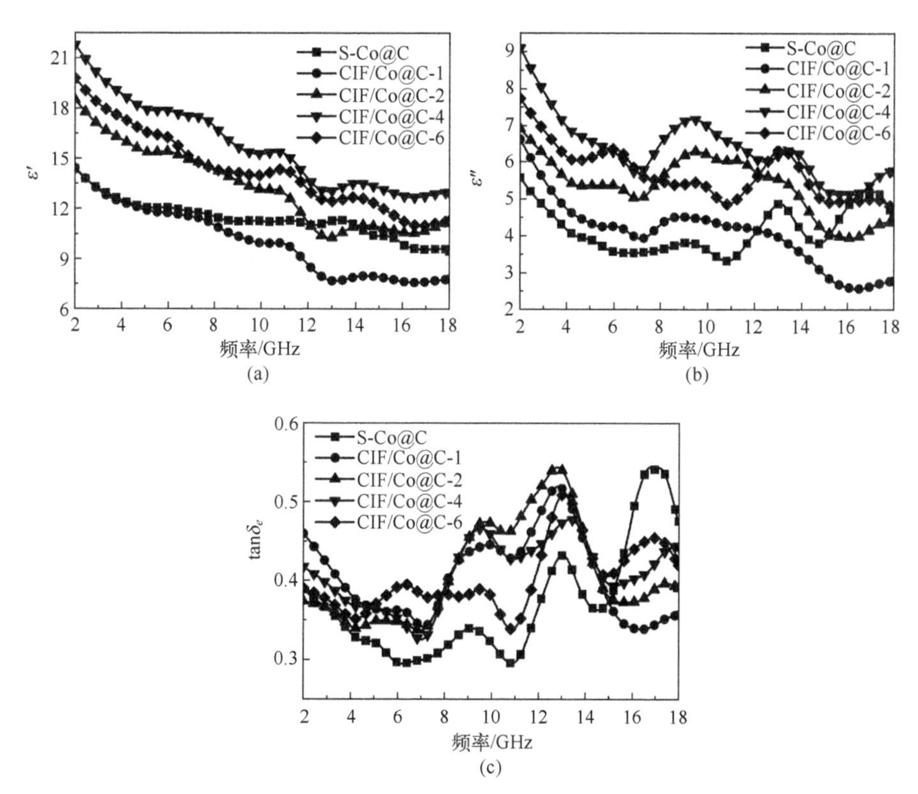

图 4-20　羰基铁纤维/Co@C 复合材料的介电常数和介电损耗角正切图
（a）介电常数实部；（b）介电常数虚部；（c）介电损耗角正切。

图 4-21 为羰基铁纤维/Co@C 复合材料的磁导率、磁损耗角正切及 C_0 曲线图。掺杂羰基铁纤维的样品 μ' 值明显增加，S-Co@C 的 μ' 值在 0.9~1.2 之间波动，而羰基铁纤维/Co@C 复合材料的 μ' 值则在 1.1~1.4 之间波动。随着羰基铁纤维掺杂量的增加，μ' 值在 2~11GHz 范围内逐渐增大。样品的 μ'' 值均在 0~0.2 之间波动，由于磁性组分羰基铁纤维的含量较大，CIF/Co@C-4 和 CIF/Co@C-6 的 μ'' 值较大。从图 4-21（c）中磁损耗角正切 $\tan\delta_m$ 曲线可以看出，当羰基铁纤维的掺杂量较小时（100mg 和 200mg），掺杂前后 $\tan\delta_m$ 的变化并不明显，说明少量的磁性组分掺杂对复合材料磁损耗影响并不大，其对吸波性能的调控作用主要体现在对介电常数的影响。当掺杂量进一步增加时，复合材料的 $\tan\delta_m$ 值升高，大量磁性组分增强了复合材料的磁损耗能力。图 4-21（d）为羰基铁纤维/Co@C 复

合材料的 C_0 值随频率的变化曲线。掺杂前的 S-Co@C 和掺杂后的羰基铁纤维/Co@C 的 C_0 值均随频率的变化而变化，因此羰基铁纤维/Co@C 复合材料的磁损耗并非仅来源于涡流损耗，自然共振也是其损耗电磁波的重要机制。

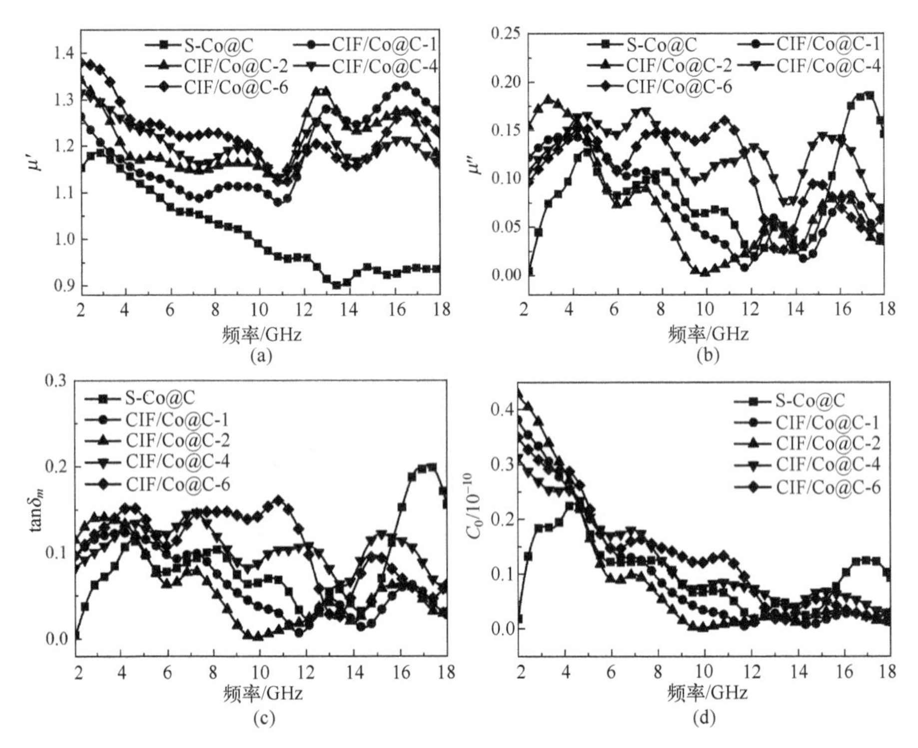

图 4-21　羰基铁纤维/Co@C 复合材料的磁导率、磁损耗角正切及 C_0 曲线图

(a) 磁导率实部；(b) 磁导率虚部；(c) 磁损耗角正切；(d) C_0 曲线图。

根据传输线理论，材料在不同厚度下对电磁波的反射率可根据式 (2-8) 和式 (2-9) 计算得到。图 4-22 为羰基铁纤维/Co@C 复合材料在厚度为 1.3mm 和 1.8mm 时的反射率图。厚度为 1.3mm 时，S-Co@C 和 CIF/Co@C-1 在 2~18GHz 范围内未出现反射率峰，CIF/Co@C-2 在 16.08GHz 处的最小反射率达到-47.8dB，厚度增大到 1.8mm 时，CIF/Co@C-1 在 13.7GHz 处的最小反射率达到-50.1dB。此外，随着羰基铁纤维添加量的增大，反射率峰逐渐增大，并向低频移动。

为进一步分析羰基铁纤维/Co@C 复合材料的吸波性能，对其在不同厚度下的三维反射率进行分析，如图 4-23 所示。从图中可以看出，在厚度

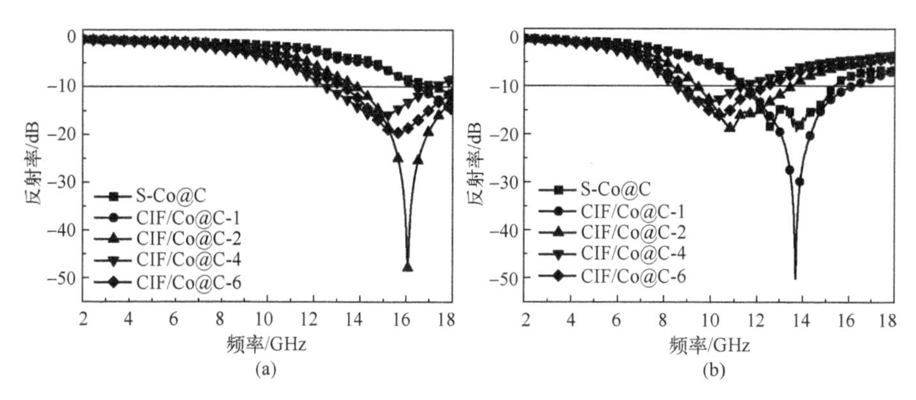

图 4-22　羰基铁纤维/Co@C 复合材料在不同厚度下的反射率图

（a）1.3mm；（b）1.8mm。

为 1~4mm 时所有样品在 5~18GHz 范围内的反射率均能达到-10dB 以下，CIF/Co@C-1 在厚度为 1.79mm、频率为 13.78GHz 处最小反射率达-56.9dB，CIF/Co@C-2 在厚度为 1.28mm、频率为 16.3GHz 处最小反射率达-47.8dB。S-Co@C 在厚度大于 1.8mm、频率小于 12GHz 范围内有较小的反射率峰值，掺杂羰基铁纤维后，反射率峰值逐渐转移到高频区域，并且随着掺杂量的增加，反射率峰值逐渐减小，CIF/Co@C-4 和 CIF/Co@C-6 的最小反射率峰值均低于-25dB。反射率小于-10dB 时的频带宽称为有效带宽，它是衡量吸波材料性能的重要指标。图 4-24 为羰基铁纤维/Co@C 复合材料在不同厚度下的有效带宽。S-Co@C 在厚度为 1.56mm 时最大有效带宽达到 4.54GHz，掺杂 100mg 羰基铁纤维后，CIF/Co@C-1 的最大有效带宽增大到 5.18GHz，但相应的厚度也增大到 1.62mm，CIF/Co@C-2 则在厚度为 1.37mm 时最大有效带宽达 4.96GHz。CIF/Co@C-4 和 CIF/Co@C-6 分别在厚度为 1.26mm、1.36mm 时有最大有效带宽 4.68GHz、5.14GHz。综合考虑吸波材料“薄、宽、强”的需求，CIF/Co@C-2 具有较为优异的吸波性能。

本研究及相关文献报道的纤维状材料/MOF 衍生物复合材料的吸波性能对比如表 4-2 所示。从表中数据可以看出，由于大都采用轻质的碳质纤维与 MOF 衍生物复合，相关文献报道纤维状材料/MOF 衍生物复合材料普遍比羰基铁纤维/Co@C 复合材料的填充比例低。但是，羰基铁纤维/Co@C 复合材料的“薄、宽、强”也有明显的提升，最小反射率（-47.8dB）比所列的部分材料略大，但相应的厚度降低到 1.28mm，同时在较低的厚度

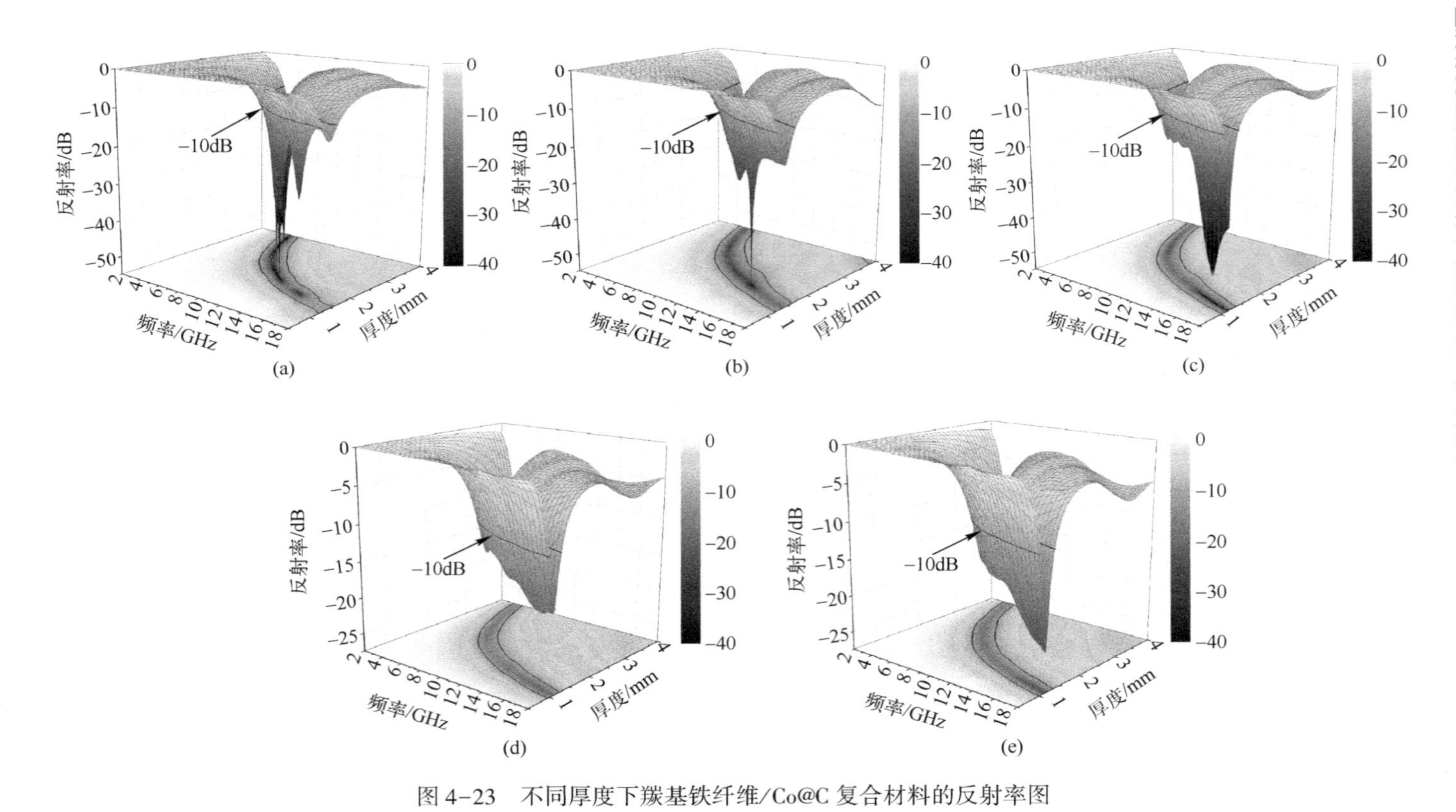

图 4-23 不同厚度下羰基铁纤维/Co@C 复合材料的反射率图

（a）S-Co@C；（b）CIF/Co@C-1；（c）CIF/Co@C-2；（d）CIF/Co@C-4；（e）CIF/Co@C-6。

(1.37mm) 下达到较大的有效带宽 (4.96GHz)。对比结果进一步表明，与碳质纤维相比较，磁性羰基铁纤维与MOF衍生物的掺杂复合对增强复合材料的综合吸波性能具有更明显的优势。

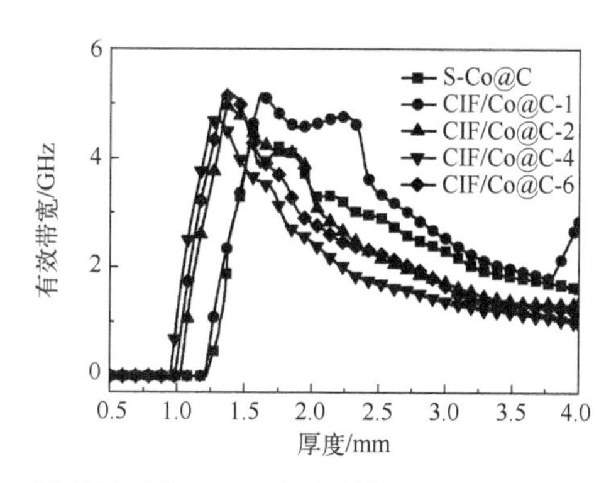

图4-24　羰基铁纤维/Co@C复合材料在不同厚度下的有效带宽

表4-2　本研究及相关文献报道的纤维状材料/MOF衍生物复合材料的吸波性能对比

样　　品	填充比例（质量分数）	最小反射率		最大有效带宽（≤-10dB）		参考文献
		厚度/mm	反射率/dB	厚度/mm	有效带宽/GHz	
CNT@CoO/C	10%	1.84	-50.2	1.84	4.40	[126]
Co/C-CNT	20%	1.80	-20.3	1.80	4.09	[127]
Co-C/CNT	25%	1.80	-40.5	1.80	4.30	[128]
CNF@C/Co/CoO	20%	4.00	-51.9	—	<3.00	[129]
定向 Co-C/CNT	15%	2.99	-48.9	2.50	4.94	[130]
CF(棉纤维)/Co@C	25%	1.65	-51.2	1.65	4.40	[131]
Fe@C/CF(棉纤维)	25%	2.50	-46.2	2.50	5.20	[132]
C-ZnO@CNT	40%	3.00	-48.2	—	—	[133]
CIF/Co@C-2	40%	1.28	-47.8	1.37	4.96	本研究

材料的吸波性能受衰减常数和阻抗匹配性能的共同影响。图4-25为羰基铁纤维/Co@C复合材料的衰减常数。随着CIF掺杂量的增加，复合材料的衰减常数逐渐增大，对电磁波的衰减能力逐渐增强，当掺杂量增

加到600mg时，CIF/Co@C-6的衰减常数在8~18GHz范围内降低，这与图4-20复合材料的介电损耗变化规律一致，表明复合材料的衰减性能主要由介电损耗决定。此外，复合材料的衰减常数随着频率的增加逐渐增大，在较高的频段对电磁波有较强的衰减性能，这是由于衰减常数的值与频率f正相关。

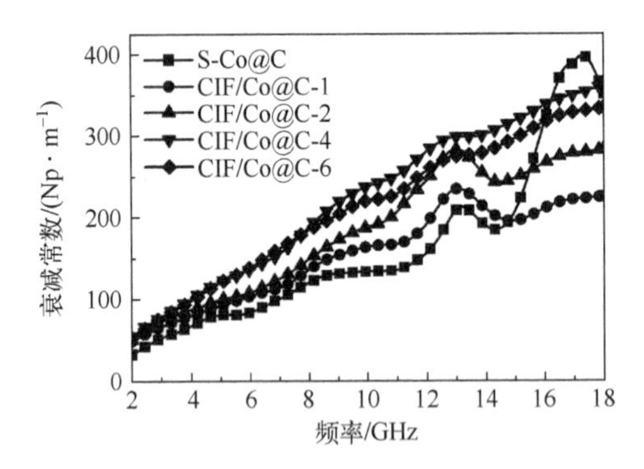

图4-25 羰基铁纤维/Co@C复合材料的衰减常数

吸波材料的阻抗匹配性能可由阻抗匹配因子（Δ）表示。图4-26为羰基铁纤维/Co@C复合材料的阻抗匹配因子图。从图中可以看出，各样品Δ小于0.3的区域面积均较大，具有较好的阻抗匹配性能，结合反射率分析中各样品在测试频段内均有大于-10dB的反射率的结论可知，阻抗匹配性能对复合材料的吸波性能有重要的影响。比较而言，CIF/Co@C-2中Δ小于0.3的区域面积较大，并且CIF/Co@C-2具有适中的衰减常数，因此表现出较为优异的吸波性能。

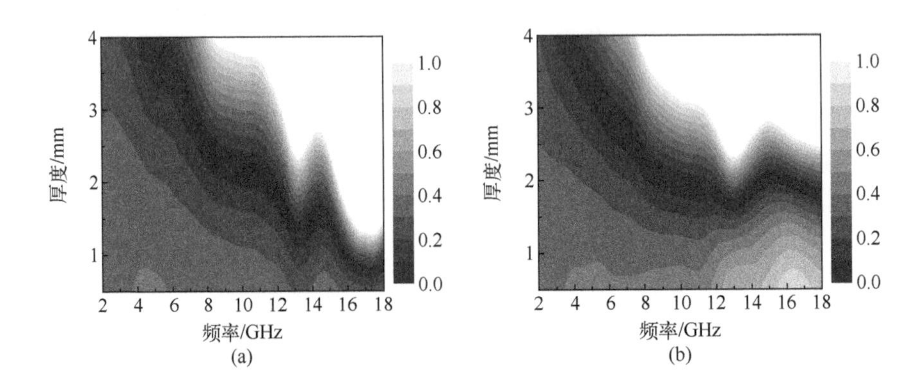

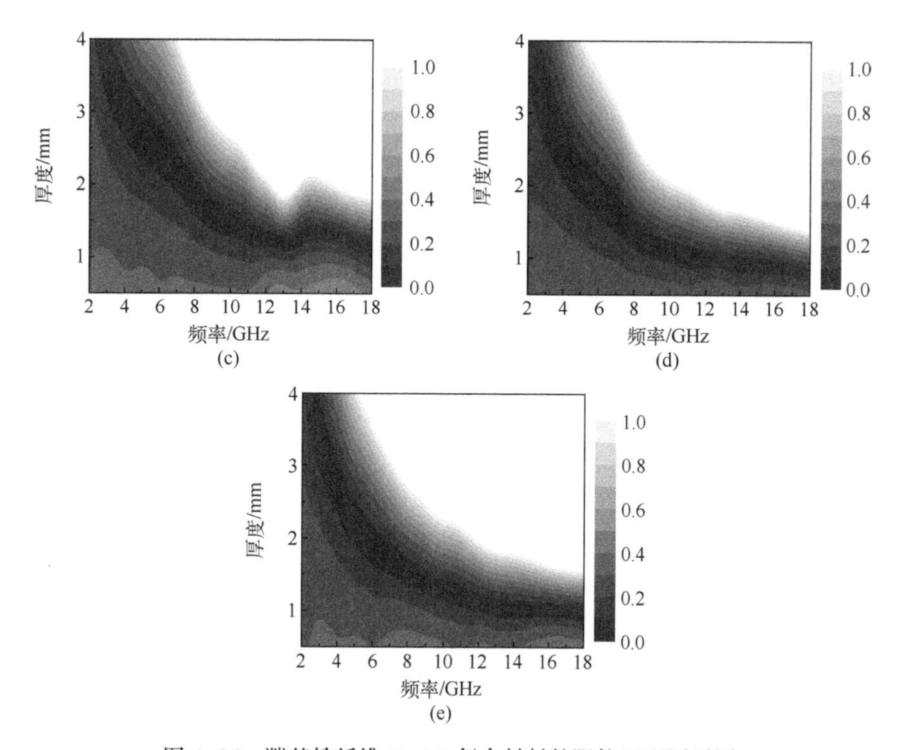

图 4-26　羰基铁纤维/Co@C 复合材料的阻抗匹配因子图

(a) S-Co@C；(b) CIF/Co@C-1；(c) CIF/Co@C-2；(d) CIF/Co@C-4；(e) CIF/Co@C-6。

4.3　本章小结

本章首先采用气流诱导法制备羰基铁纤维，然后在 ZIF-67 的生长过程中引入羰基铁纤维构建三维网络结构，经高温煅烧得到羰基铁纤维/Co@C 复合材料，研究了微观组织结构对材料电磁性能的影响，分析了其电磁波损耗机制。主要结论如下：

（1）采用气流诱导法合成了具有一维纤维结构的羰基铁纤维。热解温度对羰基铁纤维的形貌结构及电磁性能有重要影响。随着热解温度的升高，羰基铁纤维的晶粒逐渐增大，纤维表面逐渐由粗糙变得光滑，纤维长度变短，铁磁性能呈减弱趋势。

（2）羰基铁纤维的吸波性能随着热解温度的升高先增强后减弱，热解温度为 300℃时制备的样品（CIF-300）具有最优吸波性能。填充比例为

45%（质量分数）时，CIF-300 在厚度为 1~4mm、频率为 3.7~18.0GHz 范围内的反射率均小于-10dB，最小反射率可达-58.1dB（频率为 13.8GHz，厚度为 1.43mm），厚度为 1.4mm 时的有效吸收带宽达 5.54GHz（频率范围为 11.7~17.24GHz）。

（3）构建了三维网络结构的羰基铁纤维/Co@C 复合材料。复合材料中羰基铁纤维与 ZIF-67 衍生的 Co@C 骨架相互缠绕，构成三维网络结构。随着羰基铁纤维掺杂量的增加，复合材料的石墨化程度逐渐提高，铁磁特性逐渐增强。

（4）羰基铁纤维/Co@C 复合材料的吸波性能随着羰基铁纤维掺杂量的增加先增强后减弱，掺杂量为 200mg 时制备的复合材料（CIF/Co@C-2）具有最佳的吸波性能。填充比例为 40%（质量分数）时，CIF/Co@C-2 的最小反射率达到-47.8dB（频率为 16.08GHz，厚度为 1.3mm），在厚度为 1.37mm 时最大有效带宽可达 4.96GHz。羰基铁纤维掺杂构成三维网络结构既提高了导电损耗，又增强了界面极化，磁性组分的增加还提高了磁损耗性能，因而复合材料表现出优异的吸波性能。

第5章 片状Co@C/Fe复合材料的设计合成与电磁性能研究

第3章和第4章分别通过形貌结构调控及掺杂复合的方式构筑羰基铁/Co@C复合材料，既实现了吸波性能的调控，也不同程度地降低了密度及填充比例。但由于其主要成分仍为密度较大的金属Fe，对其进行轻质化形貌改性的手段非常有限，因而亟须从新的角度入手进行复合材料设计。MOCVD法可将$Fe(CO)_5$蒸气热分解后沉积在基体材料表面，这为羰基铁与其他材料复合构筑核壳结构吸波材料提供了一种柔性的合成工艺。近年来，研究人员采用MOCVD法分别在铁氧体[206-207]、ZnO[208]、CeO_2[209]等材料表面沉积羰基铁壳层，由于具有可控的核壳结构和电/磁双重损耗机制，复合材料表现出较好的吸波性能。采用MOCVD法将羰基铁与GO[36]、CNT[45]、CF[55-56]等轻质碳材料复合，不仅能通过电损耗与磁损耗材料的复合调控实现吸波性能的进一步优化，还可以通过以轻质碳基材料为核粒子构筑的独特核壳结构进一步降低含Fe复合材料的密度和填充比例。

MOF衍生的磁性金属/多孔碳复合材料继承了MOF模板的形貌结构及多孔、轻质等优点，具有结构成分易于调控的特性。一方面，通过调节双金属MOF模板中金属元素的比例可制备具有不同石墨化程度、孔径分布和比表面积的复合材料，研究发现，Co/Zn BMZIF[89-91]和Fe/Co PB类似物[102-103]衍生的磁性金属/碳复合吸波材料经优化后均表现出更加优异的吸波性能；另一方面，磁性金属纳米粒子在MOF衍生物的碳骨架中呈均匀分布状态，能够有效避免因磁性粒子颗粒较大而带来的趋肤效应；最后，在微纳尺度上较好的形貌结构可裁剪性使MOF衍生的复合材料具有可调的多维度形貌结构和尺寸[210]，这为开展复合吸波材料的多维度、多尺度设计构筑提供了极其丰富的模板。因而，MOF 及其衍生的磁性金属/多孔碳复合材料是与羰基铁复合构筑核壳结构较为理想的轻质核粒子材料。Quan 等[157]的研究表明，以 MOF 为核粒子构筑的多孔碳-羰基铁核壳结构能够增强复合材料的多重极化损耗和磁损耗能力，进而对提高复合材料的吸波性能有较好的促进作用。

吸波材料的微观结构是影响其吸波性能的重要因素。Miao 等[107]分别热解 Fe 基 MOF 超分子异构体 MIL-101 和 MIL-88B 制备了具有相同化学成分和不同形貌结构的 Fe/C 纳米复合材料，揭示了微观形貌结构对材料吸波性能的显著影响。与传统吸波材料相比，二维材料较大的比表面积能改善界面极化性能，较低的密度和平面结构有利于与其他材料复合构筑核壳、多孔、堆叠结构[211]，因而在吸波材料领域表现出独特的优势。此外，在第 3 章中指出了二维片状结构对磁性材料突破斯诺克极限限制、提高磁损耗性能具有促进作用。近年来二维结构碳基吸波材料的研究多是围绕石墨烯[135]展开，而采用 MOF 衍生法制备二维片状结构的碳基复合吸波材料少见公开报道。

因此，本章首先以二维片状结构的 Co/Zn BMZIF 为前驱体合成片状 Co@C 复合材料，研究前驱体中 Co/Zn 摩尔比对复合材料微观结构、石墨化程度、磁性能和吸波性能的影响；然后以片状 Co/Zn BMZIF 为核，采用 MOCVD 法在其表面生长羰基铁粒子，经高温碳化后得到核壳结构片状 Co@C/Fe 复合材料，研究煅烧处理温度对复合材料微观结构、石墨化程度、磁性能和吸波性能的影响，分析其损耗电磁波的机理。

5.1 片状 Co@C 复合材料的设计合成与性能表征

5.1.1 合成路线设计与工艺方法

MOF 衍生的磁性金属/多孔碳复合材料中磁性组分的含量不仅直接决定了其磁损耗性能，而且由于 Fe、Co、Ni 等过渡金属在高温下可以促进无定形碳石墨化，磁性组分的含量还决定了复合材料中碳组分的石墨化程度，进而影响其介电损耗性能。以具有不同金属摩尔比的 Co/Zn BMZIF[89-91]和 Fe/Co PB 类似物[102-103]为前驱体能够实现对 Co@C、Co/Fe@C 复合材料微观结构和吸波性能的调控。受此启发，本节基于类似的原理制备具有不同 Co/Zn 摩尔比的片状 BMZIF，经高温碳化处理后可得到片状 Co@C 复合材料。片状 Co@C 复合材料的合成路线示意图如图 5-1 所示。通过调节片状 BMZIF 中 Co/Zn 的摩尔比，一方面可以依靠磁性组分金属 Co 的含量变化来调控复合材料的磁损耗性能，另一方面可以通过金属 Co 对无定形碳的催化作用来调节石墨化程度，进而影响复合材料的介电损耗性能。

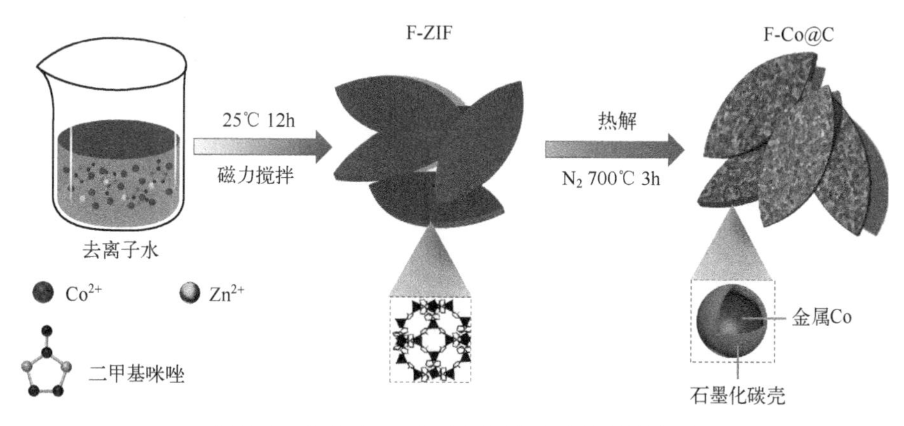

图 5-1　片状 Co@C 复合材料的合成路线示意图

片状 Co@C 复合材料制备的具体步骤为：将一定量的 $Co(NO_3)_2 \cdot 6H_2O$ 和 $Zn(NO_3)_2 \cdot 6H_2O$ 溶于 50mL 去离子水形成溶液 A，将 40mmol 二甲基咪唑溶于 50mL 去离子水形成溶液 B，将溶液 A 快速加入溶液 B，室温（25℃）条件下磁力搅拌 12h，真空抽滤，用去离子水洗涤 3 次，于真空干燥箱中 60℃ 干燥，所得产物为具有片状结构的 Co/Zn BMZIF 前驱体，标记为 F-ZIF。

上述前驱体置于氮气保护的管式炉中高温煅烧，首先以 4℃/min 升温到 200℃，保温 30min，再以 1℃/min 升温到 700℃，保温 3h，随炉冷却至室温，所得产物为片状 Co@C 复合材料，标记为 F-Co@C。上述制备过程中加入 $Co(NO_3)_2 \cdot 6H_2O$ 和 $Zn(NO_3)_2 \cdot 6H_2O$ 的总摩尔质量为 10mmol，摩尔比分别为 5:0、4:1、3:2、2:3、1:4 和 0:5。相对应的煅烧前后所得样品分别标记为 F-ZIF-X 和 F-Co@C-X，X 为 5、4、3、2、1 和 0。

5.1.2　组织结构及性能表征

图 5-2 为片状 Co/Zn BMZIF 前驱体的 XRD 图谱。不同 Co/Zn 摩尔比

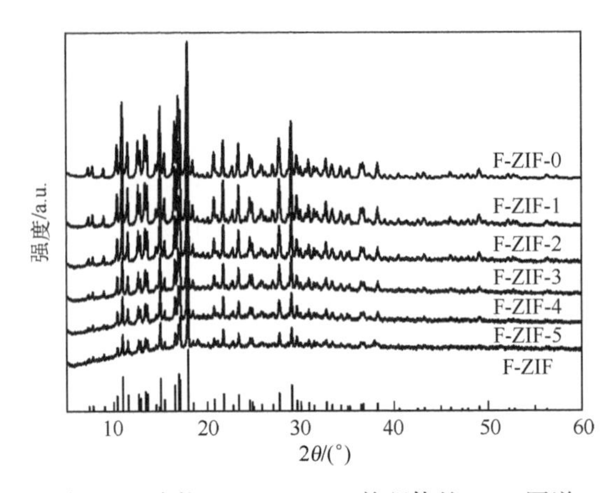

图 5-2　片状 Co/Zn BMZIF 前驱体的 XRD 图谱

制备的片状 BMZIF 具有相似的衍射图谱，表明其具有相同的晶体结构，并且与文献报道的模拟的片状 Co/Zn BMZIF 的晶体衍射特征一致[99]。经高温煅烧后得到的片状 Co@C 复合材料的 XRD 图谱如图 5-3 所示。F-Co@C-5～F-Co@C-1 在 2θ 为 44.3°、51.4°、75.9°处的衍射峰归属于体心立方结构 Co 的（111）、(200)、(220) 晶面（JCPDS card No. 06-0806)，随着对应前驱体中 Co 含量的增加，衍射峰的强度逐渐增大。根据 Scherrer 公式计算 F-Co@C-5～F-Co@C-1 中金属 Co 的平均晶粒尺寸分别为 16.1nm、15.1nm、14.5nm、10.8nm 和 12.2nm，表明复合材料中磁性金属 Co 的平均晶粒尺寸先随着 Co 含量的减少而逐渐减小，而 F-Co@C-1 中 Co 的平均晶粒尺寸略有增大。F-Co@C-1 在 2θ 为 41.6°、48.4°、71.2°处的衍射峰

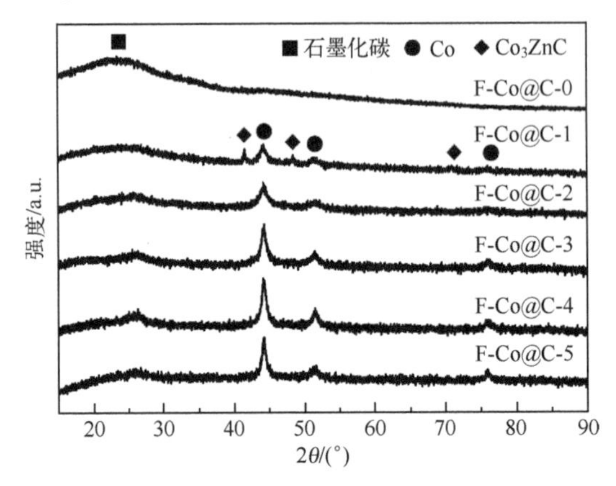

图 5-3　片状 Co@C 复合材料的 XRD 图谱

归属于立方结构的 Co_3ZnC（JCPDS card No. 29-0524），并且各样品中均未发现 Zn 及其化合物的特征峰。由于 Zn 的熔点为 420℃，沸点为 907℃，而 Co 的熔点和沸点均高于 1400℃，含有 Zn 的片状 BMZIF 前驱体经 700℃ 高温煅烧处理后，样品中 Zn 在高温下挥发或呈非晶态。此外，F-Co@C-5～F-Co@C-2 在 $2\theta=26.7°$ 处的衍射峰归属于石墨化碳的（002）晶面，表明样品中存在石墨化碳。而 F-Co@C-1 和 F-Co@C-0 在 $2\theta=23°$ 左右的宽峰表明其中存在低水平的石墨化碳。

采用 SEM 和 TEM 对复合材料的微观形貌和结构进行分析。图 5-4 为片状 Co/Zn BMZIF 前驱体的 SEM 照片。Co/Zn 摩尔比的变化对前驱体的结

图 5-4　片状 Co/Zn BMZIF 前驱体的 SEM 照片
(a) F-ZIF-5; (b) F-ZIF-4; (c) F-ZIF-3; (d) F-ZIF-2; (e) F-ZIF-1; (f) F-ZIF-0。

构形貌没有明显的影响，通过调控 Co/Zn 摩尔比制备的片状 BMZIF 前驱体均具有相似的片状结构，表面光滑平整，分散状态良好。但随着 Co 含量的减少，前驱体的片状尺寸则呈现逐渐增大的趋势，这是由于 Zn^{2+} 与二甲基咪唑的络合能力比 Co^{2+} 强，因此在相同的反应条件下，Zn^{2+} 相对含量越高，反应体系的络合速度就越快，前驱体的整体尺寸就越大[212]。

图 5-5 为片状 Co@C 复合材料的 SEM 照片。与煅烧处理前的前驱体对比可以发现，复合材料的表面变得粗糙，尺寸有所减小。F-Co@C-5～

图 5-5　片状 Co@C 复合材料的 SEM 照片

(a) F-Co@C-5；(b) F-Co@C-4；(c) F-Co@C-3；(d) F-Co@C-2；(e) F-Co@C-1；(f) F-Co@C-0。

F-Co@C-2仍然保持了其相应前驱体的片状结构，F-Co@C-1中有较多的碎片，而F-Co@C-0的结构则发生变形，失去了原有的片状结构。这表明前驱体中Co/Zn摩尔比是影响复合材料片状结构形成的关键因素，较高的Co含量有助于复合材料保持稳定的片状结构。此外，F-Co@C-5~F-Co@C-2表面可以观察到少量凸起的纤维，可能为复合材料中非晶态碳在高温环境下通过Co催化形成的CNT，需要进一步的分析来证实。

为进一步分析复合材料的微观结构，以F-Co@C-4为例对其进行TEM分析。图5-6为F-Co@C-4的TEM照片、SAED图和元素面扫描照片。从TEM照片可以看出，复合材料由碳骨架和均匀分布在其中的Co纳米粒子组成，进一步放大后可以看到复合材料的表面生长了大量的CNT，这是由Co在高温环境下的催化作用形成的。CNT的形成有助于提高复合材料的导电性能，增强导电损耗能力。图5-6（c）所示的HRTEM照片中，Co纳米粒子和包围其的石墨化碳层构成核壳结构的Co@C，其中0.20nm的晶格条纹归属于Co纳米粒子，0.34nm的晶格条纹归属于石墨化碳。石墨化碳壳层的形成主要是由于Co纳米粒子在高温环境下对无定形碳的催化作用。图5-6（a）的标记区域SAED结果如图5-6（d）所示。由内至外的衍射环分别归属于石墨化碳的（002）晶面、Co的（110）、（200）、（220）和（311）晶面。F-Co@C-4的元素面扫描照片如图5-6（e）~（h）所示，Co、C、N元素分布与样品TEM照片轮廓一致，其中Co主要呈颗粒状分布，而C、N元素则分布均匀。

为进一步分析片状Co@C复合材料表面的元素组成及其化学价态，以F-Co@C-4为例采用XPS对复合材料进行研究。图5-7为F-Co@C-4的XPS谱图。从图5-7（a）所示的全谱扫描图可以看出，复合材料的表面主要含有元素C、N、O、Co和Zn。对C 1s、N 1s和Co 2p高分谱分峰拟合后分别如图5-7（b）、（c）、（d）所示。C 1s谱图中结合能为284.6eV、285.2eV和289.1eV处的3个特征峰分别对应C—C/C═C、C—N、C═O基团，C═O键的存在表明复合材料表面含有少量的含氧官能团。N 1s谱图中结合能为398.7eV、399.9eV和400.9eV处的特征峰分别对应吡啶氮、吡咯氮和石墨氮，表明复合材料中N元素掺杂到了碳中[90]，这对提高碳材料的导电性有利。Co 2p谱图中，结合能为778.3eV和793.7eV处特征峰分别对应复合材料中金属Co的$2p_{3/2}$和$2p_{1/2}$原子轨道，而779.8eV和795.9eV处的特征峰分别对应Co^{2+}的$2p_{3/2}$和$2p_{1/2}$原子轨道。Co^{2+}的存在表明复合材料表面少量的Co在空气中被氧化或未被完全还原。N、Co原子

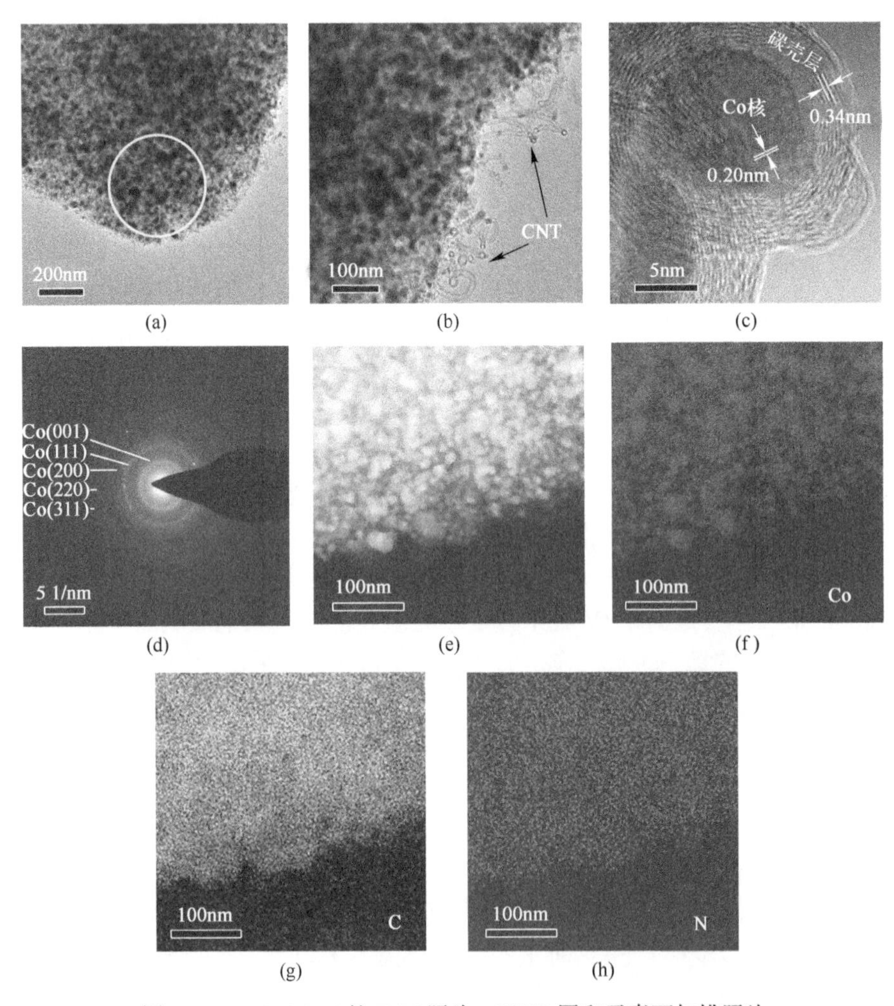

图 5-6　F-Co@C-4 的 TEM 照片、SAED 图和元素面扫描照片
（a）~（c）TEM 照片；（d）SAED 图；（e）~（h）元素面扫描照片。

以多种形式存在于复合材料中，有利于增强偶极子极化，提高复合材料的介电损耗能力。

为研究片状 Co@C 复合材料的石墨化程度，对其进行拉曼光谱分析。图 5-8 为片状 Co@C 复合材料的拉曼光谱图。复合材料在 1330cm^{-1}（D 带）和 1580cm^{-1}（G 带）处有两个明显的特征峰，D 峰和 G 峰强度比值 I_D/I_G 可在一定程度上表征碳材料的石墨化程度。F-Co@C-0 ~ F-Co@C-5 的 I_D/I_G 值分别为 1.17、1.21、1.22、1.23、1.28 和 1.29，呈逐渐增大的趋势。Co 在高温下对无定形碳的石墨化有催化作用，随着 Co 含量的增加，复合材料中无定形碳逐渐向石墨化碳转变，导致 I_D/I_G 值增大，石墨化程度

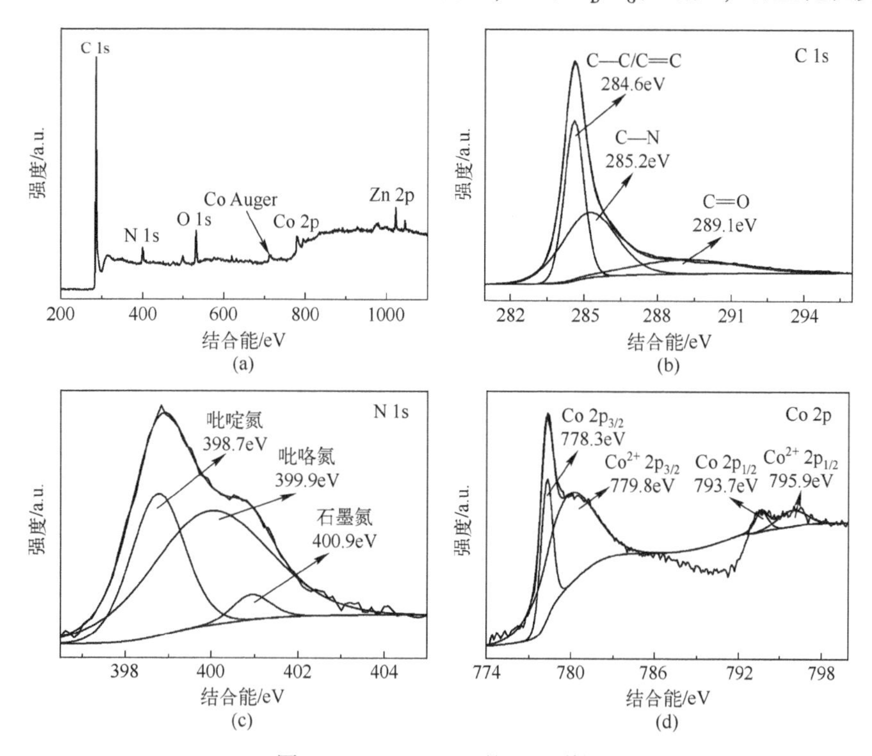

图 5-7　F-Co@C-4 的 XPS 谱图

（a）全谱；（b）C 1s 谱；（c）N 1s 谱；（d）Co 2p 谱。

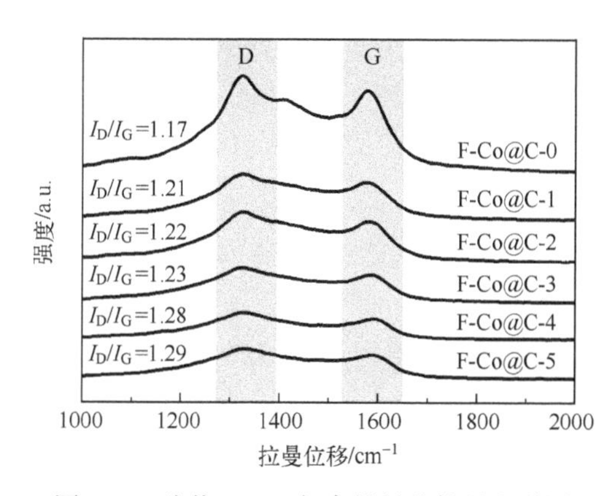

图 5-8　片状 Co@C 复合材料的拉曼光谱图

逐渐增强。复合材料石墨化程度的提高有利于增强导电损耗，进而影响其吸波性能。

图 5-9 为片状 Co@C 复合材料的磁滞回线图。由于 F-Co@C-0 中不含磁性组分，因此未对其静磁性能进行测试。样品 F-Co@C-5～F-Co@C-1 的饱和磁化强度（M_s）分别为 47.3A·m²·kg⁻¹、44.5A·m²·kg⁻¹、35.9A·m²·kg⁻¹、16.5A·m²·kg⁻¹和 5.8A·m²·kg⁻¹。可以看出，复合材料的 M_s 随着前驱体中 Co/Zn 摩尔比的减小而逐渐降低。由于复合材料中的铁磁性主要来源于磁性金属 Co，磁性组分 Co 相对含量减少造成 M_s 的降低。图 5-9（b）为磁滞回线的局部放大图。样品 F-Co@C-5～F-Co@C-1 的矫顽力（H_c）分别为 370.1Oe、335.8Oe、231.4Oe、52.3Oe 和 107.4Oe。磁性材料的 H_c 与晶粒尺寸和磁晶各向异性密切相关。研究发现，Co 纳米粒子的单畴临界尺寸为 20nm[213]。当 Co 的晶粒尺寸小于 20nm，H_c 随纳米粒子晶粒尺寸的增加而增大，当 Co 的晶粒尺寸大于 20nm，则会发生相反的变化。由 5.1.2 节的分析可知，复合材料中磁性金属 Co 的平均晶粒尺寸均小于 20nm，并随着 Co 含量的降低先减小而后略有增大，导致复合材料的 H_c 呈现先减小后略有增大的趋势。

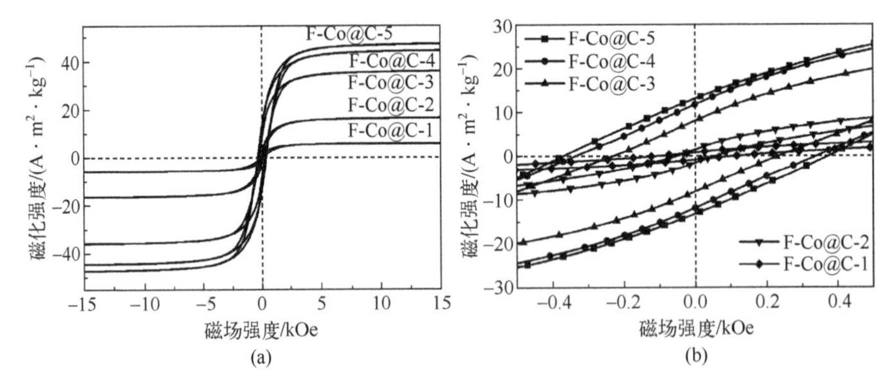

图 5-9 片状 Co@C 复合材料的磁滞回线图

（a）磁滞回线图；（b）磁滞回线局部放大图。

5.1.3 电磁参数及吸波性能分析

采用同轴法测试片状 Co@C 复合材料在 2～18GHz 范围内的电磁参数，材料的填充比例为 30%（质量分数）。图 5-10 为片状 Co@C 复合材料的介电常数和介电损耗角正切图。复合材料的 ε' 和 ε'' 随着 Co 含量的减少呈现先增大后减小的趋势，F-Co@C-4 具有较高的 ε' 和 ε'' 值，而 F-Co@C-1 和 F-Co@C-0 在测试频段内 ε' 值均小于 5、ε'' 值均小于 1。此外，F-Co@C-4 的 ε' 和 ε'' 值均随着频率的升高而逐渐降低，具有明显的频散特性，而其他样品的 ε' 值则基本保持不变。从图 5-10（c）所示的介电损耗角正切 $\tan\delta_e$ 曲线可以看出，F-Co@C-4 在整个测试频段内具有较大的 $\tan\delta_e$ 值，展现出较强的介电损耗能力。随着 Co 含量的减少，$\tan\delta_e$ 先增大后减小，F-Co@C-5 的 $\tan\delta_e$ 值与 F-Co@C-3～F-Co@C-1 相近，而 F-Co@C-0 的 $\tan\delta_e$ 值较小。材料在微波频段的介电损耗主要来自导电损耗和极化损耗。随着 Co 含量的减少，片状 Co@C 复合材料的石墨化程度逐渐降低，导电性能逐渐减弱，因而导电损耗能力逐渐降低。而 $\tan\delta_e$ 值随着 Co 含量减少先增大后减小，这主要是受极化损耗的影响。复合材料中大量的极性基团增强了偶极子极化，大量的 Co-C、无定形碳-石墨化碳等异质界面增强了界面极化。Co 含量较多时，极化损耗起主导作用，使得 F-Co@C-4 表现出较强的介电损耗能力。

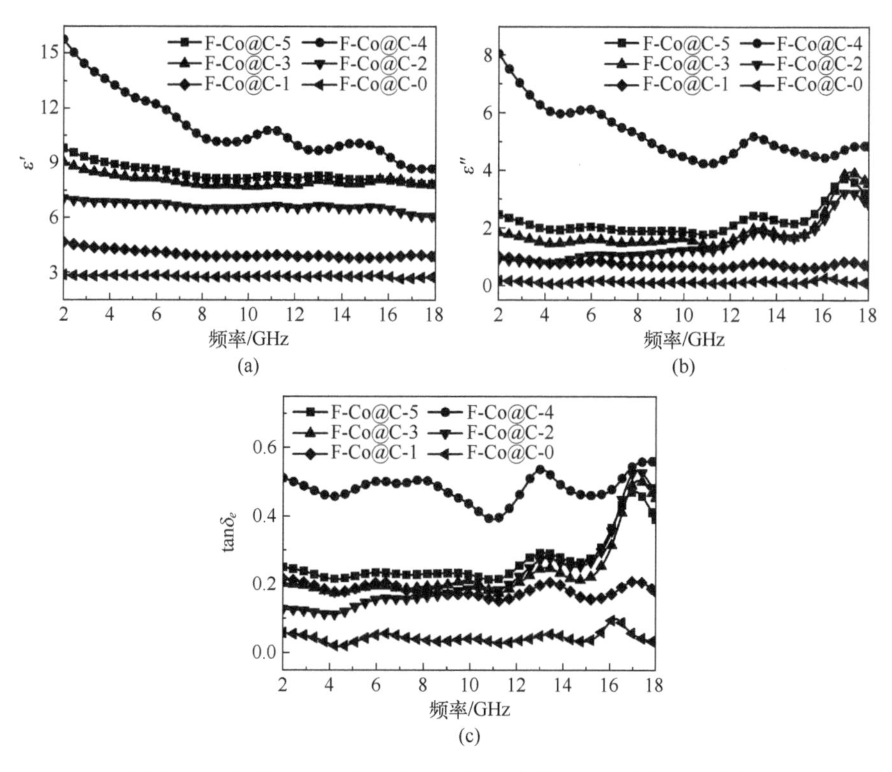

图 5-10　片状 Co@C 复合材料的介电常数和介电损耗角正切图

（a）介电常数实部；（b）介电常数虚部；（c）介电损耗角正切。

图 5-11 为片状 Co@C 复合材料的磁导率、磁损耗角正切及 C_0 曲线图。从图 5-11（a）、（b）中可以看出，片状 Co@C 复合材料的 μ' 值在 1 附近波动，并随着频率的增加逐渐减小，μ'' 值在 0~0.1 之间波动，各样品的 μ' 和 μ'' 值比较接近。可以看出片状 Co@C 复合材料的磁性能较弱，这是由复合材料中磁性组分 Co 的相对含量较少导致的。图 5-11（c）所示的复合材料磁损耗角正切（$\tan\delta_m$）变化规律与 μ'' 相似，可以看出，复合材料的磁损耗性能较弱，各样品的 $\tan\delta_m$ 值在 0.1 以下。材料在微波频段的磁损耗主要源于涡流损耗和自然铁磁共振，其中涡流损耗可由 C_0 随频率变化曲线判定，若材料的磁损耗全部来源于涡流损耗，则 C_0 为恒定值，不随频率变化。图 5-11（d）为复合材料的 C_0 值随频率变化曲线。从图中可以看出，各样品的 C_0 值均随着频率的变化而波动，表明片状 Co@C 复合材料的磁损耗来源于涡流损耗和自然铁磁共振，$\tan\delta_m$ 在 4GHz、14GHz 的共振峰也进一步证实了自然铁磁共振的存在。

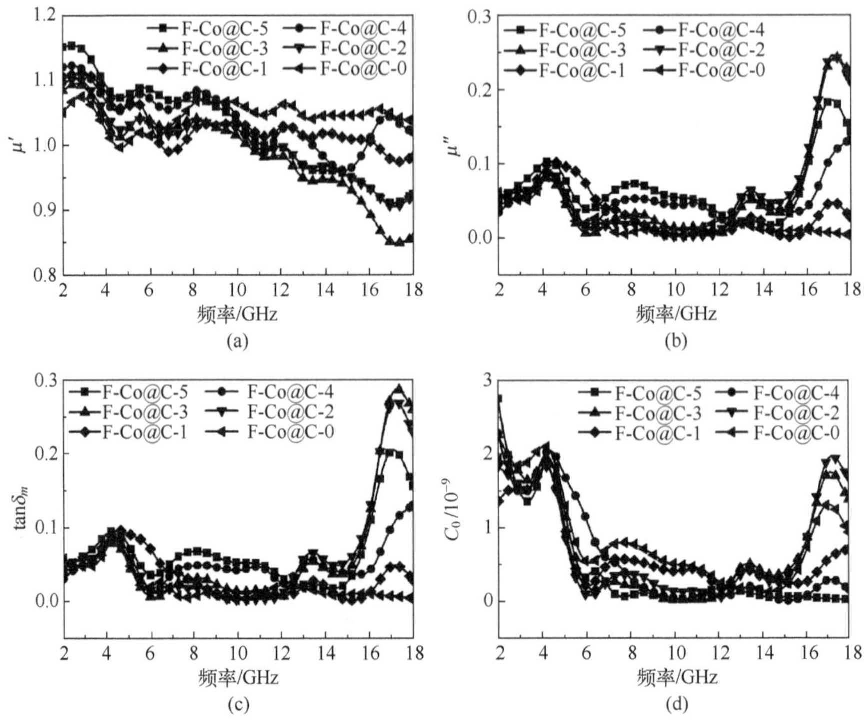

图 5-11 片状 Co@C 复合材料的磁导率、磁损耗角正切及 C_0 曲线图

（a）磁导率实部；（b）磁导率虚部；（c）磁损耗角正切；（d）C_0 曲线图。

根据式（2-8）和式（2-9）对复合材料的反射率性能进行计算分析。图 5-12 为片状 Co@C 复合材料在厚度为 1.70mm 时的反射率图。复合材料中 Co 的含量对其吸波性能有较大影响，Co 含量较少的 F-Co@C-1 和 F-Co@C-0 在测试频段内对电磁波的损耗极小，而 F-Co@C-5 在 16.02GHz 处最小反射率达到-25.43dB，F-Co@C-4 的有效带宽达到 4.92GHz（频率范围为 12.24~17.16GHz）。

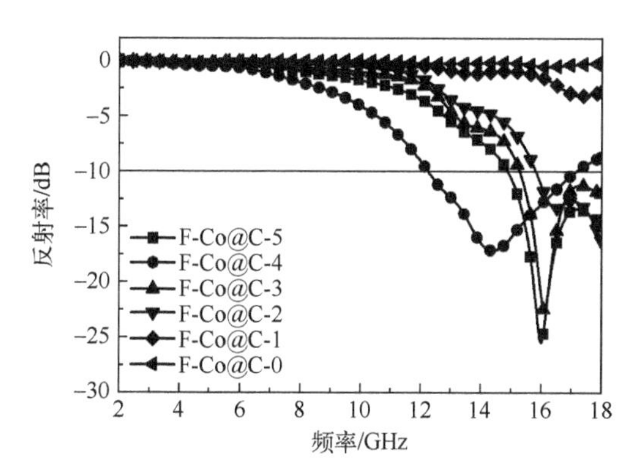

图 5-12 片状 Co@C 复合材料在厚度为 1.70mm 时的反射率图

图 5-13 为片状 Co@C 复合材料在不同厚度下的反射率图。复合材料的吸波性能随着 Co 含量的减少先增强，而后逐渐减弱。F-Co@C-5 在厚度为 1.34~4.0mm 时有小于-10dB 的反射率，在厚度为 1.75mm 时于 15.9GHz 处达到最小反射率-50.89dB。F-Co@C-4 的吸波性能有所增强，在 1.22~4.0mm 厚度范围内具有小于-10dB 的反射率，在厚度为 2.11mm 时达到最小反射率-23.09dB。F-Co@C-3 与 F-Co@C-2 尽管存在小于-10dB 的反射率，但主要集中在高频区域，在频率小于 12GHz 时未出现有效反射率。F-Co@C-1 与 F-Co@C-0 的吸波性能较弱，厚度为 0.50~4.0mm 时在测试频段内均未达到有效反射率-10dB。

图 5-14 为片状 Co@C 复合材料在不同厚度下的有效带宽。F-Co@C-5 在厚度为 1.86mm 时最大有效带宽达到 4.76GHz，随着复合材料中 Co 含量的减少，F-Co@C-4 在厚度仅为 1.62mm 时最大有效带宽增大到 4.96GHz，F-Co@C-3 的最大有效带宽较小，仅为 3.70GHz，而 F-Co@C-2 的最大有效带宽可达到 5.16GHz，但相应的厚度也增大到 2.16mm。因此综合而言，F-Co@C-4 具有较为优异的吸波性能。

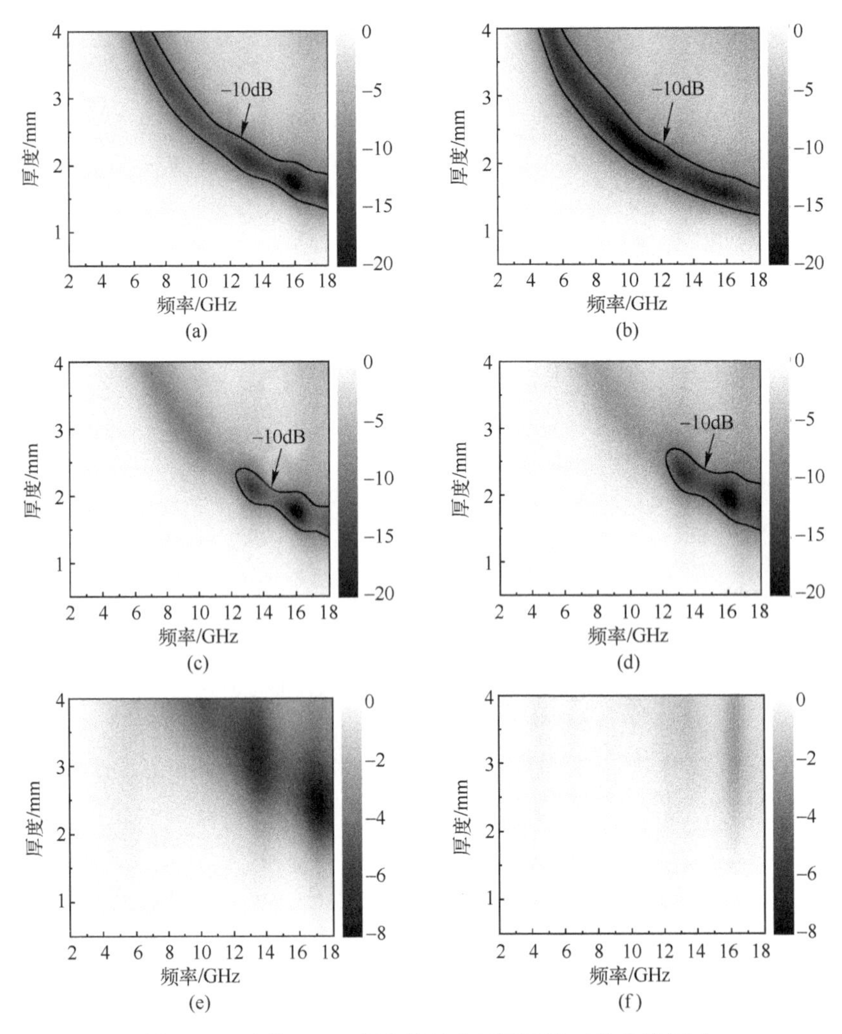

图 5-13　片状 Co@C 复合材料在不同厚度下的反射率图

(a) F-Co@C-5；(b) F-Co@C-4；(c) F-Co@C-3；
(d) F-Co@C-2；(e) F-Co@C-1；(f) F-Co@C-0。

图 5-15 为片状 Co@C 复合材料的衰减常数。F-Co@C-1 与 F-Co@C-0 的衰减常数在整个测试频段内均较小，对电磁波的损耗能力较弱。而 F-Co@C-5～F-Co@C-2 的衰减常数随着频率的升高而逐渐增强，在高频区域具有更优的衰减性能。可以看出，复合材料的衰减常数随着 Co 含量的减少呈现先增大后减小的趋势，F-Co@C-4 具有较大的衰减常数，这与

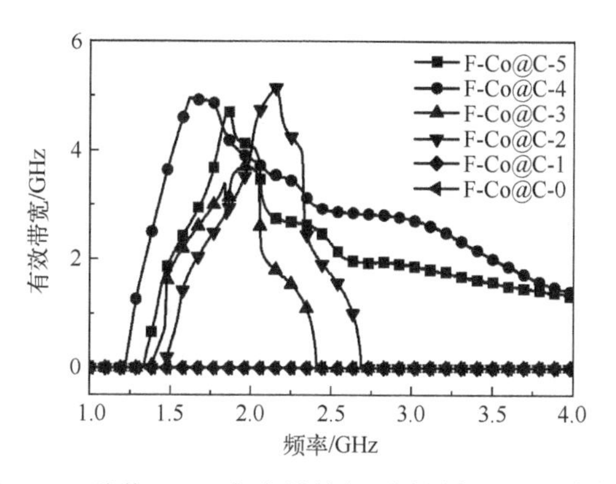

图 5-14　片状 Co@C 复合材料在不同厚度下的有效带宽

复合材料介电损耗的变化规律一致，表明复合材料对电磁波的衰减能力主要由介电损耗决定。此外，F-Co@C-3 和 F-Co@C-2 的衰减常数与 F-Co@C-5 接近，而其吸波性能却明显劣于 F-Co@C-5，主要是由于材料的吸波性能受衰减常数和阻抗匹配性能的共同影响。

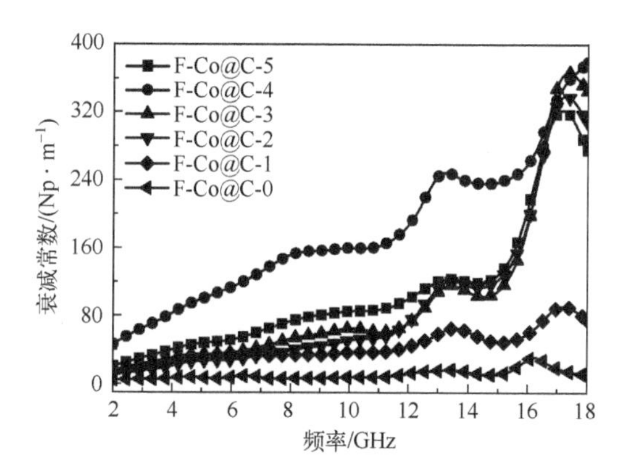

图 5-15　片状 Co@C 复合材料的衰减常数

材料的阻抗匹配性能可由阻抗匹配因子（Δ）表示。图 5-16 为片状 Co@C 复合材料的阻抗匹配因子图。图中 Δ 接近 0 的区域面积越大，则材料的阻抗匹配性能越好。可以看出，F-Co@C-3 和 F-Co@C-2 中 Δ 小于 0.3 的区域集中在高频区域，这与其反射率的分布一致，而 F-Co@C-5 中 Δ 小于 0.3 的区域较大，可以分布到更低的频率范围。F-Co@C-4 的 Δ 小于 0.3 的区域面积最大，具有较好的阻抗匹配性能，而 F-Co@C-1 和

F-Co@C-0 则未见 Δ 小于 0.3 的区域，阻抗匹配性能较弱。综合上述，F-Co@C-4 具有较大的衰减常数和良好的阻抗匹配性能，因而表现出优异的吸波性能。

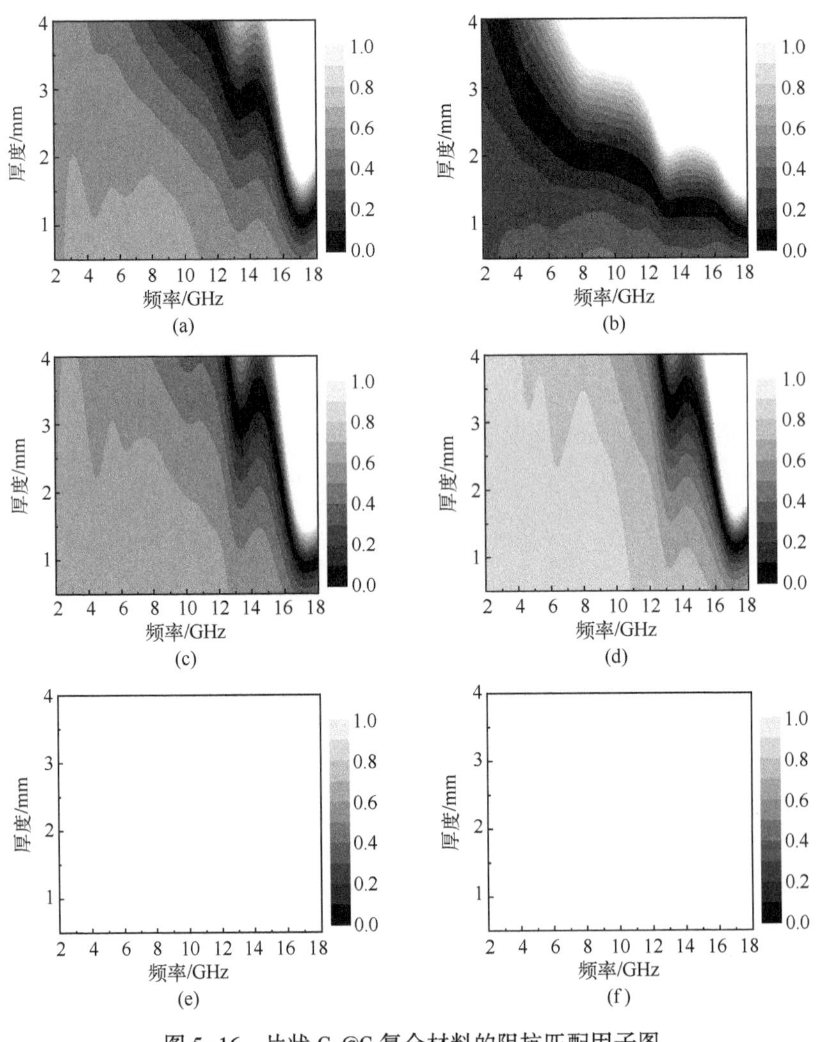

图 5-16　片状 Co@C 复合材料的阻抗匹配因子图

(a) F-Co@C-5; (b) F-Co@C-4; (c) F-Co@C-3;
(d) F-Co@C-2; (e) F-Co@C-1; (f) F-Co@C-0。

5.2　片状 Co@C/Fe 复合材料的设计合成与性能表征

5.2.1　合成路线设计与工艺方法

从 5.1 节的分析结果可以看出，尽管片状 Co@C 复合材料含有不同比例的磁性金属 Co，但由于总体含量较低，复合材料的磁损耗性能仍然较弱。将 MOF 与 Co[151]、Fe_3O_4[150]等磁性金属或金属氧化物复合是进一步增强其磁性能的有效手段。$Fe(CO)_5$的 MOCVD 工艺能够在不改变 MOF 材料拓扑结构的前提下在其表面包覆磁性羰基铁壳层，进一步增强其磁性能。这为提高片状 Co@C 复合材料的磁损耗性能提供了可行的合成路线。

因此，本节以片状 Co/Zn BMZIF 为核粒子，首先采用 MOCVD 法在其表面沉积磁性羰基铁粒子，将得到的前驱体高温热处理后制得核壳结构的片状 Co@C/Fe 复合材料，合成过程示意图如图 5-17 所示。MOCVD 工艺中载气流量、热分解温度、沉积时间等是影响羰基铁粒子在片状 Co/Zn BMZIF 稳定沉积的关键因素。在前期采用 MOCVD 法成功合成了 ZnOw/Fe[208]、CeO_2/Fe 复合材料的基础上，本节采用较为稳定的 MOCVD 工艺制备前驱体，并通过控制前驱体的热处理温度实现片状 Co@C/Fe 复合材料的组织结构及吸波性能的调控。

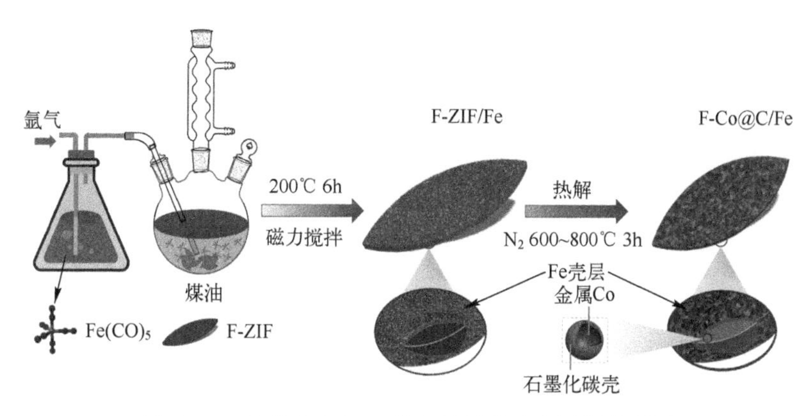

图 5-17　片状 Co@C/Fe 复合材料的合成过程示意图

片状 Co@C/Fe 复合材料制备的具体步骤为：将 2.6g F-ZIF-4 加入 200mL 煤油中超声分散 30min，然后将该悬浊液与 40mL $Fe(CO)_5$分别加入到250mL烧瓶和100mL蒸发器中；蒸发器通过管路与超级恒温水浴和烧瓶连接，烧瓶置于油浴锅中，与冷凝管、进气管连接，冷凝管排气口与装有高锰酸钾溶液的洗气瓶连接；反应开始前检查装置气密性，将氩气通入反应装置2h以排出内部空气，同时将蒸发器加热至60℃，油浴锅内烧瓶保持磁力搅拌并加热至200℃；将氩气以60mL/min的流量通入蒸发器，引导$Fe(CO)_5$蒸气进入烧瓶内分解，反应6h后，在氩气保护下冷却至室温，最终得到Fe包覆的片状Co/Zn BMZIF前驱体，样品标记为F-ZIF/Fe。F-ZIF/Fe置于氮气保护的管式炉中高温煅烧，首先以4℃/min升温到200℃，保温30min，再以1℃/min升温至指定温度，保温3h，随炉冷却至室温，所得产物为片状Co@C/Fe复合材料。煅烧温度分别设置为600℃、700℃和800℃，产物依次标记为F-Co@C/Fe-600、F-Co@C/Fe-700和F-Co@C/Fe-800。

5.2.2 组织结构及性能表征

图5-18为前驱体F-ZIF/Fe的XRD图谱。在2θ为5°~40°之间观察到的特征峰位置和强度与5.1节中Co/Zn BMZIF相同，表明MOCVD的包覆过程并未改变F-ZIF的晶体结构。在$2\theta=44.8°$处的特征衍射峰归属于体心立方结构α-Fe的（110）晶面（JCPDS card No. 06-0696），属于前驱体中羰基铁粒子的特征峰。图5-19为不同煅烧温度下合成的片状Co@C/Fe复合材料的XRD图谱。在2θ为44.7°、65.1°、82.5°处的衍射峰分别归属于体心立方结构α-Fe的（110）、（200）和（211）晶面，并且衍射峰的强度随着

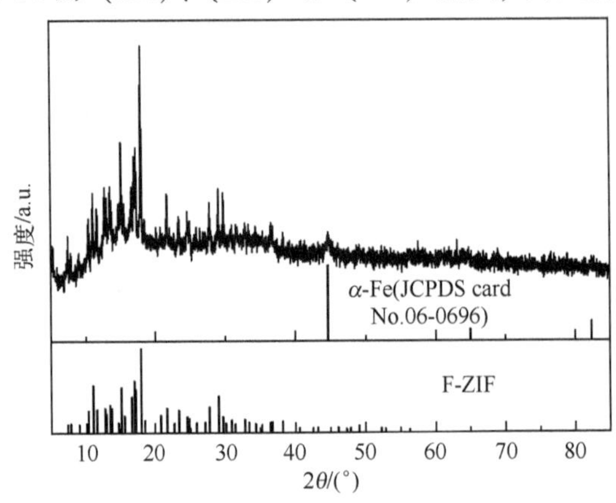

图5-18 前驱体F-ZIF/Fe的XRD图谱

煅烧处理温度的升高而增强。根据 Scherrer 公式计算得到 F-Co@C/Fe-600～F-Co@C/Fe-800 中 α-Fe 的平均晶粒尺寸分别为 30.7nm、35.7nm 和 39.1nm，呈逐渐增大的趋势。各样品中均未观察到 Co 的特征峰，这是由于 Co 的相对含量较少，并且 Co 在 $2\theta=44.2°$ 处的特征峰与 α-Fe 的（110）晶面特征峰重合，因此难以被观察到。此外，温度的升高有助于 Fe、Co 金属将无定形碳的催化形成石墨化碳，F-Co@C/Fe-800 在 $2\theta=26.4°$ 处观察到石墨化碳的（002）晶面衍射峰。

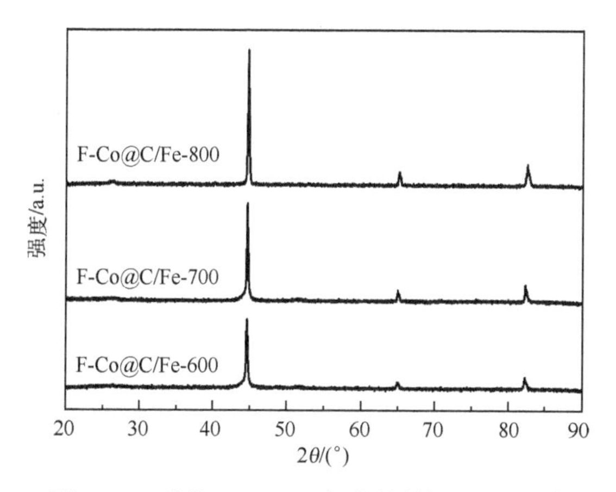

图 5-19　片状 Co@C/Fe 复合材料的 XRD 图谱

采用 SEM 和 TEM 对复合材料的微观形貌和结构进行分析。图 5-20 为前驱体 F-ZIF/Fe 的 SEM 照片。F-ZIF 包覆羰基铁壳层后，表面变得粗糙，结构并未发生明显改变，仍保持原有的二维片状结构，与图 5-4 对比后发现，包覆后 F-ZIF/Fe 的颗粒尺寸也未改变。进一步放大后可以观察到，F-ZIF 表面均匀负载了一层羰基铁纳米粒子，颗粒的尺寸较小，为 20～60nm，同时可看到复合材料表面有少量羰基铁颗粒团聚。

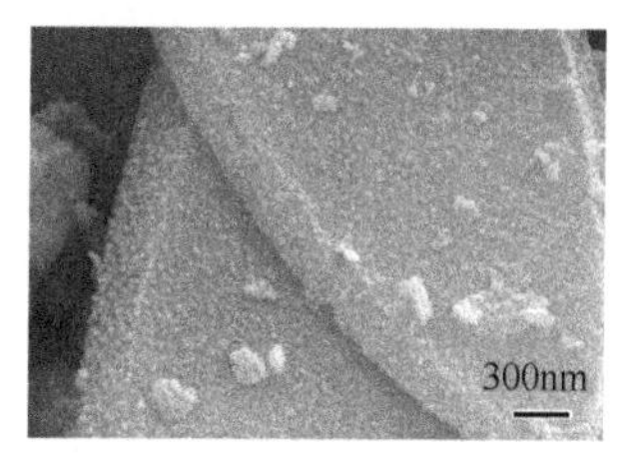

图 5-20　前驱体 F-ZIF/Fe 的 SEM 照片

图 5-21 为不同煅烧处理温度制备的片状 Co@C/Fe 复合材料的 SEM 照片。经高温煅烧处理制备的片状 Co@C/Fe 复合材料仍保留有其前驱体的二维片状结构。对比图 5-20 可以发现，复合材料的二维尺寸略有减小，这是由于高温环境下 F-ZIF/Fe 前驱体的碳骨架收缩导致的。复合材料的表面附着有一层羰基铁粒子，F-Co@C/Fe-600 表面羰基铁粒子的形貌状态与 F-ZIF/Fe 前驱体相似，随着煅烧处理温度的升高，复合材料表面的羰基铁粒子尺寸逐渐增大。F-Co@C/Fe-700 表面的羰基铁粒子粒径在 50~150nm 之间，而 F-Co@C/Fe-800 的则进一步增大到 150~400nm。此外，F-Co@C/Fe-800 的片状结构表面出现一定程度的结构坍塌。

图 5-21　片状 Co@C/Fe 复合材料的 SEM 照片
（a）F-Co@C/Fe-600；（b）F-Co@C/Fe-700；（c）F-Co@C/Fe-800。

为进一步分析复合材料的微观结构，以 F-Co@C/Fe-700 为例对其进行 TEM 分析。图 5-22 为 F-Co@C/Fe-700 的 TEM 照片、SAED 图和元素面扫描照片。从图 5-22（a）、（b）所示的 TEM 照片可以看出，复合材料具有明显的片状轮廓，图中粒径约为 10~20nm 的 Co 纳米粒子均匀分布在碳基质中，与 5.1.2 节中片状 Co@C 复合材料的 TEM 照片分析结果类似。复合材料表面沉积的羰基铁粒子粒径稍大，分布较为均匀。由于高温环境下 Co 粒子对其周围碳组分的催化作用，复合材料中还原形成的金属 Co 粒子与被其催化形成的石墨化碳层构成核壳结构的 Co@C。图 5-22（c）所示的 HRTEM 照片中，间距为 0.20nm 和 0.34nm 的晶格条纹分别归属于 Co 纳米粒子和石墨化碳，在核壳结构 Co@C 外层，可以看到间距为 0.20nm

的晶格条纹，该晶粒应为复合材料表面的羰基铁粒子，晶格条纹归属于 α-Fe 的（110）晶面。图 5-22（d）为图 5-22（a）标记区域的 SAED 图，图中由内至外的 3 个衍射环分别归属于石墨化碳的（002）晶面、Co 的（111）晶面和 α-Fe 的（110）晶面、α-Fe 的（200）晶面，未发现 Zn 及其化合物的特征衍射峰，与 XRD 分析结果一致。图 5-22（e）~（h）为复合材料的元素面扫描照片。从图中可以看出，Fe、Co、C 元素分布与样品 TEM 照片轮廓一致，Co、C 均匀分布在复合材料棒状结构的表面或内部。Fe 元素呈块状分布，表明复合材料表面的部分羰基铁粒子团聚在一起，这与 SEM 分析的结果一致。

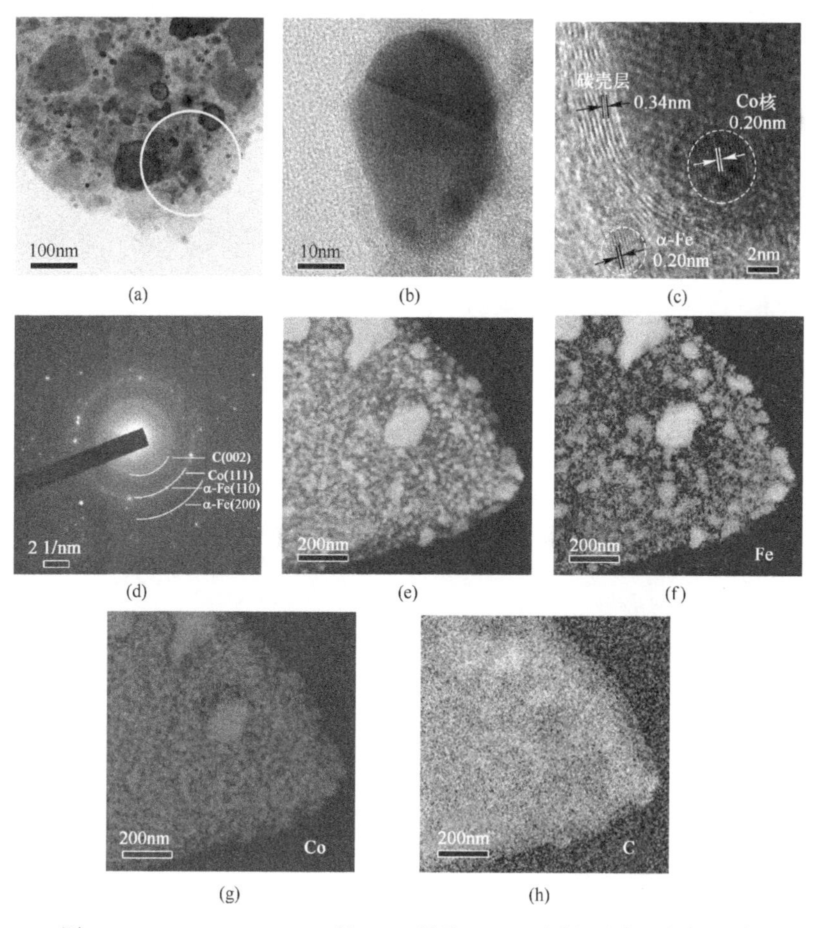

图 5-22　F-Co@C/Fe-700 的 TEM 照片、SAED 图和元素面扫描照片

（a）~（c）TEM 照片；（d）SAED 图；（e）~（h）元素面扫描照片。

为进一步分析片状 Co@C/Fe 复合材料表面的元素组成及其化学价态，以 F-Co@C/Fe-700 为例采用 XPS 对复合材料进行研究。图 5-23 为 F-Co@C/Fe-700 的 XPS 谱图。从图 5-23（a）中 F-Co@C/Fe-700 的 XPS 全谱图可以看出，复合材料主要由 C、N、O、Fe、Co 和 Zn 元素组成。图 5-23（b）为经分峰拟合后 C 1s 谱图，结合能为 284.6eV、285.3eV 和 288.0eV 处的 3 个特征峰分别对应 C—C/C ═C、C—O、C ═O 基团。图 5-23（c）所示的 Fe 2p 谱图中，结合能为 707.0eV、720.2eV 处的特征峰分别对应包覆的羰基铁粒子中金属 Fe 的 $2p_{3/2}$ 和 $2p_{1/2}$ 原子轨道，而结合能为 710.1eV 处的特征峰对应 Fe^{3+} 的 $2p_{3/2}$ 原子轨道，表明复合材料表面部分金属 Fe 被氧化。图 5-23（d）为复合材料的 Co 2p 谱图，结合能为 778.5eV 和 793.7eV 处的特征峰对应复合材料中金属 Co 的 $2p_{3/2}$ 和 $2p_{1/2}$ 原子轨道，而结合能为 781.9eV 处的特征峰对应 Co^{2+} 的 $2p_{3/2}$ 原子轨道。Co^{2+} 的存在是由于复合材料热解还原过程不完全或者表面金属 Co 在空气中被氧化。

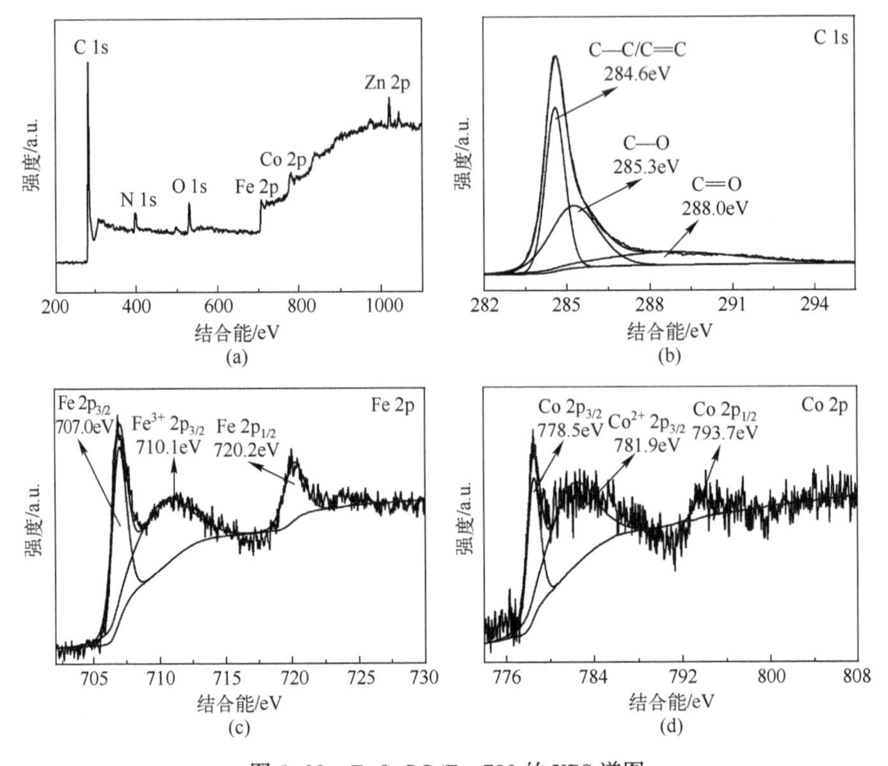

图 5-23　F-Co@C/Fe-700 的 XPS 谱图

（a）全谱；（b）C 1s 谱；（c）Fe 2p 谱；（d）Co 2p 谱。

为研究煅烧处理温度对片状 Co@C/Fe 复合材料石墨化程度的影响，对其进行拉曼光谱分析。图 5-24 为片状 Co@C/Fe 复合材料的拉曼光谱图。复合材料的拉曼光谱在 1350cm^{-1}与 1590cm^{-1}处的峰分别对应为 D 峰和 G 峰，通过 D 峰和 G 峰的强度比值 I_D/I_G 可表征碳材料的石墨化程度。F-Co@C/Fe-600～F-Co@C/Fe-800 的 I_D/I_G 值分别为 0.90、1.05 和 1.08，可见随着煅烧处理温度的升高，I_D/I_G 值逐渐增大，复合材料的石墨化程度逐渐增强，这对提高复合材料的导电损耗有促进作用。高温环境下，复合材料中的无定形碳向石墨化碳转变时，提高温度有助于微晶石墨形成，碳组分无序度增大，D 峰增强；煅烧温度的升高有助于消除石墨化碳表面的缺陷，G 峰增强。I_D/I_G 值随着煅烧处理温度的升高而增大，表明复合材料中无定形碳的石墨化对石墨化程度的贡献相对较多。

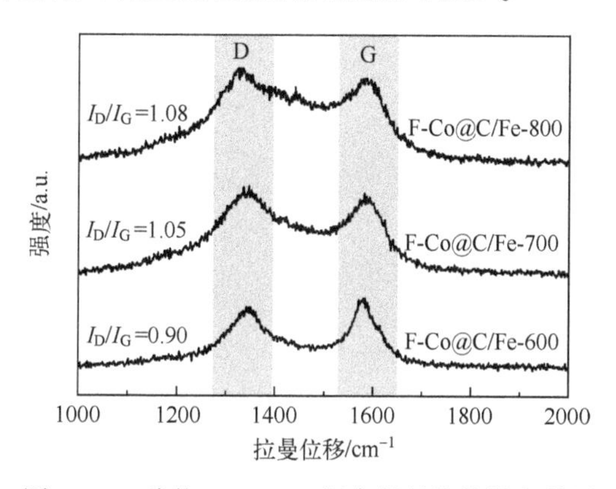

图 5-24　片状 Co@C/Fe 复合材料的拉曼光谱图

为研究煅烧处理温度对片状 Co@C/Fe 复合材料磁性能的影响，采用 VSM 测试分析其静磁性能。图 5-25 为片状 Co@C/Fe 复合材料的磁滞回线图。由于磁性金属 Co、Fe 的存在，复合材料展现了典型的铁磁特性。F-Co@C/Fe-600～F-Co@C/Fe-800 的饱和磁化强度（M_s）分别为 107.2$A \cdot m^2 \cdot kg^{-1}$、182.8$A \cdot m^2 \cdot kg^{-1}$ 和 160.6$A \cdot m^2 \cdot kg^{-1}$，$M_s$的值随着煅烧处理温度的升高先增大后减小，F-Co@C/Fe-700 具有最大的 M_s 值。图 5-25（b）为磁滞回线局部放大图，随着煅烧处理温度的升高，复合材料的矫顽力（H_c）逐渐减小，F-Co@C/Fe-600～F-Co@C/Fe-800 的 H_c 分别为 350.7Oe、271.2Oe 和 137.6Oe。当材料的晶粒尺寸小于单畴临界尺寸时，H_c 随着晶粒尺寸的增大而增大，反之，H_c 则随着晶粒尺寸的增大而减小[214]。随着煅烧处理温度升高，复合材料中磁性金属 Co 和 Fe 纳米粒子晶粒增大，其中 Fe 的晶粒尺寸大于单畴临界尺寸（28nm），并呈增大趋势，导致复合材料的 H_c减小。

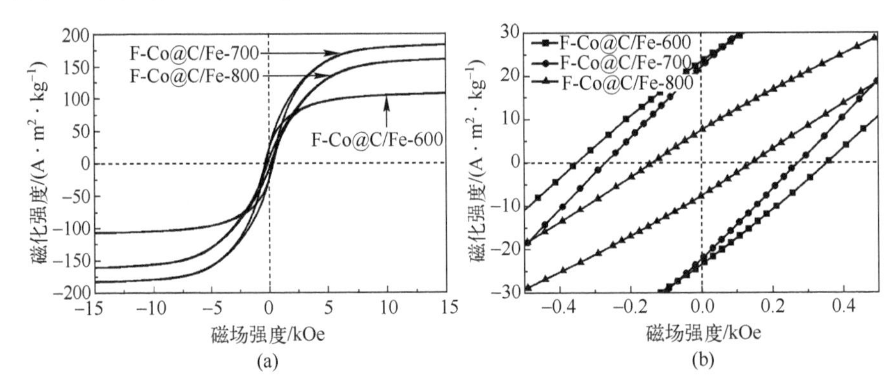

图 5-25　片状 Co@C/Fe 复合材料的磁滞回线图

（a）磁滞回线图；（b）磁滞回线局部放大图。

5.2.3　电磁参数及吸波性能分析

为测试片状 Co@C/Fe 复合材料在 2～18GHz 范围内的电磁参数，将样品分散在石蜡中制成同轴测试样品［材料的添加量为 30%（质量分数）］，采用矢量网络分析仪进行测试。图 5-26 为片状 Co@C/Fe 复合材料的介电常数和介电损耗角正切图。复合材料的 ε'值随着频率升高而逐渐减小，具有明显的频散特性，F-Co@C/Fe-600 的 ε'值从 12.4 降到 10.1，F-Co@C/Fe-800 的 ε'值从 12.7 降到 8.2，F-Co@C/Fe-700 的 ε'值则从 15.8 降到 9.4。随着煅烧处理温度的升高，复合材料的 ε'值先增大后减小，F-Co@C/Fe-700 的 ε'值较大。ε''变化规律与 ε'相似，F-Co@C/Fe-700 的 ε''值较大，而 F-Co@C/Fe-600 和 F-Co@C/Fe-800 的 ε''值相近。从图 5-26（c）中可以看出，复合材料的介电损耗角正切 $\tan\delta_e$ 随着煅烧处理温度的升高先增大后减小，F-Co@C/Fe-700 具有最大的 $\tan\delta_e$ 值，表明其对电磁波有较强的损耗能力。在 2～18GHz 频段，材料的介电损耗主要来源于导电损耗、偶极子极化和界面极化。一方面，复合材料中存在大量的极性基团有助于增强偶极子极化；另一方面，随着煅烧处理温度的升高，复合材料的石墨化程度增强，导电性逐渐提高，有利于增强复合材料的导电损耗；而煅烧处理温度的升高导致复合材料表面的羰基铁粒子聚集，尺寸逐渐增大，界面逐渐较少。煅烧处理温度从 700℃ 升高到 800℃ 时，$\tan\delta_e$

值降低，对电磁波的损耗能力下降，表明此时极化损耗在对复合材料的介电损耗起主导作用。

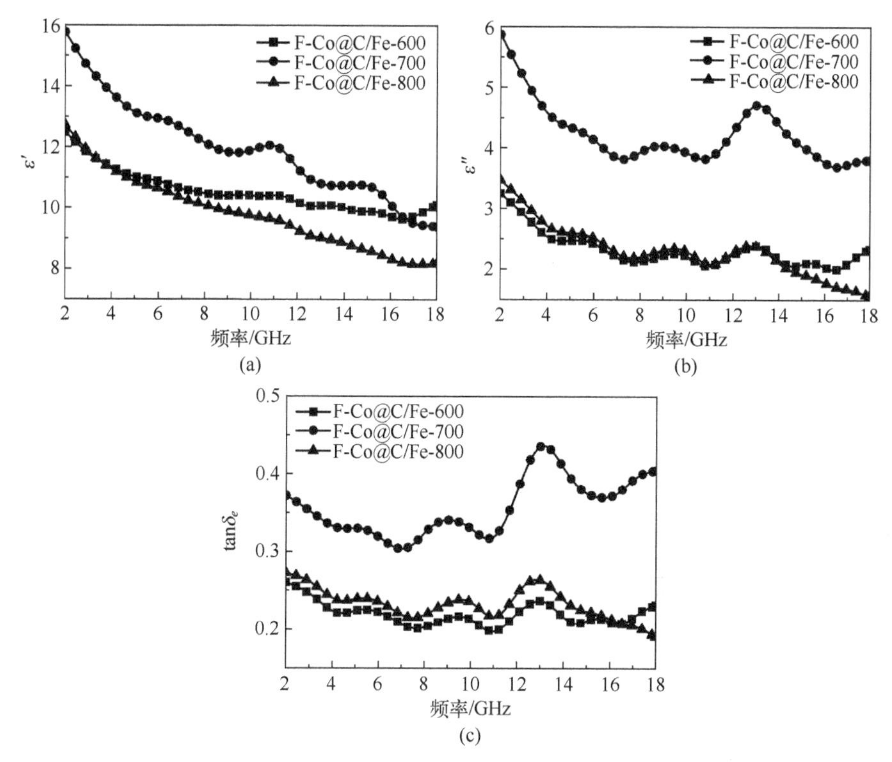

图 5-26　片状 Co@C/Fe 复合材料的介电常数和介电损耗角正切图
（a）介电常数实部；（b）介电常数虚部；（c）介电损耗角正切。

图 5-27（a）、（b）为片状 Co@C/Fe 复合材料的 μ' 和 μ'' 随频率的变化曲线。从图中可以看出，复合材料的 μ' 值在 1.0~1.2 之间波动，μ'' 值在 0~0.2 之间波动，F-Co@C/Fe-800 在 7~18GHz 范围内具有较大的 μ' 和 μ'' 值，表明其在该频带内对磁场有较强的存储和损耗能力。从图 5-27（c）中磁损耗角正切 $\tan\delta_m$ 随频率的变化曲线可以看出，复合材料的 $\tan\delta_m$ 值在 0~0.15 之间波动，F-Co@C/Fe-800 在 7~18GHz 范围内具有较大的 $\tan\delta_m$ 值。对比图 5-10 可以看出，羰基铁粒子的引入使片状 Co@C/Fe 复合材料的 μ'、μ'' 和 $\tan\delta_m$ 均有所增大，这对增强复合材料的磁损耗性能、调节复合材料 ε_r 与 μ_r 之间的匹配具有促进作用。材料在 2~18GHz 频率范围内的磁损耗主要源于涡流损耗和自然铁磁共振，其中涡流损耗可由 C_0 随频率变

化曲线判定。若磁损耗仅来源于涡流损耗，则 C_0 为不随频率变化的常数。图 5-27（d）为片状 Co@C/Fe 复合材料的 C_0 值随频率的变化曲线。从图中可以看出，复合材料 C_0 值均随着频率的变化而变化，并非常数，表明复合材料的磁损耗源于涡流损耗和自然铁磁共振。$\tan\delta_m$ 曲线中 5GHz、8GHz、12GHz 处的共振峰进一步证实了自然铁磁共振的存在。

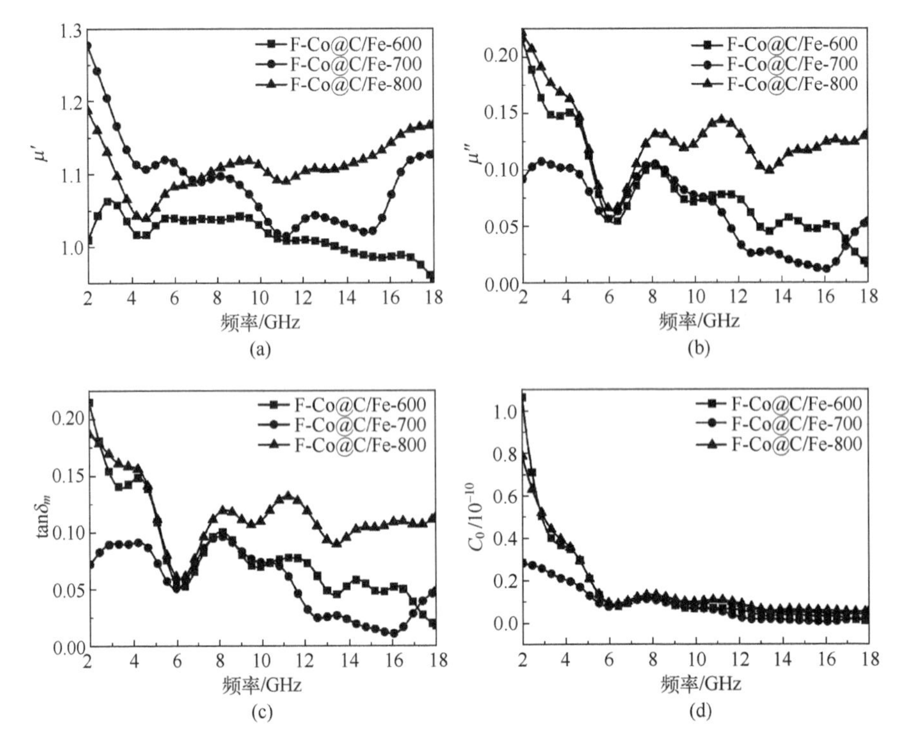

图 5-27　片状 Co@C/Fe 复合材料的磁导率、磁损耗角正切及 C_0 曲线图

（a）磁导率实部；（b）磁导率虚部；（c）磁损耗角正切；（d）C_0 曲线图。

根据式（2-8）和式（2-9）对复合材料的反射率性能进行计算分析。图 5-28 为不同厚度下片状 Co@C/Fe 复合材料的反射率图，其中图 5-28（a）、（c）、（e）为三维反射率图，图 5-28（b）、（d）、（f）为二维反射率图。从三维反射率图可以观察到，各样品在测试频段和厚度条件下均存在反射率小于-10dB 的有效吸收，但对电磁波的损耗性能与煅烧处理温度密切相关。F-Co@C/Fe-600 在 5.0~18.0GHz 范围内存在有效吸收，但其反射率峰值较低，仅在厚度为 2.82mm 时于 8.24GHz 处有最小反射率-17.40dB。煅烧处理温度升高到 700℃时，复合材料的吸波性能增强，

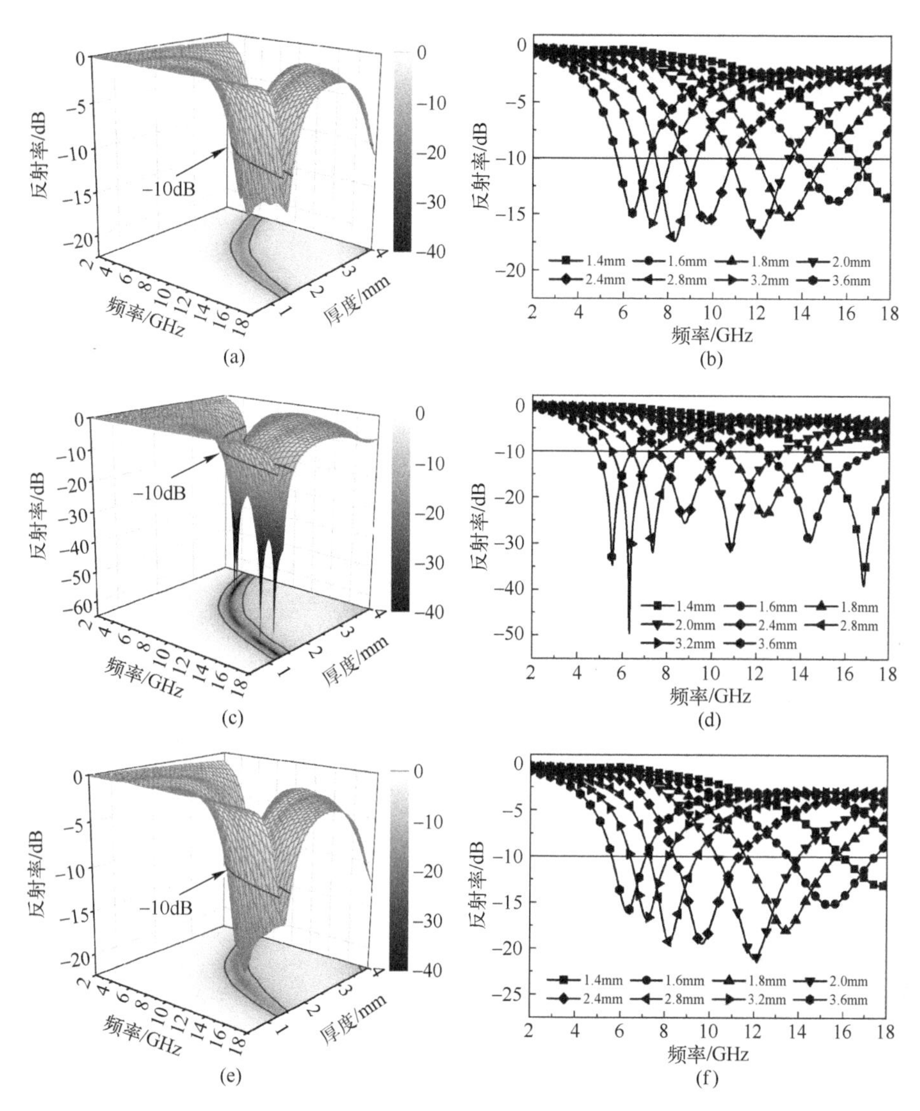

图 5-28　不同厚度下片状 Co@C/Fe 复合材料的反射率图

（a）、（b）F-Co@C/Fe-600；（c）、（d）F-Co@C/Fe-700；（e）、（f）F-Co@C/Fe-800。

F-Co@C/Fe-700 在 4.3~18.0GHz 范围内的反射率均小于-10dB，反射率峰值低于其他样品，厚度为 1.51mm 时在 15.34GHz 处有最小反射率-66.30dB。温度进一步升高到 800℃时，复合材料吸波性能有所降低，F-Co@C/Fe-800 厚度为 1.97mm 时在 12.2GHz 处有最小反射率-21.2dB。

F-Co@C/Fe-600 ~ F-Co@C/Fe-800 的最大有效带宽分别为 3.20GHz、5.10GHz 和 4.10GHz，相应的厚度分别为 1.64mm、1.54mm 和 1.70mm。因此，F-Co@C/Fe-700 在较小的厚度下具有较小的反射率和较大的有效吸收带宽，展现出最佳的吸波性能。此外，从二维反射率图可以看出，复合材料的反射率峰值随着厚度的增大向低频移动。厚度相同时，F-Co@C/Fe-700 的反射率峰值频率较低，这是由于其 ε_r 值高于其他样品，根据式（2-1）所示的 1/4 波长模型，厚度一定时，ε' 越大，相应的峰值频率越小。

图 5-29（a）为片状 Co@C/Fe 复合材料的衰减常数。复合材料的衰减常数随着频率的升高逐渐增大，在高频区域对电磁波有较好的衰减能力。随着煅烧处理温度的升高，复合材料的衰减常数先增大后减小，F-Co@C/Fe-700 在整个测试频段范围内衰减常数最大。材料的吸波性能

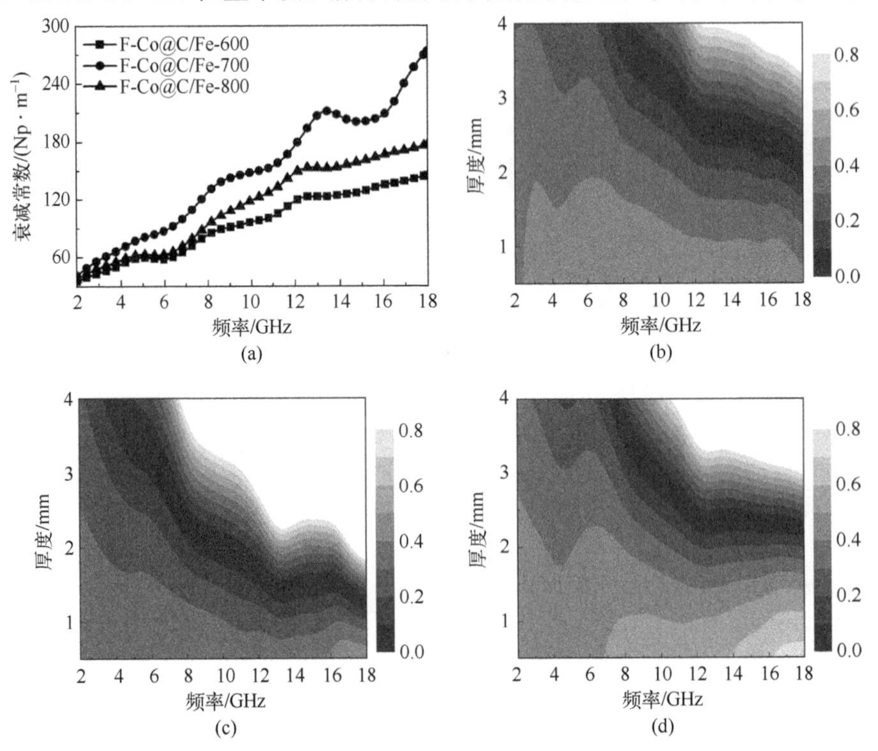

图 5-29　片状 Co@C/Fe 复合材料的衰减常数和阻抗匹配因子图

（a）衰减常数；（b）F-Co@C/Fe-600 的阻抗匹配因子；

（c）F-Co@C/Fe-700 的阻抗匹配因子；（d）F-Co@C/Fe-800 的阻抗匹配因子。

由衰减常数和阻抗匹配性能共同决定。材料的阻抗匹配性能通常可以由阻抗匹配因子（Δ）表示。图5-29（b）、（c）、（d）为片状Co@C复合材料在不同厚度下的阻抗匹配因子。图中Δ接近0的区域面积越大，材料的阻抗匹配性能越好。对比后可以看出，F-Co@C/Fe-700中Δ小于0.3的区域面积最大，表明其具有较好的阻抗匹配性能。综合上述，R-Co@C/Fe-700优异的吸波性能主要是由于其较大的衰减常数和良好的阻抗匹配性能。

5.3 本章小结

本章首先制备了二维片状Co/Zn BMZIF前驱体，再通过MOCVD法在其表面包覆羰基铁，然后分别高温煅烧，得到具有二维片状结构的Co@C和Co@C/Fe复合材料，研究了微观组织结构对材料电磁性能的影响，分析了其电磁波损耗机制。主要结论如下：

（1）合成了具有二维片状结构的Co@C复合材料。不同Co/Zn摩尔比下合成的复合材料均保持了前驱体的二维片状结构，金属Co纳米微粒均匀分布在复合材料的碳骨架中。随着Co含量的减少，复合材料中碳组分的石墨化程度逐渐降低，铁磁特性逐渐减弱。

（2）片状Co@C复合材料的吸波性能随着Co含量的减少先增强后减弱，Co/Zn摩尔比为4:1时复合材料具有最佳的吸波性能。填充比例为30%（质量分数）时，F-Co@C-4在1.22~4.0mm厚度范围内具有小于-10dB的反射率，最小反射率为-23.09dB（频率为10.80GHz，厚度为2.11mm），在厚度仅为1.62mm时最大有效带宽达到4.96GHz。

（3）合成了具有核壳结构的二维片状Co@C/Fe复合材料。磁性壳层既增强了复合材料的磁损耗性能，又引入了大量的异质界面，增强了极化损耗性能。随着煅烧处理温度的升高，复合材料中碳组分的石墨化程度逐渐提高，铁磁特性先增强后减弱。

（4）煅烧处理温度为700℃时制备的片状Co@C/Fe复合材料具有最佳的吸波性能。填充比例为30%（质量分数）时，F-Co@C/Fe-700在厚度为1.13~4.0mm、频率为4.3~18.0GHz范围内的反射率均小于-10dB，最小反射率达到-66.30dB（频率为15.34GHz，厚度为1.51mm），有效带宽在1.54mm时达到5.10GHz。复合材料良好的吸波性能得益于其对电磁波较强的衰减性能和较好的阻抗匹配性能。

第6章 棒状Co@C/Fe复合材料的设计合成与电磁性能研究

具有一维结构的碳基吸波材料由于其特殊的形状各向异性和较低的密度，在吸波材料领域表现出独特的优势[215]。一维结构有助于电子在材料内部沿着轴向运动，易于搭建形成导电网络，增强材料的介电损耗性能[216]，因而具有一维结构的吸波材料在保持较好吸波性能的同时，填充比例也有效地降低[115]。一维结构碳基吸波材料的合成一般通过将磁性金属[45]、金属氧化物[217]等附着在一维碳材料表面获得。两相材料在界面处的复合一般通过物理或化学吸附的方法实现，这对合成条件提出了较高的要求，需要对制备的工艺参数进行精确控制，并且合成路线往往存在工艺过程复杂、稳定性不够、产率低等问题。

MOF 经高温处理后得到的碳基衍生物能够较好继承母体的形貌结构。因而以具有一维结构的 MOF 为前驱体模板进行高温碳化处理是一种简单高效的一维碳基材料合成路线。以一维结构的微米棒状 Fe MOF（MIL-88A）[105]、纳米棒状 NiCo-MOF-74[115]为前驱体制备得到的 Fe/C 和 NiCo/C 复合材料既继承了母体的一维棒状结构、增强了电磁波在材料轴向的传输损耗，又通过高温碳化及磁性金属成分控制实现了复合材料的组织结构及吸波性能的调控与优化。因此，本章延续第 5 章的研究思路，对具有一维结构的 Co@C 和 Co@C/Fe复合材料进行设计合成及性能分析，围绕轻质高效复合吸波材料的构筑开展探索研究。

本章首先通过调控制备工艺得到具有一维棒状结构的 Co/Zn BMZIF 前

驱体，经高温煅烧后得到棒状 Co@C 复合材料，研究前驱体中 Co/Zn 摩尔比对复合材料微观结构、石墨化程度、磁性能和吸波性能的影响；然后以一维棒状 Co/Zn BMZIF 为核，采用 MOCVD 法，在其表面生长羰基铁粒子，经高温碳化后得到核壳结构的一维棒状 Co@C/Fe 复合材料，研究煅烧处理温度对复合材料微观结构、石墨化程度、磁性能和吸波性能的影响，并分析其损耗电磁波的机理。

6.1　棒状 Co@C 复合材料的设计合成与性能表征

6.1.1　合成路线设计与工艺方法

从 5.1 节的研究可以看出，通过控制 MOF 衍生的磁性金属/多孔碳复合材料中磁性组分含量可以实现磁损耗性能和介电损耗性能调控，进而优化吸波性能。研究表明，碳化处理温度对棒状 Co/Zn BMZIF 衍生制备的一维棒状结构 Co/ZnO/C 的吸波性能具有显著影响[97]，而磁性组分 Co 的含量对其组织结构及吸波性能的影响尚未明确。因此，本节延续了 5.1 节的研究思路，通过调整合成工艺制备了具有不同 Co/Zn 摩尔比的棒状 BMZIF，经高温碳化处理后得到棒状 Co@C 复合材料，其合成过程示意图如图 6-1 所示。棒状 BMZIF 前驱体中 Co/Zn 摩尔比的变化，会影响合成的棒状 Co@C 复合材料中磁性组分 Co 的含量，进而影响复合材料的吸波性能。

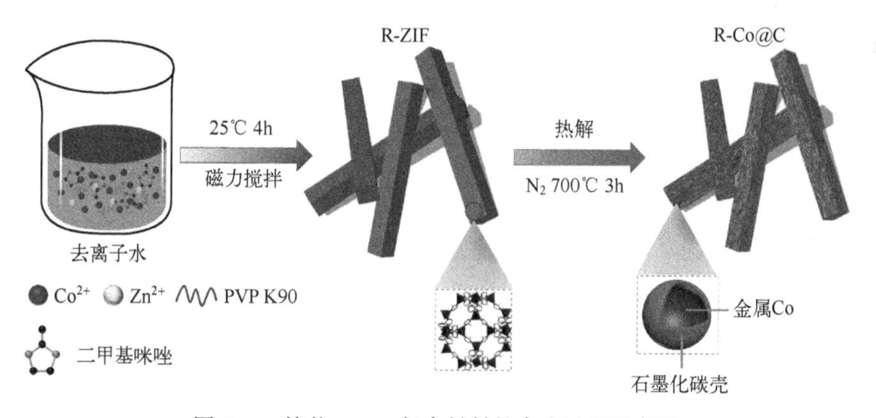

图 6-1　棒状 Co@C 复合材料的合成过程示意图

棒状 Co@C 复合材料制备的具体步骤为：将一定量的 Co（NO_3）$_2$・6H_2O 和 Zn（NO_3）$_2$・6H_2O 溶于 100mL 去离子水形成溶液 A，将 40mmol 二甲基咪唑和 0.75g 聚乙烯吡咯烷酮（PVP，K90）溶于 100mL 去离子水形成溶液 B，将溶液 A 快速加入溶液 B，搅拌 1min 后室温（25℃）静置 4h，离心分离，用去离子水和无水乙醇分别洗涤 2 次，于真空干燥箱中 60℃ 干燥，所得产物为具有棒状结构的 Co/Zn BMZIF 前驱体，标记为 R-ZIF。上述前驱体置于氮气保护的管式炉中高温煅烧，首先以 4℃/min 升温到 200℃，保温 30min，再以 1℃/min 升温到 700℃，保温 3h，随炉冷却至室温，所得产物为棒状 Co@C 复合材料，标记为 R-Co@C。上述制备过程中加入 Co（NO_3）$_2$・6H_2O 和 Zn（NO_3）$_2$・6H_2O 的总摩尔质量为 5mmol，摩尔比设置为 5:0、4:1、3:2、2:3、1:4 和 0:5。相对应的煅烧前后所得样品分别标记为 R-ZIF-X 和 R-Co@C-X，X 为 5、4、3、2、1 和 0。

6.1.2 组织结构及性能表征

图 6-2 为棒状 Co/Zn BMZIF 前驱体的 XRD 图谱。从图中可以看出，所有棒状 Co/Zn BMZIF 前驱体具有相似的 XRD 图谱，衍射峰的相对强度和位置与文献中报道的一致[97]。此外，随着 Co 含量的增加，前驱体的特征衍射峰强度逐渐减弱。图 6-3 为棒状 Co@C 复合材料的 XRD 图谱。各样品在 2θ=26.3°附近均未见明显的石墨化碳（002）晶面衍射峰，表明样品中石墨化碳含量比较少。R-Co@C-0 在 2θ=23°左右的宽峰表明其中存在低水平的石墨化碳。R-Co@C-5～R-Co@C-1 在 2θ 为 44.3°、51.5°、

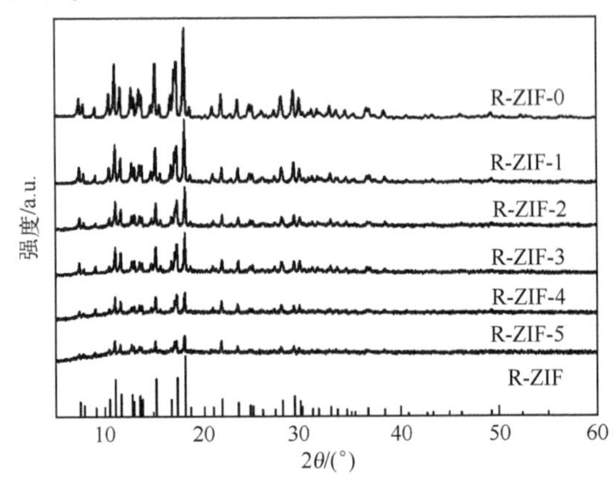

图 6-2 棒状 Co/Zn BMZIF 前驱体的 XRD 图谱

75.8°处的衍射峰分别归属于体心立方结构 Co 的（111）、（200）、（220）晶面（JCPDS card No. 06-0806），并且衍射峰的强度随着对应前驱体中 Co 含量的增加而逐渐增强，表明前驱体中 Co^{2+} 在高温下被还原为金属 Co。根据 Scherrer 公式计算 R-ZIF-5～R-ZIF-1 中 Co 的平均晶粒尺寸，分别为 16.3nm、16.4nm、12.8nm、11.5nm 和 10.9nm，表明复合材料中磁性金属 Co 的平均晶粒尺寸随着 Co 含量的减少而逐渐减小。此外，尽管 R-Co@C-4～R-Co@C-0 对应的前驱体中均含有 Zn，但 XRD 图谱中并未观察到 Zn 及其复合物的特征衍射峰。

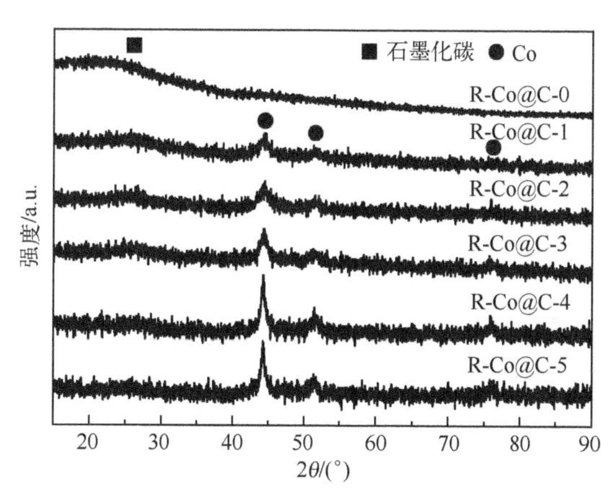

图 6-3　棒状 Co@C 复合材料的 XRD 图谱

采用 SEM 和 TEM 对复合材料的微观形貌和结构进行分析。图 6-4 为棒状 Co/Zn BMZIF 前驱体的 SEM 照片。不同 Co/Zn 摩尔比制备的棒状 BMZIF 前驱体具有相似的棒状结构，长约为 5～10μm，直径约为 1～2μm，表明光滑，具有较好的分散性。图 6-5 为棒状 Co@C 复合材料的 SEM 照片。对比图 6-4 可以发现，经高温煅烧处理后，样品均表现出一定体积的收缩，棒状结构的长度和直径均减小，样品的表面也变得粗糙。高温处理后，R-Co@C-5～R-Co@C-1 仍然保持了其相应前驱体的棒状结构，而 R-Co@C-0 的棒状结构长度变短，部分短棒状结构团聚在一起。进一步放大后可以观察到，R-Co@C-0 表面粗糙不平，存在有大量的孔隙。此外，在 R-Co@C-4～R-Co@C-2 表面可以观察到少量凸起的纤维，这是复合材料中非晶态碳在高温环境下通过 Co 催化形成的 CNT。CNT 的形成有利于复合材料内部的电子传导，增强导电损耗能力。

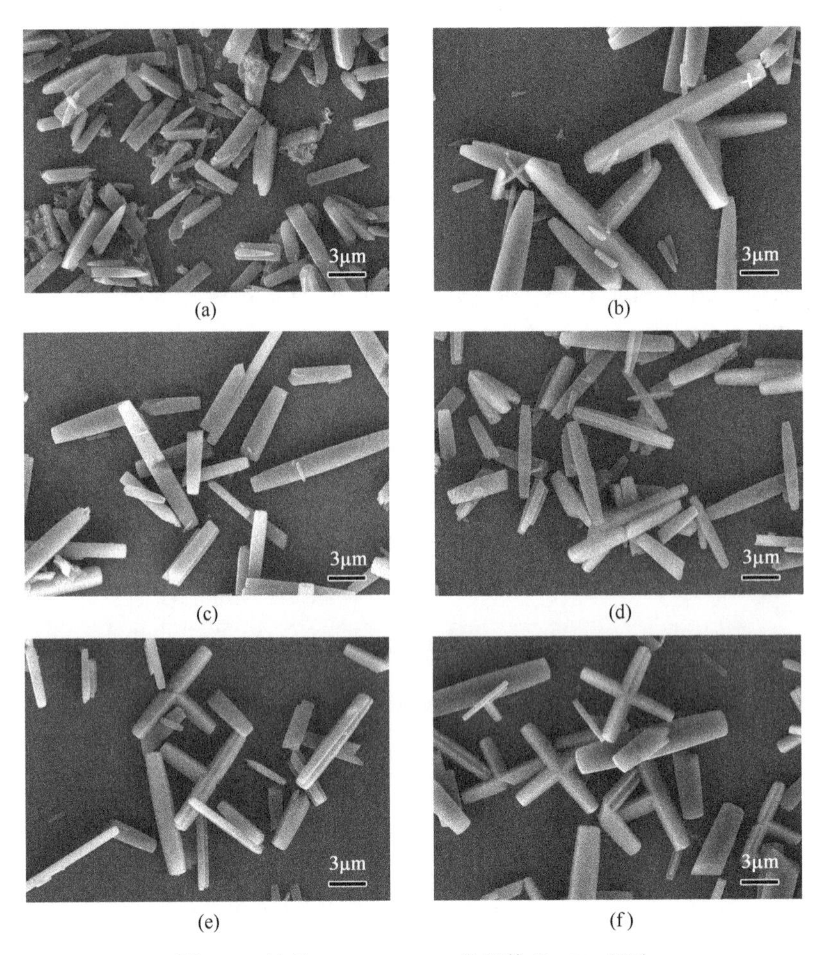

(a) (b) (c) (d) (e) (f)

图 6-4 棒状 Co/Zn BMZIF 前驱体的 SEM 照片

(a) R-ZIF-5；(b) R-ZIF-4；(c) R-ZIF-3；(d) R-ZIF-2；(e) R-ZIF-1；(f) R-ZIF-0。

为进一步分析复合材料的微观结构，以 R-Co@C-4 为例对其进行 TEM 分析。图 6-6 为 R-Co@C-4 的 TEM 照片、SAED 图和元素面扫描照片。从图 6-6（a）、(b）的 TEM 照片可以看出，复合材料由碳基质和均匀分布在其中的金属纳米粒子组成，棒状结构轮廓明显，表面生长的碳纳米管清晰可见。HRTEM 照片［图 6-6(c)］显示，复合材料中，Co 纳米粒子和包围其的石墨化碳层构成核壳结构的 Co@C，其中 0.20nm 的晶格条纹归属于 Co 纳米粒子，0.34nm 的晶格条纹归属于石墨化碳。石墨化碳壳层的形成主要是由于 Co 纳米粒子在高温环境下对无定形碳的催化作用。对

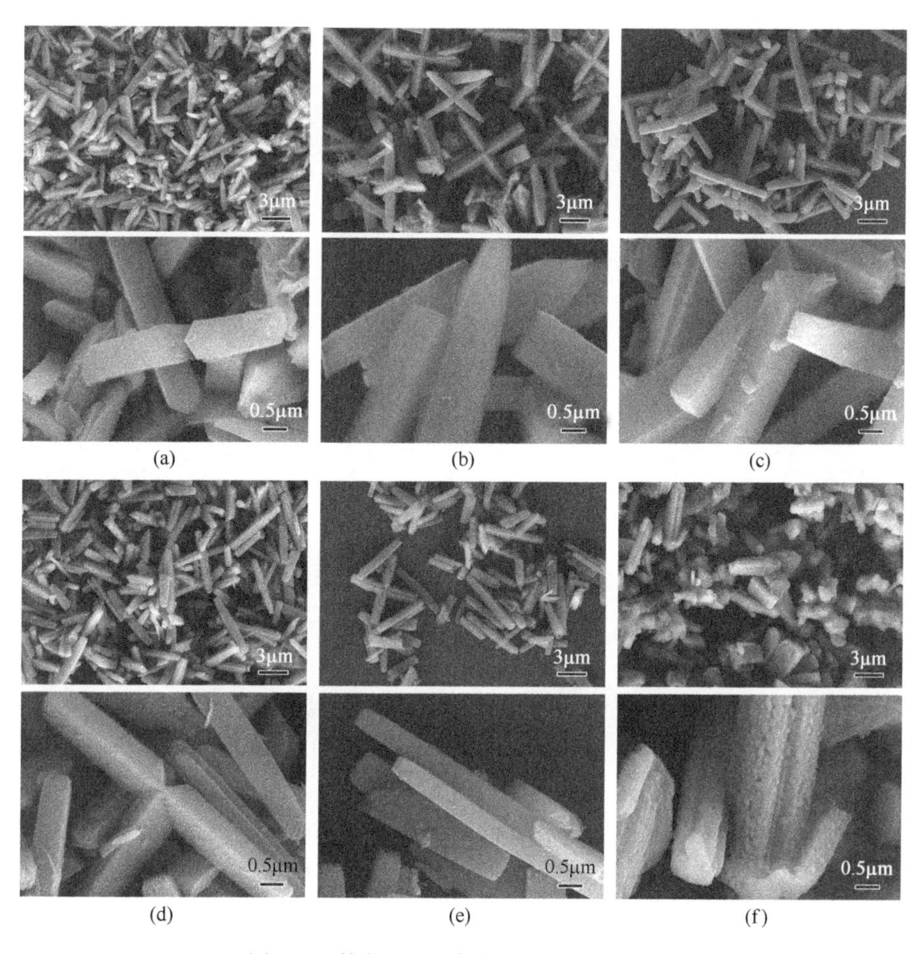

图 6-5　棒状 Co@C 复合材料的 SEM 照片

（a）R-Co@C-5；（b）R-Co@C-4；（c）R-Co@C-3；

（d）R-Co@C-2；（e）R-Co@C-1；（f）R-Co@C-0。

图 6-6（a）标记区域进行选区电子衍射（SAED），结果如图 6-6（d）所示。图中可以观察到两个明显的衍射环，其中内侧衍射环归属于石墨化碳的（002）晶面，说明样品中含有少量的石墨化碳，外侧衍射环可归属于 Co 的（111）晶面，未观察到 Zn 及其化合物的衍射环，这与 6.1.1 节中的 XRD 分析结果一致。R-Co@C-4 的元素面扫描照片如图 6-6（e）~（h）所示，从图中可以看出，Co、C、N 元素分布与样品 TEM 照片轮廓一致，分布均匀，表明相应元素均匀分布在复合材料的棒状结构中。

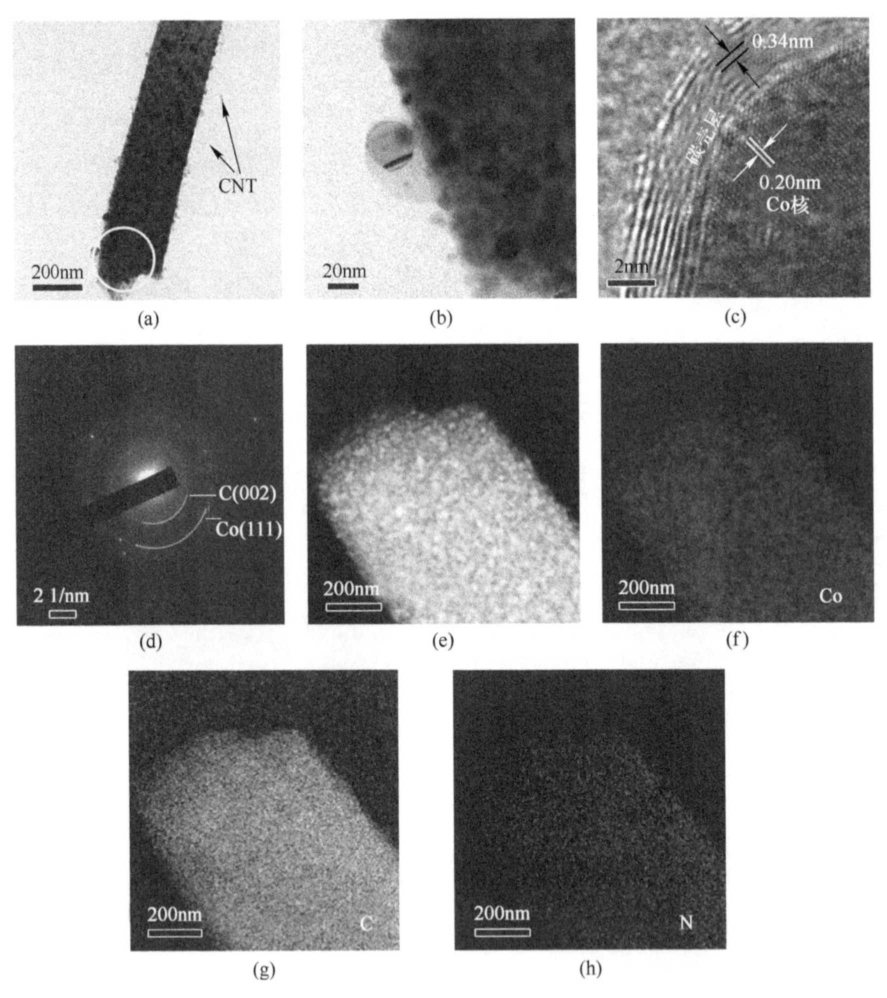

(a) (b) (c) (d) (e) (f) (g) (h)

图 6-6 R-Co@C-4 的 TEM 照片、SAED 图和元素面扫描照片

（a）～（c）TEM 照片；（d）SAED 图；（e）～（h）元素面扫描照片。

为进一步分析棒状 Co@C 复合材料表面的元素组成及其化学价态，以 R-Co@C-4 为例采用 XPS 对复合材料进行研究。图 6-7 为 R-Co@C-4 的 XPS 谱图。图 6-7（a）的 XPS 全谱图显示，复合材料中存在 C、N、O、Co 和 Zn 元素。图 6-7（b）为 R-Co@C-4 的 C 1s 谱图，分峰拟合后发现，C 1s 谱图中结合能为 284.6eV、285.2eV 和 288.7eV 处的 3 个特征峰分别对应 C—C/C ═C、C—N、C ═O 基团。N 1s 谱图［图 6-7（c）］中结合能为 398.7eV、400.2eV 和 400.9eV 处的特征峰分别对应吡啶氮、吡咯氮和石墨氮，表明复合材料中部分 N 元素掺杂到了碳中[90]，这有利于提高碳材料的导电性能。Co 2p 谱图［图 6-7（d）］中，结合能为 778.2eV 和 793.5eV 处的特征峰分别对应复合材料中金属 Co 的 $2p_{3/2}$和 $2p_{1/2}$原子轨道，而 779.4eV 处的特征峰对应 Co^{2+}的 $2p_{3/2}$原子轨道。Co^{2+}的存在表明复合材料表面的 Co 元素有少量在空气中被氧化或未被完全还原。大量的极性基团有利于增强偶极子极化，从而提高复合材料的电磁波损耗能力。

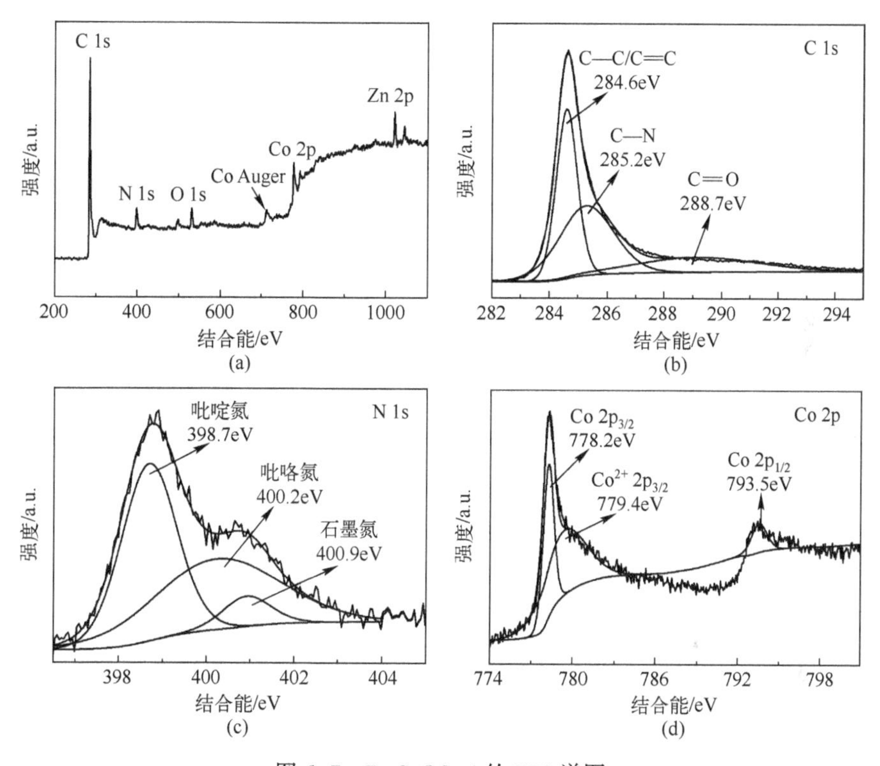

图 6-7　R-Co@C-4 的 XPS 谱图

（a）全谱；（b）C 1s 谱；（c）N 1s 谱；（d）Co 2p 谱。

为研究不同 Co/Zn 摩尔比制备的棒状 Co@C 复合材料的石墨化程度，对其进行拉曼光谱分析。图 6-8 为棒状 Co@C 复合材料的拉曼光谱图。复合材料在 $1330cm^{-1}$（D 峰）和 $1580cm^{-1}$（G 峰）处特征峰的强度比值 I_D/I_G 可在一定程度上表征碳材料的石墨化程度。R-Co@C-5～R-Co@C-0 的 I_D/I_G 值分别为 1.27、1.25、1.18、1.17、1.16 和 1.14，对应 G 峰的位置分别

为 $1592.1cm^{-1}$、$1590.4cm^{-1}$、$1584.1cm^{-1}$、$1579.9cm^{-1}$、$1574.7cm^{-1}$ 和 $1573.6cm^{-1}$。随着复合材料中金属 Co 含量的增加，I_D/I_G值逐渐增大，G 峰蓝移，表明复合材料中的碳材料正处于无定形碳向石墨化碳转变的阶段，棒状 Co@C 复合材料的石墨化程度随着金属 Co 含量的增加而增大，这与 6.1.2 节 TEM 分析中 Co 纳米粒子在高温环境下催化碳石墨化的结论相一致。高的石墨化程度有利于提高复合材料的导电损耗，进而影响其吸波性能。

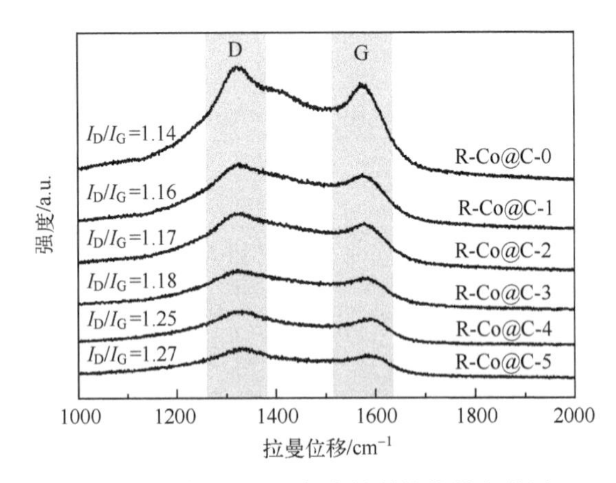

图 6-8　棒状 Co@C 复合材料的拉曼光谱图

图 6-9 为棒状 Co@C 复合材料的磁滞回线图。由于 R-Co@C-0 中不含磁性组分，因此未测试其静磁性能。复合材料均具有铁磁性的磁滞回线，R-Co@C-5～R-Co@C-1 的饱和磁化强度（M_s）分别为 $63.6A \cdot m^2 \cdot kg^{-1}$、$60.8A \cdot m^2 \cdot kg^{-1}$、$27.3A \cdot m^2 \cdot kg^{-1}$、$19.8A \cdot m^2 \cdot kg^{-1}$和 $8.3A \cdot m^2 \cdot kg^{-1}$。复合材料的铁磁性主要来源于磁性金属 Co，随着复合材料中金属 Co 含量的增加，M_s呈逐渐增大的趋势。图 6-9（b）为磁滞回线局部放大图，R-Co@C-5～R-Co@C-1 的矫顽力（H_c）分别为 340.6Oe、315.4Oe、56.7Oe、31.9Oe 和 15.4Oe。由 6.1.1 节的分析可知，复合材料中磁性金属 Co 的平均晶粒尺寸均小于临界晶粒尺寸 20nm，并随着 Co 含量的增加而逐渐减小，导致 H_c也逐渐减小[213-214]。R-Co@C-2 和 R-Co@C-1 的 H_c和剩余磁化强度（$1.15A \cdot m^2 \cdot kg^{-1}$和 $0.25A \cdot m^2 \cdot kg^{-1}$）均较小，显示出准超顺磁特性。

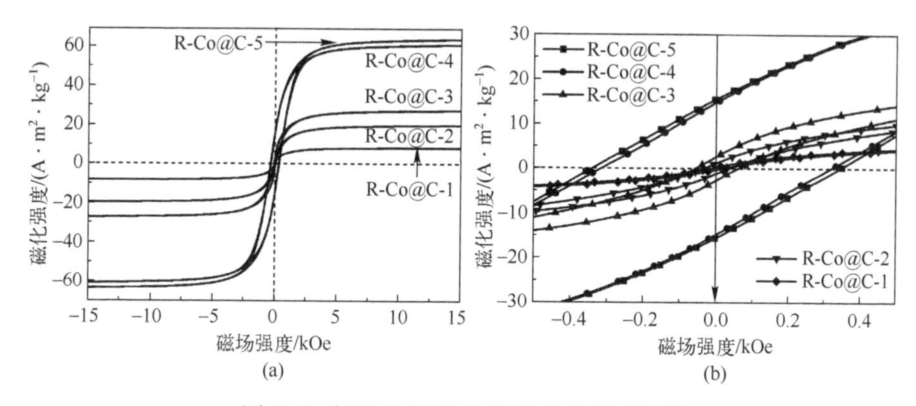

图6-9　棒状Co@C复合材料的磁滞回线图

（a）磁滞回线图；（b）磁滞回线局部放大图。

6.1.3　电磁参数及吸波性能分析

材料的吸波性能与其电磁参数（ε_r 和 μ_r）密切相关。为测试棒状Co@C复合材料在2~18GHz范围内的电磁参数，将样品分散在石蜡中制成同轴测试样品［材料的添加量为25%（质量分数）］，采用矢量网络分析仪进行测试。图6-10为棒状Co@C复合材料的介电常数和介电损耗角正切图。R-Co@C-1和R-Co@C-0的 ε' 在2~18GHz范围内基本保持不变，而R-Co@C-5~R-Co@C-2则随着频率的升高而逐渐降低，尤其是R-Co@C-4，具有明显的频散特性，这对拓宽材料的有效吸收带宽非常有利。随着Co含量的减少，复合材料的 ε' 值先增大，而后逐渐减小，R-Co@C-4具有较高的 ε' 值。复合材料的 ε'' 变化规律与 ε' 相似，随着Co含量的减少，ε'' 值先增大后减小，R-Co@C-4具有较高的 ε'' 值，并且明显高于其他样品。从图6-10（c）所示的复合材料介电损耗角正切 $\tan\delta_e$ 看出，$\tan\delta_e$ 随Co含量的减少先增大后减小，R-Co@C-4的 $\tan\delta_e$ 值最大，表明其具有较强的介电损耗能力。

在微波频段，材料的介电损耗主要来自导电损耗、偶极子极化和界面极化。材料的导电损耗与导电性密切相关，对于棒状Co@C复合材料，其导电性取决于相应的石墨化程度。根据6.1.3节的分析可知，随着Co含量的减少，复合材料的石墨化程度逐渐降低，导电性逐渐下降，即导电损耗性能下降。然而，复合材料的介电损耗先急剧增加而后降低，表明此时极化损耗起主导作用。一方面，复合材料中存在大量的极性基团，有利于增强偶极子极化；另一方面，Co 纳米粒子均匀分散在碳基质中，形成了大量的界面，极大增强了界面极化。R-Co@C-4 表面生长的 CNT 对增大材料导电性、增强导电损耗能力也有一定的促进作用。

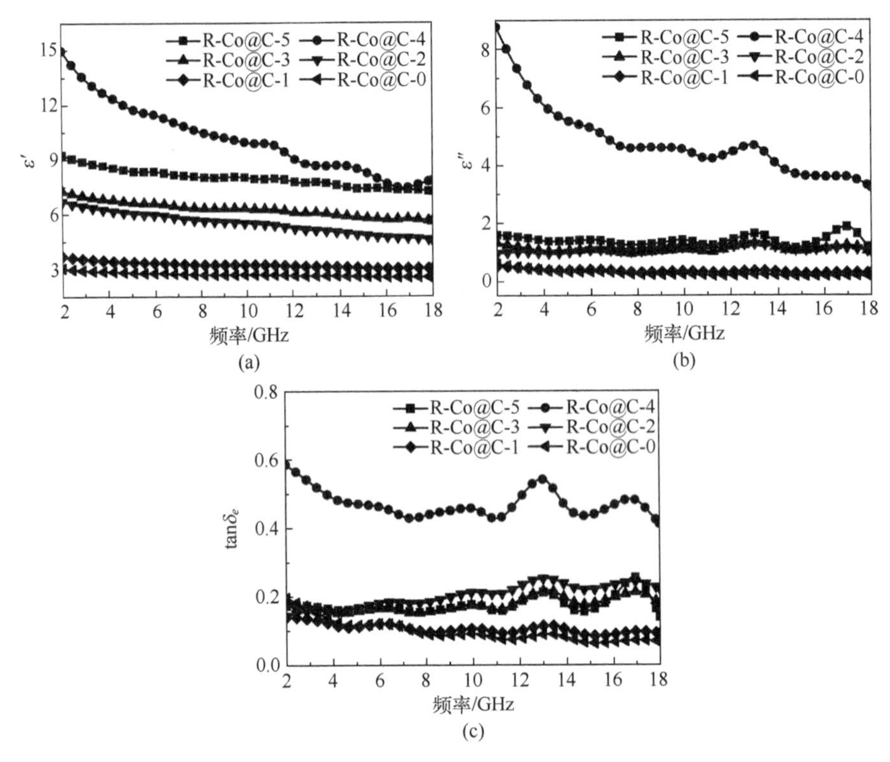

图 6-10　棒状 Co@C 复合材料的介电常数和介电损耗角正切图

(a) 介电常数实部；(b) 介电常数虚部；(c) 介电损耗角正切。

图 6-11 (a)、(b) 为棒状 Co@C 复合材料的 μ' 和 μ'' 随频率的变化曲线。从图中可以看出，R-Co@C-5 和 R-Co@C-4 的 μ' 值较大，并随着频率的增加先减小，而后保持平稳，R-Co@C-4 的 μ' 值在 11~18GHz 范围内有一定幅度的增大。R-Co@C-3~R-Co@C-0 的 μ' 值整体呈现先减小再增加，而后保持平稳的趋势，且各样品间 μ' 值变化不大。随着频率的增加，μ'' 值整体呈现先减小后保持平稳的趋势，R-Co@C-5 和 R-Co@C-4 具有较大的 μ'' 值。图 6-11 (c) 为棒状 Co@C 复合材料的磁损耗角正切 ($\tan\delta_m$) 随频率的变化曲线。与 μ'' 的变化规律相似，R-Co@C-5 和 R-Co@C-4 具有较大的 $\tan\delta_e$ 值，这主要是由于样品中磁性金属 Co 的含量相对较多。

仔细观察可以发现，复合材料中 Co 的含量对磁损耗能力并未产生较大影响，$\tan\delta_e$ 值均接近 0，表明材料的磁损耗能力非常弱。因此棒状 Co@C 复合材料主要通过介电损耗能力来衰减电磁波，Co 含量变化的意义在于通过调控复合材料的导电性能和界面极化性能来优化其吸波性能。图 6-11（d）为棒状 Co@C 复合材料的 C_0 值随频率的变化曲线。从图中可以看出，随着频率的增大，所有样品的 C_0 值并非常数，在 2～12GHz 范围内逐渐减小，在余下频率范围内基本保持不变，表明磁损耗不仅来源于涡流损耗。因此，棒状 Co@C 复合材料的磁损耗源于涡流损耗和自然铁磁共振。

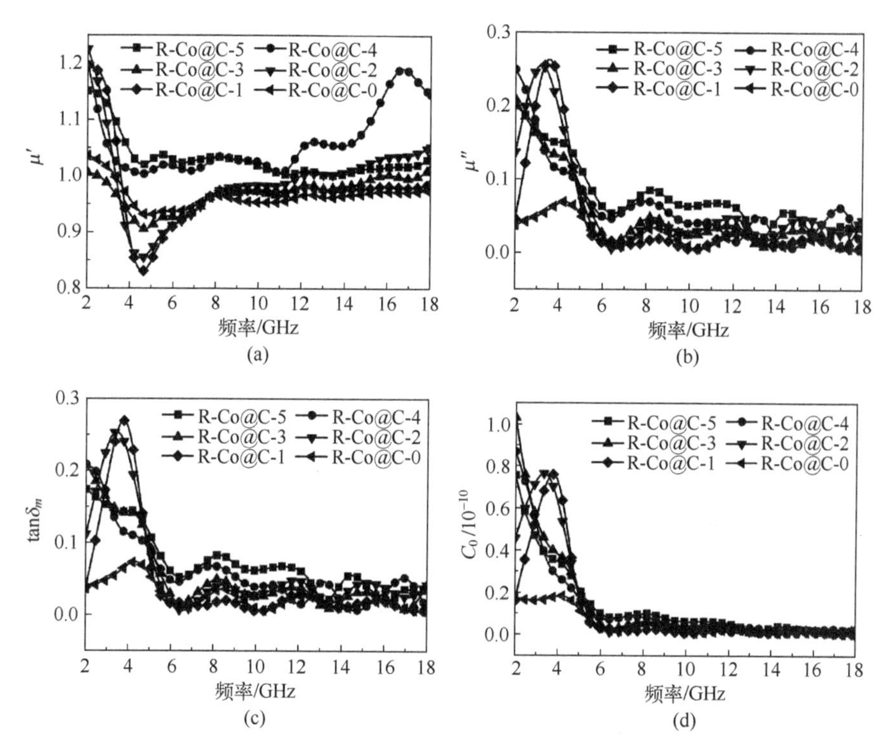

图 6-11　棒状 Co@C 复合材料的磁导率、磁损耗角正切及 C_0 曲线图

（a）磁导率实部；（b）磁导率虚部；（c）磁损耗角正切；（d）C_0 曲线图。

根据传输线理论，材料在不同厚度下对电磁波的反射率可根据式（2-8）和式（2-9）计算得到。图 6-12 为棒状 Co@C 复合材料在厚度为 1.70mm 时的反射率图。从图中可以看出，随着 Co 含量的减少，复合材料的吸波性能先增强后减弱，仅 R-Co@C-5 和 R-Co@C-4 有小于-10dB 的反射率，R-Co@C-4 具有最优吸波性能，15.04GHz 处的最小反射率可达-54.7dB，有效吸收带宽为 5.32GHz（频率范围为 12.68~18.0GHz）。

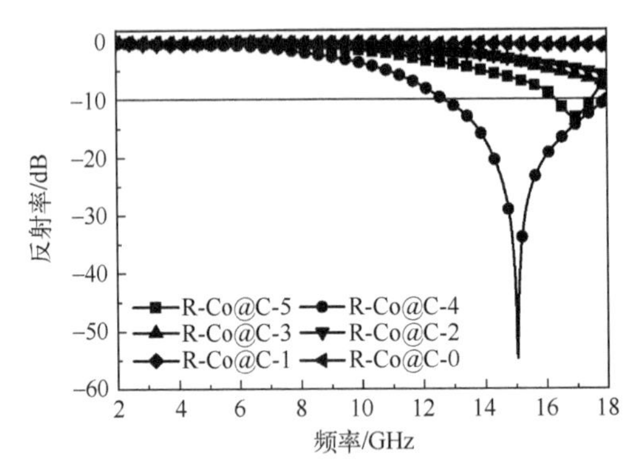

图 6-12　棒状 Co@C 复合材料在厚度为 1.70mm 时的反射率图

图 6-13 为不同厚度下棒状 Co@C 复合材料的反射率图。从图中可以看出，复合材料中 Co 的含量对其吸波性能有显著的影响。R-Co@C-3~R-Co@C-0 在厚度为 0.5~4mm、频率为 2~18GHz 范围内均无小于-10dB 的反射率，表明其对电磁波的衰减能力较弱。R-Co@C-5 在厚度为 1.53~1.88mm、2.08~2.43mm 和 2.57~3.44mm 时有小于-10dB 的反射率，在厚度为 1.69mm 时于 16.96GHz 处达到最小反射率-13.07dB，有效损耗带宽为 1.16GHz。R-Co@C-4 具有优异的吸波性能，在 1.25~4.0mm 厚度范围内具有小于-10dB 的反射率，在厚度为 1.71mm 时于 14.92GHz 处达到最小反射率-53.89dB，有效损耗带宽为 5.34GHz（频率范围为 12.58~17.92GHz），厚度为 1.83mm 时，达到最大有效损耗带宽 5.52GHz。此外，从图中可以观察到，随着厚度的增大，复合材料的反射率峰值逐渐向低频移动，这可由式（2-1）所示的 1/4 波长模型解释：当涂层厚度增大时，峰值频率减小，向低频移动。综合上述，通过调节 Co 的含量可以调控棒状 Co@C 复合材料的吸波性能，R-Co@C-4 具有最优的吸波性能。

将 5.1 节中片状 Co@C 及本节中棒状 Co@C 与文献报道的 MOF 衍生的 Co@C 复合材料吸波性能进行对比，如表 6-1 所示。尽管均为 Co、Zn 基 MOF 衍生得到碳基复合材料，各材料的吸波性能差别较大。本研究制备的片状和棒状 Co@C 复合材料填充比例处于较低的水平，这得益于其具有的多维结构。片状 Co@C 的最小反射率指标并不突出，但其在较小的厚度下有较大的有效带宽，优于所列大部分材料。棒状 Co@C 的吸波性能则进一步提高，反射率在厚度为 1.70mm 左右能达到-50dB 以下，有效带宽在 1.80mm 左右能达到 5.50GHz，综合吸波性能与其他所列材料具有比较优势。

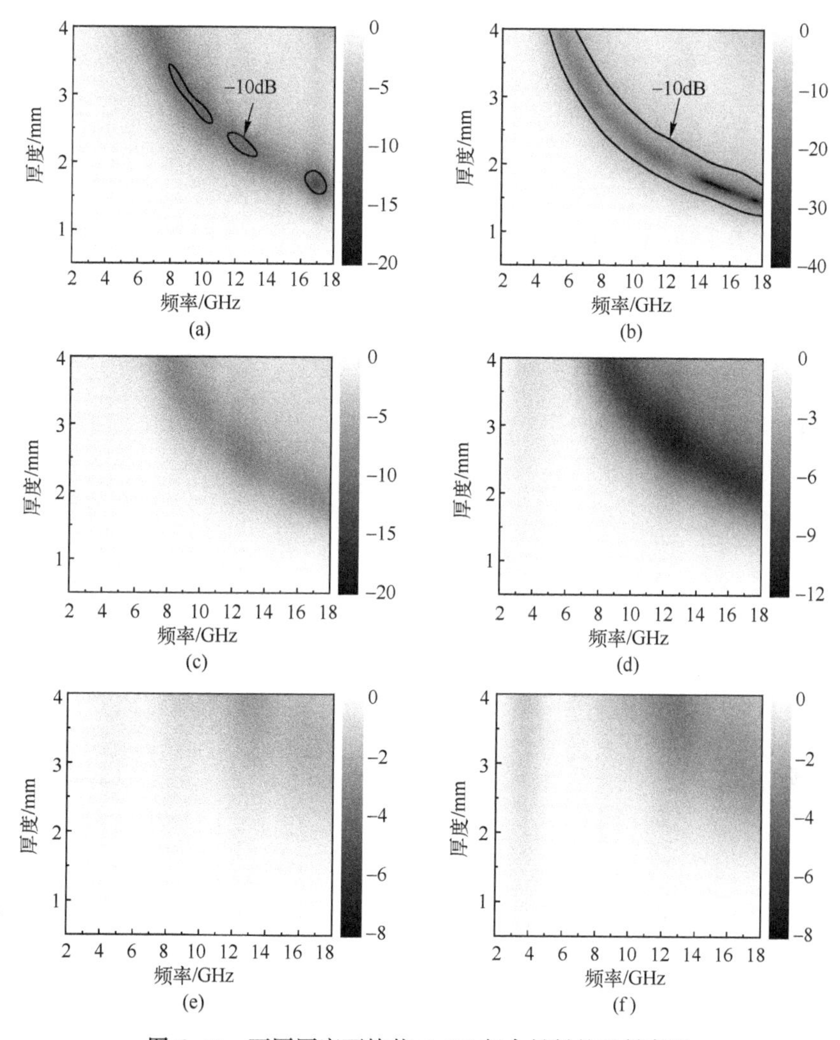

图 6-13　不同厚度下棒状 Co@C 复合材料的反射率图

（a）R-Co@C-5；（b）R-Co@C-4；（c）R-Co@C-3；
（d）R-Co@C-2；（e）R-Co@C-1；（f）R-Co@C-0。

表 6-1 本研究及文献报道的 MOF 衍生的 Co@C 复合材料吸波性能对比

样品	填充比例%（质量分数）	最小反射率		最大有效带宽（≤-10dB）		参考文献
		厚度/mm	反射率/dB	厚度/mm	有效带宽/GHz	
Co/C	40	2.50	-35.30	2.50	5.80	[85]
Co/C	30	2.10	-39.60	2.00	3.80	[86]
Co@CNT	30	1.80	-49.20	1.80	5.10	[87]
Co/CNT	30	2.50	-49.20	2.50	4.20	[88]
C/Co	50	1.90	-32.40	1.90	5.20	[89]
CoZn/N-doped C	30	1.50	-53.20	2.00	5.30	[90]
Co/C	20	1.60	-51.60	2.00	3.80	[91]
ZnO/C@Co/C	50	1.90	-28.80	1.90	4.20	[94]
空心 Co/C	30	2.00	-31.30	2.00	4.40	[95]
C@Co/C 纳米笼	25	2.20	-53.50	2.20	4.40	[96]
棒状 Co/ZnO/C	30	3.00	-52.60	3.00	4.90	[97]
棒状 Co/C	33	2.00	-47.60	2.00	5.10	[98]
片状 Co/C/CNT	20	1.50	-21.80	1.50	4.50	[99]
片状 Co/C	10	2.40	-39.30	2.40	5.10	[100]
F-Co@C-4	30	2.11	-23.09	1.62	4.96	本研究
R-Co@C-4	25	1.71	-53.89	1.83	5.52	本研究

材料的吸波性能由衰减常数和阻抗匹配性能共同决定。图 6-14 为棒状 Co@C 复合材料的衰减常数。随着频率的升高，复合材料的衰减常数逐渐增强，在高频区域具有更优的衰减性能。随着 Co 的含量的减少，复合材料的衰减常数先增大，而后逐渐减小。R-Co@C-4 的衰减常数较大，R-Co@C-1 和 R-Co@C-0 的衰减常数均较小，对电磁波的衰减能力较弱。R-Co@C-5 的衰减常数与 R-Co@C-3 和 R-Co@C-2 的衰减常数接近，然而吸波性能却明显优于后两个样品，这是由影响材料吸波性能的另一个重要因素阻抗匹配性能决定的。

材料的阻抗匹配性能通常可以由阻抗匹配因子（Δ）表示。图 6-15 为棒状 Co@C 复合材料的阻抗匹配因子图。Δ 接近 0 的区域面积越大，材料的阻抗匹配性能越好。对比观察可以发现，R-Co@C-4 中 Δ 小于 0.3 的区域最大，表明其具有较好的阻抗匹配性能，R-Co@C-5 中也存在 Δ 小于 0.3

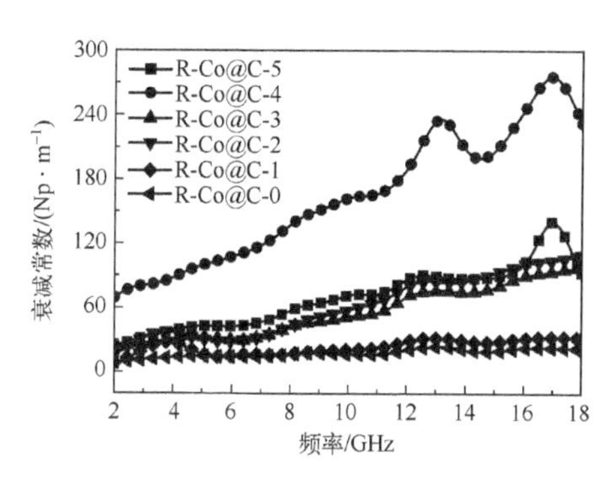

图 6-14　棒状 Co@C 复合材料的衰减常数

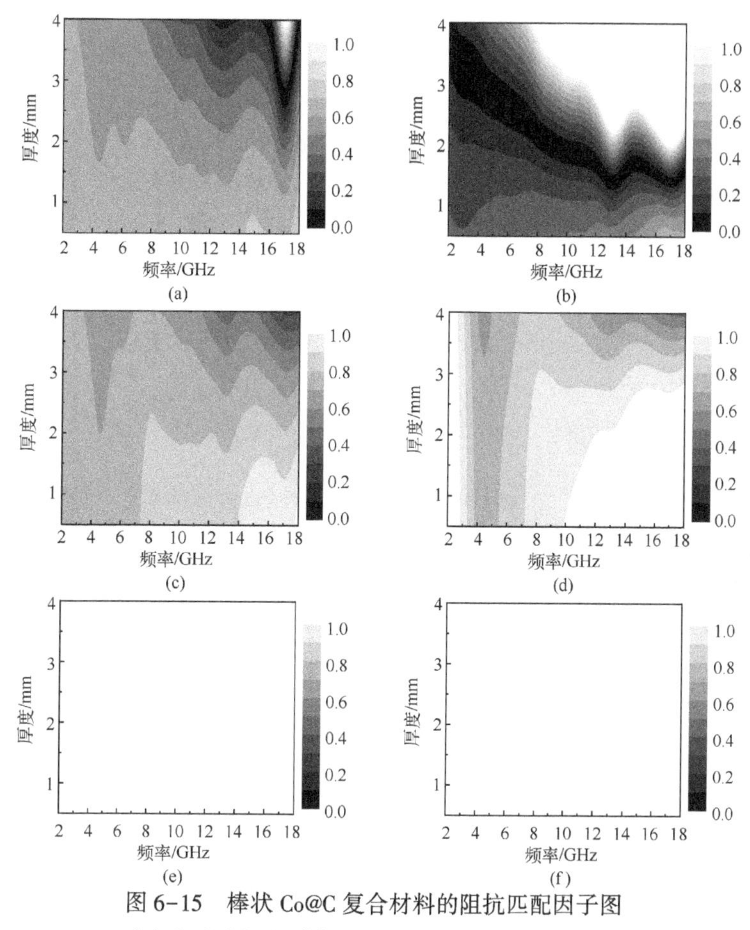

图 6-15　棒状 Co@C 复合材料的阻抗匹配因子图

(a) R-Co@C-5；(b) R-Co@C-4；(c) R-Co@C-3；

(d) R-Co@C-2；(e) R-Co@C-1；(f) R-Co@C-0。

的区域。R-Co@C-3～R-Co@C-0 中未发现 Δ 小于 0.3 的区域，因而尽管 R-Co@C-3、R-Co@C-2 的衰减常数与 R-Co@C-5 接近，其吸波性能却远不如后者。综合上述可以发现，R-Co@C-4 具有较大的衰减常数和良好的阻抗匹配性能，因而具有最优的吸波性能。

6.2 棒状 Co@C/Fe 复合材料的设计合成与性能表征

6.2.1 合成路线设计与工艺方法

在 5.2 节中，以片状 BMZIF 为模板，采用 MOCVD-高温煅烧两步法合成了具有片状结构的 Co@C/Fe 复合材料。许多有机或无机核粒子都可以采用类似方法，通过磁性羰基铁粒子在其表面沉积形成核壳结构。这为控制羰基铁壳层的沉积工艺、在适当条件下合成核壳结构吸波材料提供了可行的参考方案。

本节延续 5.2 节的研究思路，利用这种方法以棒状 BMZIF 为模板，通过控制包覆后前驱体的高温碳化温度，制备棒状 Co@C/Fe 复合材料，其合成过程示意图如图 6-16 所示。

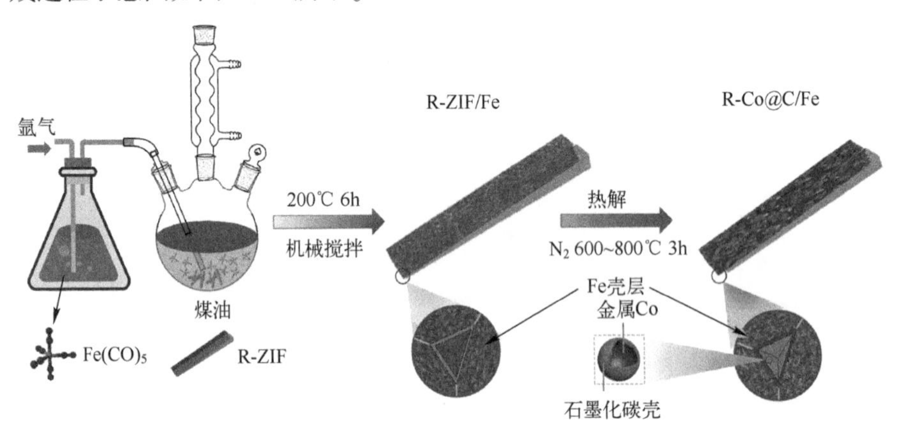

图 6-16 棒状 Co@C/Fe 复合材料的合成过程示意图

棒状 Co@C/Fe 复合材料制备的具体步骤与 5.2.1 节中片状 Co@C/Fe 复合材料的合成工艺相同，R-ZIF-4 的添加量为 2.6g，得到 Fe 包覆的棒状 Co/Zn BMZIF 前驱体标记为 R-ZIF/Fe。煅烧温度分别设置为 600℃、700℃和 800℃，产物依次标记为 R-Co@C/Fe-600、R-Co@C/Fe-700 和 R-Co@C/Fe-800。

6.2.2　组织结构及性能表征

图6-17为前驱体R-ZIF/Fe的XRD图谱。在图中2θ为5°~40°之间可以观察到与6.1节中棒状Co/Zn BMZIF相同的特征峰，而未观察到羰基铁包覆层中α-Fe的特征峰。这可能是由于复合材料前驱体中α-Fe包覆层的含量较少，棒状Co/Zn BMZIF的衍射峰强度较高，导致α-Fe的特征峰无法被观察到。图6-18为不同煅烧处理温度下合成的棒状Co@C/Fe复合材料的XRD图谱。随着煅烧处理温度的升高，复合材料的衍射峰强度逐渐增强，在2θ为44.7°、65.2°、82.5°处的衍射峰分别归属于体心立方结构α-Fe（JCPDS card No.06-0696）的（110）、（200）和（211）晶面。根据Scherrer公式计算得到R-Co@C/Fe-600~R-Co@C/Fe-800中α-Fe的平均晶粒尺寸分别为28.7nm、35.2nm和36.8nm，呈逐渐增大的趋势。由于复合材料中Co的相对含量较少，仅在R-Co@C/Fe-600和R-Co@C/Fe-800中2θ=51.5°处观察到Co的（220）晶面特征峰（JCPDS card No.06-0806）。较高的煅烧处理温度有利于Fe、Co金属将无定形碳催化形成石墨化碳，因而R-Co@C/Fe-800在2θ=26.4°处可观察到石墨化碳的（002）晶面衍射峰。

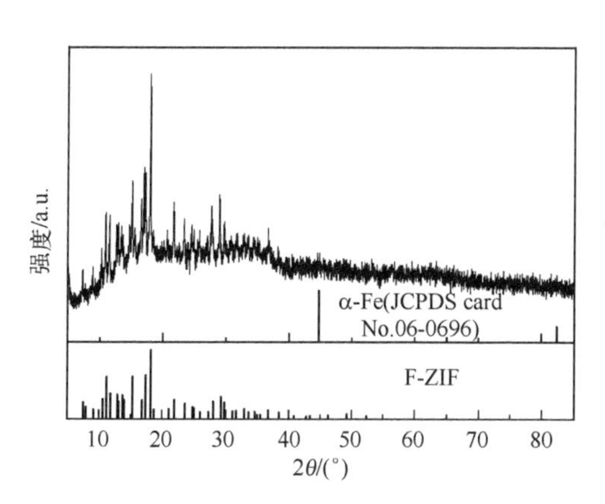

图6-17　前驱体R-ZIF/Fe的XRD图谱

采用SEM和TEM对复合材料的微观形貌和结构进行分析。图6-19为前驱体R-ZIF/Fe的SEM照片。从图中可以看出，R-ZIF表面均匀负载了一层羰基铁颗粒，颗粒的尺寸较小，约为20~60nm。R-ZIF表面包覆羰基

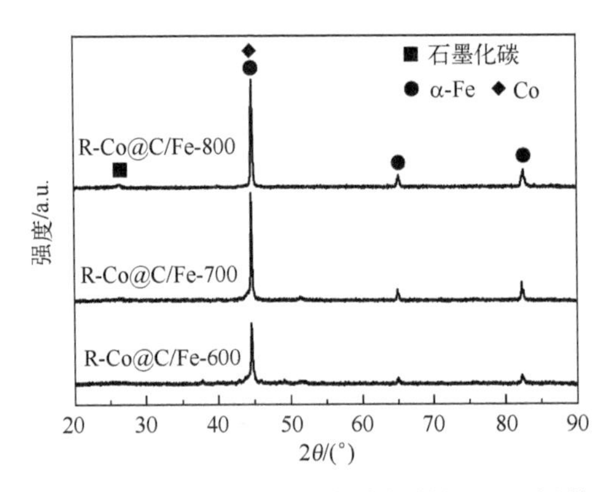

图 6-18　棒状 Co@C/Fe 复合材料的 XRD 图谱

铁颗粒后，仍然保持原有的棒状结构，对比图 6-4 可以发现，包覆后 R-ZIF/Fe 的尺寸也未发生明显改变。

图 6-19　前驱体 R-ZIF/Fe 的 SEM 照片

图 6-20 为棒状 Co@C/Fe 复合材料的 SEM 照片。复合材料经过不同温度的煅烧处理后结构没有明显改变，均保留了前驱体 R-ZIF/Fe 的一维棒状结构，并具有良好的分散状态。对比图 6-19 可以发现，复合材料的棒状结构骨架有所收缩，长度和直径均有所减小，表面前驱体的碳骨架在高温条件下发生一定程度的坍缩。复合材料的表面附着有一层羰基铁粒子，煅烧温度对复合材料的表面形貌有较为显著的影响。复合材料表面的羰基铁粒子随着煅烧温度的升高逐渐开始聚集，表面颗粒的尺寸也逐渐增大，R-Co@C/Fe-700 表面的羰基铁粒子粒径约 150nm，而 R-Co@C/Fe-800 的则进一步增大到 300nm 以上。复合材料良好的分散状态和独特一维棒状结构对增强导电性、提高材料的介电损耗性能具有促进作用。

为进一步分析复合材料的微观结构，以 R-Co@C/Fe-700 为例对其进行 TEM 分析。图 6-21 为 R-Co@C/Fe-700 的 TEM 照片、SAED 图和元素

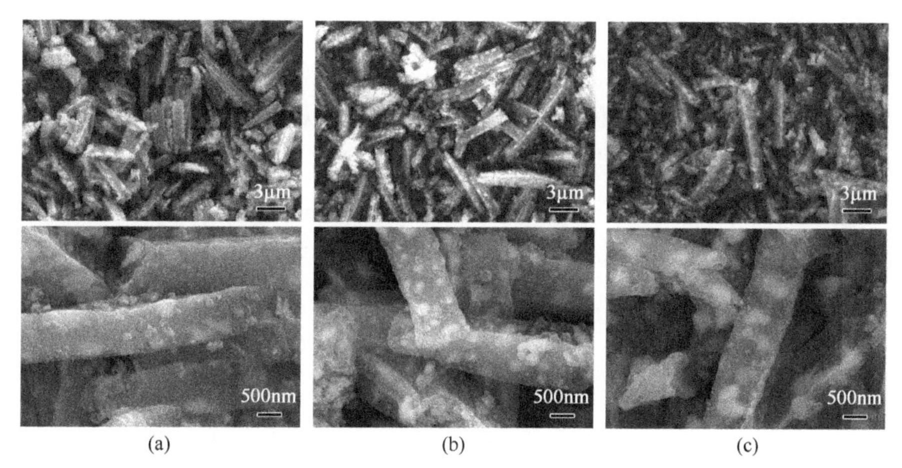

图 6-20　棒状 Co@C/Fe 复合材料的 SEM 照片
（a）R-Co@C/Fe-600；（b）R-Co@C/Fe-700；（c）R-Co@C/Fe-800。

面扫描照片。从图 6-21（a）、（b）可以看出，复合材料的棒状轮廓明显，对比 6.1.2 节中图 6-6（b）的 TEM 照片可以发现，除碳基质和均匀分布在其中的金属 Co 纳米粒子外，复合材料表面还附着有一些粒径稍大的羰基铁粒子。HRTEM 照片［图 6-21（c）］显示，复合材料中 Co 纳米粒子和其周围的石墨化碳层构成核壳结构的 Co@C，其中 0.20nm 和 0.34nm 的晶格条纹分别归属于 Co 纳米粒子和石墨化碳。石墨化碳壳层的形成归因于 Co 纳米粒子在高温环境下对周围碳组分的催化作用。图 6-21（d）为图 6-21（a）标记区域的 SAED 图，图中内侧衍射环归属于石墨化碳的（002）晶面，表明样品中石墨化碳的存在，中间衍射环可归属于 Co 的（111）晶面和 α-Fe 的（110）晶面，外侧衍射环归属于 α-Fe 的（200）晶面。与 6.1 节中棒状 Co@C 复合材料的分析结果一样，SAED 图中并未发现 Zn 及其化合物的衍射特征。图 6-21（e）~（h）为 R-Co@C/Fe-700 的元素面扫描照片。Co、C 元素分布与样品 TEM 照片轮廓一致，呈均匀分布状态，表明其均匀分布在复合材料的棒状结构中，而大部分的 Fe 元素呈块状或点状分布，表明复合材料表面的羰基铁粒子以颗粒状分布为主，这与 SEM 分析的结果一致。

为进一步分析棒状 Co@C/Fe 复合材料表面的元素组成及其化学价态，以 R-Co@C/Fe-700 为例采用 XPS 对复合材料进行研究。图 6-22 为 R-Co@C/Fe-700 的 XPS 谱图。从图 6-22（a）的 XPS 全谱图中可以看出，复合材料主要由 C、N、O、Fe、Co 和 Zn 元素组成。图 6-22（b）为 R-Co@C/Fe-700 的 C 1s 谱图，分峰拟合后发现，C 1s 谱图中结合能为 284.6eV、285.3eV 和 289.0eV 处的 3 个特征峰分别对应 C—C/C ═C、C—O、C ═O 基团。Fe 2p 谱图［图 6-22（c）］中，707.0eV、719.5eV 处的特征峰分别对应羰基铁粒子中金属 Fe 的 $2p_{3/2}$ 和 $2p_{1/2}$ 原子轨道，而 711.0eV、724.9eV 处的特征峰分别对应 Fe^{3+} 的 $2p_{3/2}$ 和 $2p_{1/2}$ 原子轨道。Fe^{3+} 的存在表明复合材料表面部分金属 Fe 被空气氧化。图 6-22（d）所示的 Co 2p 谱图

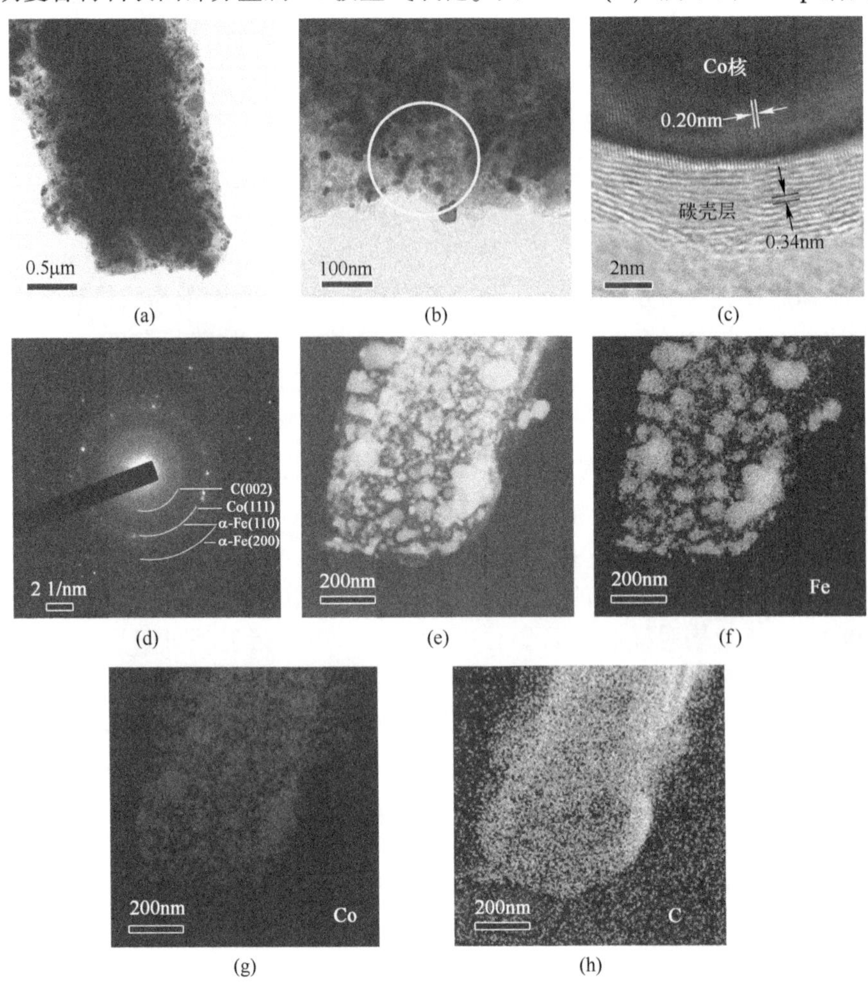

图 6-21　R-Co@C/Fe-700 的 TEM 照片、SAED 图和元素面扫描照片

（a）～（c）TEM 照片；（d）SAED 图；（e）～（h）元素面扫描照片。

中，结合能为 778.4eV 和 793.3eV 处的特征峰分别对应复合材料中金属 Co 的 $2p_{3/2}$ 和 $2p_{1/2}$ 原子轨道，而 781.2eV 和 795.7eV 处的特征峰分别对应 Co^{2+} 的 $2p_{3/2}$ 和 $2p_{1/2}$ 原子轨道。对比特征峰面积后可以发现，复合材料表面 Co^{2+} 的含量远大于金属 Co，表明热解还原过程不完全或部分金属 Co 在空气中被氧化。

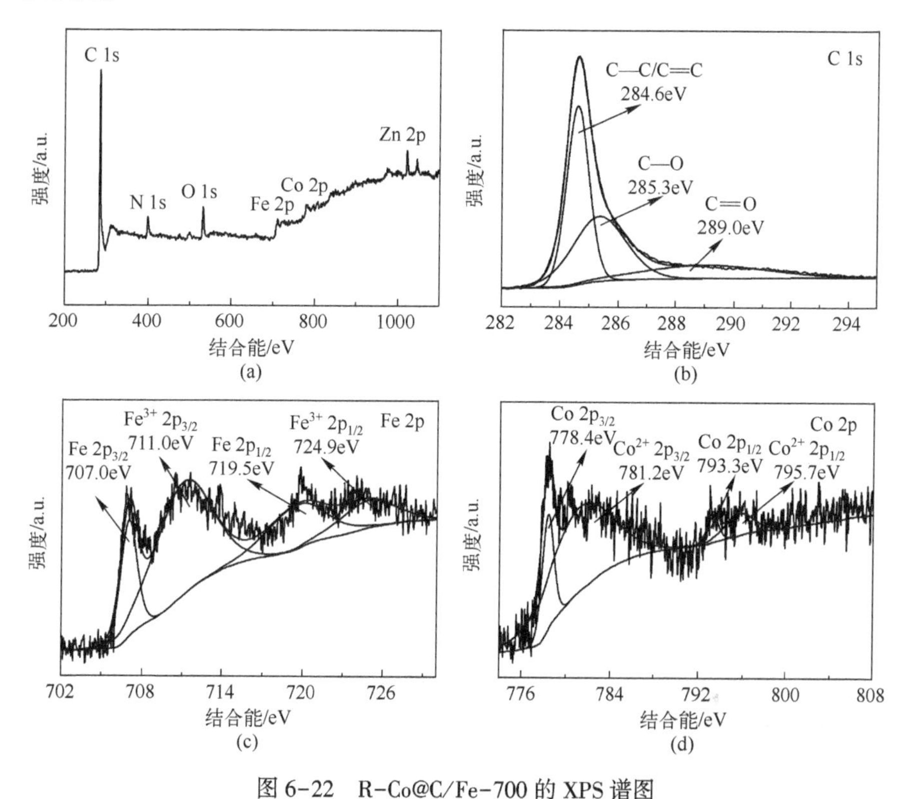

图 6-22　R-Co@C/Fe-700 的 XPS 谱图

（a）全谱；（b）C 1s 谱；（c）Fe 2p 谱；（d）Co 2p 谱。

为研究煅烧处理温度对棒状 Co@C/Fe 复合材料石墨化程度的影响，对其进行拉曼光谱分析。图 6-23 为棒状 Co@C/Fe 复合材料的拉曼光谱图。复合材料在 $1330cm^{-1}$（D 带）和 $1580cm^{-1}$（G 带）有两个明显的峰，通常用 D 峰与 G 峰的强度比值 I_D/I_G 表征碳材料的石墨化程度。R-Co@C/Fe-600～R-Co@C/Fe-800 的 I_D/I_G 值分别为 0.94、1.02 和 1.08，可见随着煅烧处理温度的升高，复合材料的石墨化程度逐渐增强，这有利于导电损耗的提高。复合材料中的碳组分可分为无定形碳和石墨化碳，提高煅烧处理温度有助于微晶石墨区形成，I_D/I_G值增大，同时煅烧处理温度的升高有助于消除石墨化碳表面的缺陷，I_D/I_G值降低。I_D/I_G值随着煅烧处理温度的升高而增大，表明复合材料中无定形碳的石墨化对I_D/I_G值的变化贡献相对较多。

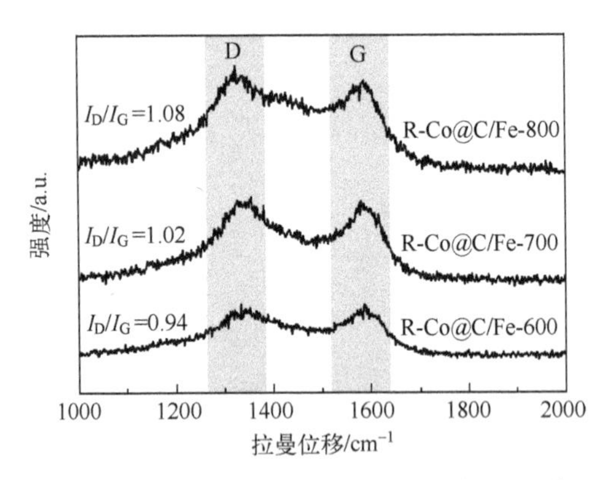

图 6-23　棒状 Co@C/Fe 复合材料的拉曼光谱图

为研究煅烧处理温度对棒状 Co@C/Fe 复合材料磁性能的影响，采用 VSM 对复合材料的静磁性能进行测试分析。图 6-24 为棒状 Co@C/Fe 复合材料的磁滞回线图。磁性金属 Co 和 Fe 纳米粒子的存在使复合材料具有典型的铁磁特性，随着煅烧处理温度的升高，复合材料的饱和磁化强度（M_s）逐渐增大，R-Co@C/Fe-600～R-Co@C/Fe-800 的 M_s 值分别为 96.7A·m^2·kg^{-1}、122.1A·m^2·kg^{-1}和 140.2A·m^2·kg^{-1}。由于碳组分是非铁磁性的，因此复合材料的磁性能由金属 Co 和 Fe 纳米粒子的相对含

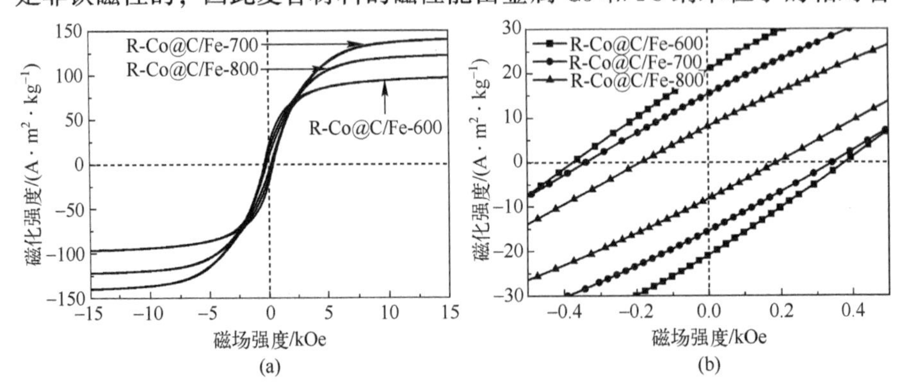

图 6-24　棒状 Co@C/Fe 复合材料的磁滞回线图

（a）磁滞回线图；（b）磁滞回线局部放大图。

量、结晶度、晶粒尺寸等因素决定。从结构及形貌分析结果可知，煅烧处理温度升高对金属 Co 和 Fe 纳米粒子晶粒尺寸和结晶度的提高有促进作用，进而促使了复合材料 M_s 的增大。图 6-24（b）为磁滞回线局部放大图，随着煅烧处理温度的升高，复合材料的矫顽力（H_c）逐渐减小，R-Co@C/Fe-600～R-Co@C/Fe-800 的 H_c 分别为 374.7Oe、339.8Oe 和 186.7Oe。煅烧处理温度升高导致复合材料中磁性金属 Co 和 Fe 纳米粒子晶粒增大，使得畴结构壁移磁化提高，进而导致 H_c 的减小。

6.2.3　电磁参数及吸波性能分析

为测试棒状 Co@C/Fe 复合材料在 2～18GHz 范围内的电磁参数，将样品分散在石蜡中制成同轴测试样品［材料的添加量为 33%（质量分数）］，采用矢量网络分析仪进行测试。图 6-25 为棒状 Co@C/Fe 复合材料的介电常数和介电损耗角正切图。不同煅烧处理温度下制备的复合材料的 ε' 值随

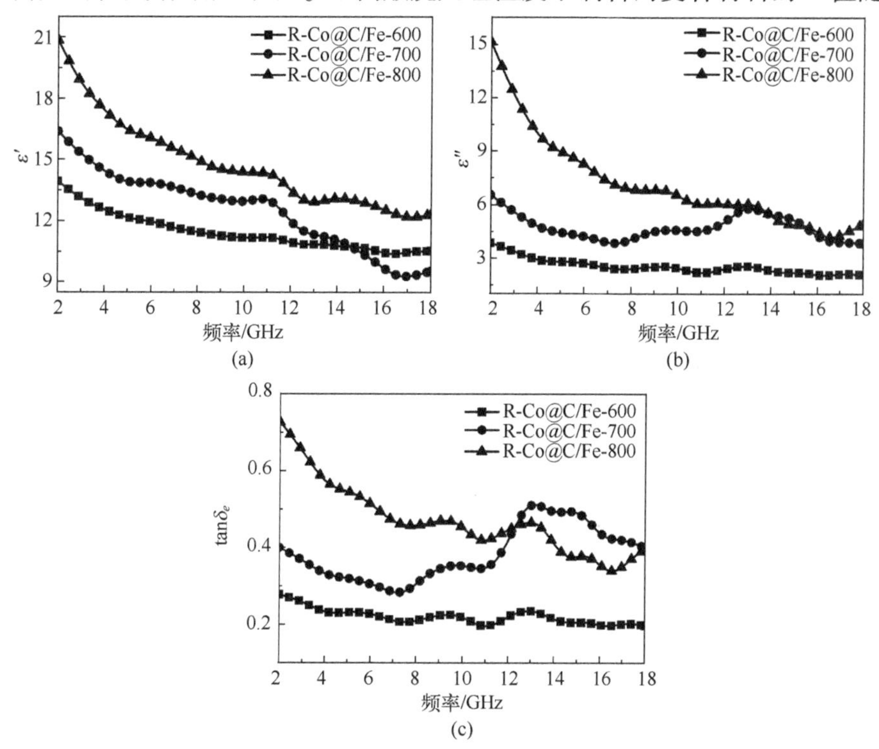

图 6-25　棒状 Co@C/Fe 复合材料的介电常数和介电损耗角正切

（a）介电常数实部；（b）介电常数虚部；（c）介电损耗角正切。

着频率的升高均逐渐减小，具有明显的频散特性。随着煅烧处理温度的升高，复合材料的 ε' 值逐渐增大。复合材料的 ε'' 变化规律与 ε' 相似，也随着煅烧处理温度的升高而逐渐增大。从图 6-25（c）中可以观察到，随着煅烧处理温度的升高，复合材料的 $\tan\delta_e$ 值在 2～13GHz 范围内逐渐增大，表明复合材料的介电损耗能力逐渐增强。R-Co@C/Fe-700 在 13～18GHz 具有较大的 $\tan\delta_e$ 值，介电损耗能力优于其他样品。在实验研究的 2～18GHz 频率范围内，材料的介电损耗主要来自导电损耗、偶极子极化和界面极化损耗。一方面，图 6-23 中拉曼光谱已经证实，随着煅烧处理温度的升高，复合材料的石墨化程度逐渐提高，导电性增强，有利于提升材料导电损耗；另一方面，复合材料中存在大量的极性基团有助于增强偶极子极化，ε' 的频散特性进一步说明偶极子极化对介电损耗的增强作用。同时，复合材料中存在大量的 Co-C、Co-Fe、C-Fe、无定形碳-石墨化碳等异质界面，有助于增强复合材料的界面极化。13GHz 和 15GHz 附近的共振峰进一步表明复合材料中存在多重极化过程。

图 6-26（a）、（b）为棒状 Co@C/Fe 复合材料的 μ' 和 μ'' 随频率的变化曲线。复合材料的 μ' 值随着煅烧处理温度的升高先增大后减小，R-Co@C/Fe-700 具有较大的 μ' 值。煅烧处理温度对复合材料的 μ'' 值影响并不明显，各样品的 μ'' 值均在 0～0.2 之间波动。从图 6-26（c）可以看出，复合材料的 $\tan\delta_m$ 值在 0.05～0.15 之间波动，R-Co@C/Fe-800 在 8～18GHz 范围内具有较大的 $\tan\delta_m$ 值。对比图 6-11 中棒状 Co@C 复合材料的 μ'、μ'' 及 $\tan\delta_m$ 值可以发现，羰基铁的壳层的加入使棒状 Co@C/Fe 复合材料的 μ'、μ'' 及 $\tan\delta_m$ 值均增大，表明引入羰基铁有助于增强复合材料的磁损耗性能。在实验研究的 2～18GHz 频率范围内，材料的磁损耗主要源于涡流损耗和自然铁磁共振，其中涡流损耗可由 C_0 值随频率的变化曲线判定。若磁损耗仅来源于涡流损耗，则 C_0 为不随频率变化的常数。图 6-26（d）为棒状 Co@C/Fe 复合材料的 C_0 值随频率的变化曲线。从图中可以看出，不同煅烧处理温度下制备的复合材料 C_0 值均随着频率的变化而变化，并非常数，表明复合材料的磁损耗来源于涡流损耗和自然铁磁共振。$\tan\delta_m$ 曲线中 4GHz、8GHz、15GHz 处的共振峰进一步证实了自然铁磁共振的存在。

图 6-27 为不同厚度下棒状 Co@C/Fe 复合材料的反射率图，其中图 6-27（a）、（c）、（e）为三维反射率图，图 6-27（b）、（d）、（f）为二维反射率图。从三维反射率图可以观察到，各样品均存在反射率小于 -10dB 的有效吸收，其中 R-Co@C/Fe-600 在低频区对电磁波的吸收性能

较好，R-Co@C/Fe-800 的反射率峰值主要集中在高频区域，而 R-Co@C/Fe-700 在 4.2~18.0GHz 范围内的反射率均小于-10dB，并且反射率峰值低于其他样品，厚度为 1.24mm 时在 18.0GHz 处有最小反射率-44.10dB。R-Co@C/Fe-600、R-Co@C/Fe-700 和 R-Co@C/Fe-800 的最大有效带宽分别为 3.30GHz、5.20GHz 和 4.50GHz，相应的厚度分别为 1.52mm、1.50mm 和 1.35mm。因此，R-Co@C/Fe-700 具有较小的反射率和较大的有效吸收带宽，展现了最佳的吸波性能。仔细观察可以发现，随着厚度的增大，复合材料的反射率峰值逐渐向低频移动，并且对比厚度为 1.40mm 时各样品的反射率曲线可以发现，复合材料的反射率峰值随着煅烧处理温度的升高逐渐向低频移动，这可以用式（2-1）表示的 1/4 波长模型来解释。对于同一样品，当厚度 d 增大时，相应的峰值频率减小，向低频移动；对于不同样品，当厚度 d 一定时，ε' 值随着煅烧处理温度的升高而增大，相应的峰值频率也减小，向低频移动。

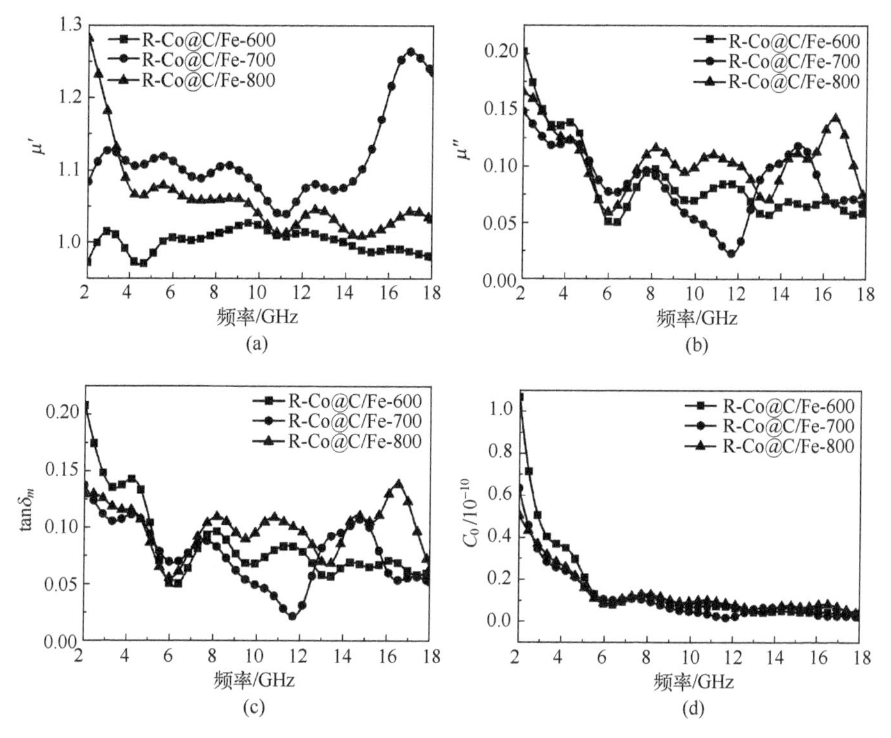

图 6-26　棒状 Co@C/Fe 复合材料的磁导率、磁损耗角正切及 C_0 曲线图

（a）磁导率实部；（b）磁导率虚部；（c）磁损耗角正切；（d）C_0 曲线图。

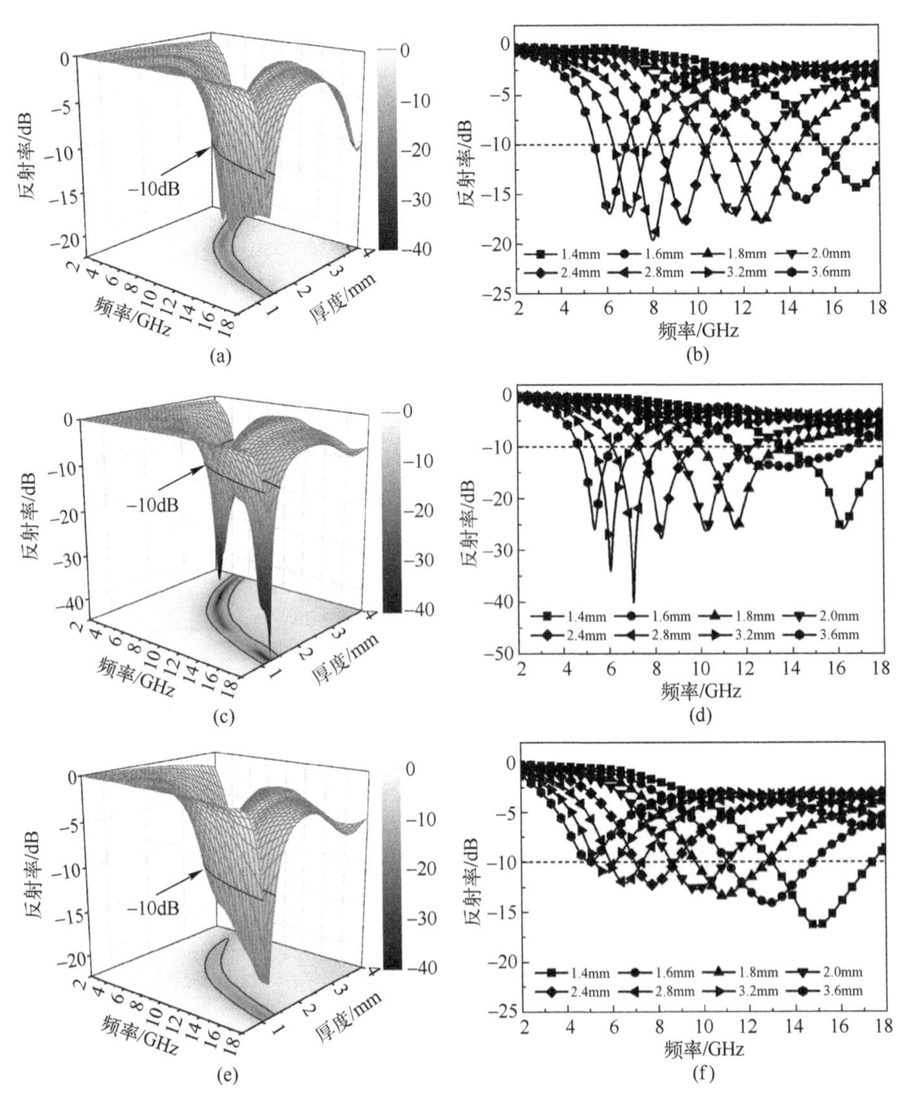

图 6-27　不同厚度下棒状 Co@C/Fe 复合材料的反射率图

（a）、（b）R-Co@C/Fe-600；（c）、（d）R-Co@C/Fe-700；（e）、（f）R-Co@C/Fe-800。

将 5.2 节中片状 Co@C/Fe 及本节中棒状 Co@C/Fe 与文献报道的磁性金属/金属氧化物/MOF 衍生物复合材料的吸波性能进行对比，如表 6-2 所示。得益于独特的多维核壳结构及因羰基铁的引入增强的磁损耗性能，本书制备的片状及棒状 Co@C/Fe 复合材料在填充比例、最小反射率、有效带宽及其相应的匹配厚度均达到了较高的性能水平，棒状 Co@C/Fe 与片状 Co@C/Fe 的吸波性能相当，各有优势。

表 6-2　本研究及相关文献报道的磁性金属/金属氧化物/MOF 衍生物复合材料的吸波性能对比

样　品	填充比例%（质量分数）	最小反射率		最大有效带宽（≤-10dB）		参考文献
		厚度/mm	反射率/dB	厚度/mm	有效带宽/GHz	
Fe-Co/C	50	1.20	-21.70	1.20	5.80	[150]
Co/ZIF-67	25	3.00	-30.30	3.00	4.90	[151]
$C/Fe-Fe_3C$	30	3.00	-48.00	2.50	3.90	[154]
$Fe/Fe_3O_4/C$	60	1.60	-48.00	1.75	4.70	[156]
Co/C@Void@CI	40	2.20	-49.20	2.20	6.70	[157]
CoNi@C/C	35	2.50	-24.00	2.50	4.30	[159]
CoNi@C/C	30	3.00	-62.80	2.00	8.00	[160]
F-Co@C/Fe-700	30	1.51	-66.30	1.54	5.10	本研究
R-Co@C/Fe-700	33	1.24	-44.10	1.50	5.20	本研究

图 6-28（a）为棒状 Co@C/Fe 复合材料的衰减常数。复合材料的衰减常数随着频率的升高逐渐增大。R-Co@C/Fe-600 的衰减常数在 37.4~156.0 之间，随着煅烧处理温度的升高，复合材料的衰减常数逐渐增大，R-Co@C/Fe-800 在 2~13GHz 和 16~18GHz 范围内具有较大的衰减常数，而在 13~16GHz 范围内 R-Co@C/Fe-700 的衰减常数较大。R-Co@C/Fe-800 具有较大的衰减常数，然而吸波性能却稍弱于 R-Co@C/Fe-700，这是由于材料的吸波性能受衰减常数和阻抗匹配性能的共同影响。材料的阻抗匹配性能通常可以由阻抗匹配因子（Δ）表示。图 6-28（b）、（c）、（d）为棒状 Co@C/Fe 复合材料不同厚度下的阻抗匹配因子。图中 Δ 接近 0 的区域面积越大，复合材料的阻抗匹配性能越好。R-Co@C/Fe-700 中 $\Delta<0.3$ 的区域面积明显大于 R-Co@C/Fe-600 和 R-Co@C/Fe-800，表明其具有较好的阻抗匹配性能。因此，尽管 R-Co@C/Fe-800 的衰减常数较大，但其阻抗匹配性能较弱，吸波性能也相对劣于 R-Co@C/Fe-700。综合上述，R-Co@C/Fe-700 优异的吸波性能主要源于其适宜的衰减常数和良好的阻抗匹配性能。

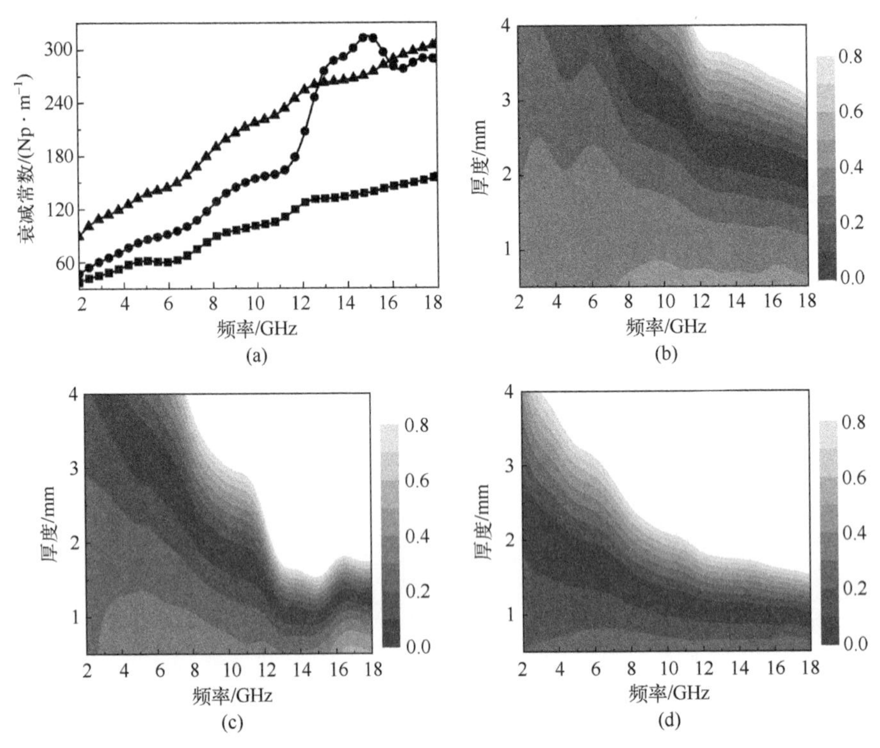

图 6-28 棒状 Co@C/Fe 复合材料的衰减常数和阻抗匹配因子图

（a）衰减常数；（b）F-Co@C/Fe-600 的阻抗匹配因子；

（c）F-Co@C/Fe-700 的阻抗匹配因子；（d）F-Co@C/Fe-800 的阻抗匹配因子。

6.3 本章小结

本章首先制备了一维棒状 Co/Zn BMZIF 前驱体，再通过 MOCVD 法在其表面包覆羰基铁，然后分别高温煅烧，得到具有一维棒状结构的 Co@C 和 Co@C/Fe 复合吸波材料，研究了微观组织结构对材料电磁性能的影响，分析了其电磁波损耗机制。主要结论如下：

（1）合成了具有一维棒状结构的 Co@C 复合材料。不同 Co/Zn 摩尔比对 Co/Zn BMZIF 及其衍生的复合材料棒状结构并无明显影响。随着 Co 含量的逐渐减少，复合材料中碳组分的石墨化程度逐渐降低，而饱和磁化强度逐渐减弱。

（2）棒状 Co@C 复合材料的吸波性能随着 Co 含量的减少先增强后减

弱，Co/Zn 摩尔比为 4:1 时复合材料具有最佳的吸波性能。填充比例为 25%（质量分数）时，R-Co@C-4 在 1.25~4.0mm 厚度范围内具有小于 -10dB 的反射率，最小反射率为-53.89dB（频率为 14.92GHz，厚度为 1.71mm），在厚度为 1.83mm 时最大有效带宽达到 5.52GHz。

(3) 与片状 Co@C 复合材料相比较，棒状 Co@C 复合材料在较低的填充比例、相同的厚度下具有较大的反射率峰值和较宽的有效带宽，这主要得益于一维结构碳基材料介电损耗性能的增强。

(4) 合成了具有核壳结构的一维棒状 Co@C/Fe 复合材料。棒状 Co@C/Fe 复合材料的一维棒状核壳结构引入了大量的异质界面，增强了极化损耗性能，磁性壳层增强了复合材料的磁损耗性能。随着煅烧处理温度的升高，复合材料中碳组分的石墨化程度逐渐提高，铁磁特性逐渐增强。

(5) 煅烧处理温度为 700℃时制备的复合材料具有最佳的吸波性能。填充比例为 33%（质量分数）时，R-Co@C/Fe-700 在厚度为 1.07~4.0mm、频率为 4.2~18.0GHz 范围内的反射率均小于-10dB，最小反射率达到-44.10dB（频率为 18.0GHz，厚度为 1.24mm），有效带宽在 1.50mm 时达到 5.20GHz。

(6) 片状 Co@C/Fe 复合材料与棒状 Co@C/Fe 复合材料的吸波性能各有优势，前者在填充比例较低时能达到较大的反射率峰值，而后者在较小的厚度下能达到较大的有效带宽。

第7章 基于羰基铁/Co@C复合材料的吸波涂层优化设计

多层吸波涂层设计是提高涂层吸波性能的重要途径之一。吸波涂层的多层结构可通过灵活的设计方式弥补单一材料在性能上的缺陷与不足，能够在一定程度上降低涂层面密度，有效改善吸波效果、拓宽有效吸收频带。对于单层吸波涂层而言，可以根据传输线理论采用数值方法进行频点的吸波性能优化设计。而多层涂层的吸波性能与各层材料的电磁参数 ε_r 和 μ_r、厚度 d 及入射电磁波的频率 f 有关。由于涉及的变量过多，特别是在对涂层厚度、面密度、有效宽度进行多目标优化时，难以通过数值方法进行优化设计。Dang 等[218]采用数值方法研究了表面为固定保护层的双层涂层设计方法。当各层材料不固定、涂层层数进一步增多时，数值方法将不再适用于多层涂层设计。多层吸波涂层的性能优化实质上是多目标优化求解极值问题，研究人员多采用遗传算法[55,219-220]、粒子群算法[221-222]、蚁群算法[223]等智能算法进行多层涂层优化设计。粒子群算法具有设置参数较少、收敛速度快、无须编码解码等优势，是进行多层吸波涂层优化设计较为理想的工具。

因此，本章以研究的羰基铁/Co@C 复合材料为基础，以涂层厚度、面密度和有效带宽为约束条件，采用粒子群算法对多层吸波涂层进行优化设计，基于优化结果制备了单层及双层环氧树脂基吸波涂层，对比分析涂层反射率测试值与计算值，验证优化设计结果。

7.1　多层吸波涂层优化设计

7.1.1　多层吸波涂层损耗电磁波的物理模型

图7-1为多层吸波涂层的结构示意图。电磁波垂直入射到吸波涂层表面时，经吸波涂层及金属基底的传输、损耗、反射后，在涂层表面产生沿反方向传播的反射电磁波。多层吸波涂层中，底层为对电磁波全反射的金属板，向外为吸波涂层，最外层的吸波涂层与自由空气接触，其中$\varepsilon_r(k)$、$\mu_r(k)$和$d(k)$分别为第k层的介电常数、磁导率和涂层厚度。根据传输线理论，第k层材料的波阻抗$Z(k)$为

$$Z(k)=\eta(k)\frac{Z(k-1)+\eta(k)\tanh[\gamma(k)d(k)]}{\eta(k)+Z(k-1)\tanh[\gamma(k)d(k)]} \tag{7-1}$$

式中：$Z(k-1)$为第$k-1$层的波阻抗，金属板的波阻抗$Z(0)$为0；$\gamma(k)$为第k层材料的传播常数，可表示为

$$\gamma(k)=\mathrm{j}\frac{2\pi f}{c}\sqrt{\mu_r(k)\varepsilon_r(k)} \tag{7-2}$$

$\eta(k)$为第k层材料的本征阻抗，可表示为

$$\eta(k)=Z_0\sqrt{\mu_r(k)/\varepsilon_r(k)} \tag{7-3}$$

则n层吸波材料的反射率可表示为

$$\mathrm{RL}=20\lg|[Z(n)-Z_0]/[Z(n)+Z_0]| \tag{7-4}$$

通过以上公式可以看出，具有n层结构的吸波涂层吸波性能由涂层的总场波阻抗$Z(n)$决定，当$Z(n)$与自由空间波阻抗Z_0相匹配时，入射到多层吸波涂层表面的电磁波能够实现零反射。

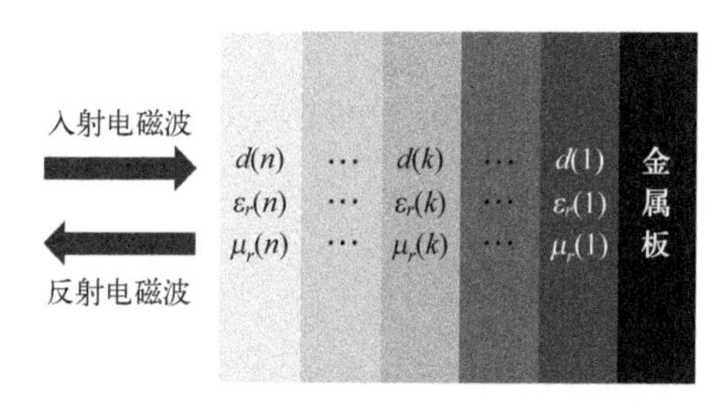

图7-1　多层吸波涂层的结构示意图

7.1.2 粒子群算法优化设计思路

从多层吸波涂层的反射率计算公式可以看出，多层吸波涂层吸波性能的影响因素主要为入射电磁波的频率f、各层材料的介电常数ε_r和磁导率μ_r、涂层厚度d。对多层吸波涂层在某一特定频率的吸波性能优化，即为对各层材料的ε_r、μ_r和d进行优化。多层吸波涂层的反射率计算涉及的参数较多，难以快速有效找出所需的最优解，而借助粒子群算法的多目标优化功能能够解决这一问题。采用粒子群算法对多层吸波涂层进行优化设计主要包括以下几个方面：

（1）材料的选择。对于n层吸波涂层，当有m种材料作为待选材料时，在同一种材料允许重复使用的情况下，多层吸波涂层共有n^m种选材方案。

（2）涂层厚度设定。将n层吸波涂层的总厚度限定在d以内，设定第k层的厚度为d_k，则各涂层的厚度d_k满足$0 \leqslant d_k \leqslant d$，并且涂层的总厚度$d$满足$\sum_{k=1}^{n} d_k \leqslant d$。

（3）涂层面密度设定。设定n层吸波涂层的面密度为ρ_S，第k层的厚度为d_k，已知选定的第k层材料的体密度为ρ_{Vk}，则第k层涂层的面密度为$\rho_{Vk}d_k$，涂层的总面密度ρ_S可表示为$\sum_{k=1}^{n} \rho_{Vk}d_k$。

（4）粒子群算法的基本流程。粒子群算法主要包括以下步骤：①给定粒子种群大小N、惯性权重ω、加速因子c_1和c_2、最大迭代次数$G_{\max}$，并初始化种群的位置和速度；②根据适应度函数，计算每个粒子的适应度；③找到每个粒子的局部最优和整个群体的全局最优，根据速度和位置更新公式对粒子的速度和位置进行更新；④计算更新粒子的适应度，更新每个粒子的局部最优和整个群体的全局最优；⑤判断算法是否达到最大迭代次数，若是，则输出结果，算法结束，否则返回步骤②。粒子群算法的计算流程如图 7-2 所示。

7.1.3 适应度函数的设计

本节结合吸波涂层实际应用中的厚度薄、质量轻、有效吸收频带宽的综合需求进行适应度函数设计。设计目标是在较低的涂层厚度或面密度下达到较大的有效吸收频带，具体分为涂层总厚度d和有效带宽f_{BW}的适应度

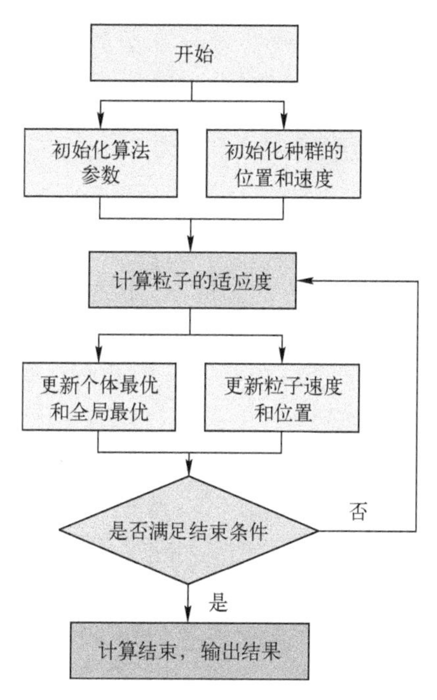

图7-2 粒子群算法流程图

函数设计及涂层面密度ρ_S和有效带宽f_{BW}的适应度函数设计，前者的适应度函数可表示为

$$\text{fitness}=F[(\varepsilon_{r1},\mu_{r1},d_1),\cdots,(\varepsilon_{rn},\mu_{rn},d_n);f_{BW}] \tag{7-5}$$

其优化目标是使涂层在有限的厚度下（不大于设定的总厚度d）达到最大的有效带宽f_{BW}。后者的适应度函数可表示为

$$\text{fitness}=F[(\varepsilon_{r1},\mu_{r1},d_1,\rho_{V1}),\cdots,(\varepsilon_{rn},\mu_{rn},d_n,\rho_{Vn});f_{BW}] \tag{7-6}$$

其优化目标是使涂层在有限的厚度下（不大于设定的总厚度d）达到最小的面密度ρ_S和最大的有效带宽f_{BW}，此时可根据不同的需求对适应度函数中面密度ρ_S和有效带宽f_{BW}进行加权求和。

7.1.4 优化设计参数设置及结果分析

将研究的39种吸波材料作为待选材料建立备选材料数据库，材料编号为1，2，3，…，39，每种材料对应的电磁参数数据放到txt文档中并以材料的编号命名，体密度数据则按照材料编号顺序存储在txt文档中，方便优化计算过程中MATLAB程序提取调用。由于实际应用中涂层层数过多会增加涂层制备的工艺难度，因此本节选取涂层层数分别为 2 和 3 时对 2～18GHz 频率范围内的宽频吸波性能进行优化。此时，优化的限制条件为 $\sum_{k=1}^{n} d_k \leqslant d(n=2,3)$ ，适应度函数可表示为 fitness $=m_1 f_{BW}/16-m_2\rho_S/3.5$，其中，涂层面密度 ρ_S 为 $\sum_{k=1}^{n}\rho_{Vk}d_k(n=2,3)$，$m_1$、$m_2$ 分别为有效带宽 f_{BW} 和涂层面密度 ρ_S 的权值，且满足 $0\leqslant m_1$，$m_2\leqslant 1$ 和 $m_1+m_2=1$。$m_2=0$ 即为不考虑涂层面密度对涂层性能的影响。

采用上述优化设计方法进行基于羰基铁/Co@C 复合材料的多层吸波涂层的优化设计，优化参数设置如下：待选材料数量为 39，待优化涂层层数为 2 和 3，涂层总厚度限制为 1.5mm，有效带宽 f_{BW} 的权重取值分别为 0.3、0.4、0.5、0.6、0.7、0.8、0.9 和 1.0，待选材料的体密度数据通过测量相应同轴测试样品的质量、体积后计算得到；粒子群算法中初始种群数为 100，加速因子 c_1、c_2 均为 2，最大迭代次数为 1000。

2 层及 3 层吸波涂层的优化设计结果分别如表 7-1 和表 7-2 所示。从表中可以看出，有效带宽权重 m_1 较小时，各层选材以轻质片状或棒状 Co@C/Fe为主，此时双涂层的有效带宽较小，而面密度也较小，达到 $1.617\mathrm{kg\cdot m^{-2}}$；有效带宽权重 m_1 较大时，各层的选材以球状、片状或纤维状羰基铁为主，此时双涂层的有效带宽可达到 10GHz，而面密度也较大，达到 $4.463\mathrm{kg\cdot m^{-2}}$。以羰基铁为主要成分的吸波材料由于具有较强的磁损耗能力，可以在较宽的频段内对电磁波进行有效的损耗吸收，但其密度和填充比例较高，导致制备的吸波涂层面密度较大。将其与 MOF 复合进行轻质化改性后得到的羰基铁/Co@C 复合材料密度显著减小，然而其在相同厚度下的有效损耗带宽也有所降低。因而进行多层涂层设计时，需综合考虑涂层的有效带宽和面密度。

表 7-1　2 层吸波涂层优化设计结果

有效带宽权重/m_1	各层选材		各层厚度/mm		总厚度/mm	面密度/($\mathrm{kg\cdot m^{-2}}$)	有效带宽/GHz
	1层	2层	1层	2层			
0.3	R-Co@C-4	R-Co@C/Fe-800	1.178	0.317	1.495	1.617	4.78
0.4	F-Co@C/Fe-800	R-Co@C/Fe-700	0.572	0.927	1.500	1.738	5.5
0.5	CIF/Co@C-200	R-Co@C/Fe-700	0.490	0.993	1.483	1.793	6.02
0.6	CIF-500	CIF/Co@C-600	0.681	0.777	1.458	1.957	6.54

续表

有效带宽权重/m_1	各层选材		各层厚度/mm		总厚度/mm	面密度/(kg·m^{-2})	有效带宽/GHz
	1 层	2 层	1 层	2 层			
0.7	CIF-500	CIF/Co@C-600	0.714	0.748	1.462	1.965	6.54
0.8	FCI-15	FCI-3	0.790	0.640	1.430	4.308	9.88
0.9	FCI-15	SCI	0.986	0.511	1.497	4.457	10.00
1.0	FCI-15	SCI	0.984	0.514	1.498	4.463	10.00

表 7-2　3 层吸波涂层优化设计结果

有效带宽权重/m_1	各层选材	各层厚度/mm	总厚度/mm	面密度/(kg·m^{-2})	有效带宽/GHz
0.3	1 层：R-Co/C-4 2 层：R-Co@C/Fe-800 3 层：R-Co@C/Fe-700	1 层：1.187 2 层：0.169 3 层：0.142	1.498	1.613	4.78
0.4	1 层：R-Co@C-4 2 层：R-Co@C/Fe-700 3 层：R-Co@C/Fe-800	1 层：0.811 2 层：0.558 3 层：0.127	1.496	1.655	5.16
0.5	1 层：F-Co@C/Fe-600 2 层：F-Co@C/Fe-800 3 层：R-Co@C/Fe-700	1 层：0.368 2 层：0.239 3 层：0.892	1.499	1.739	5.50
0.6	1 层：CIF/Co@C-200 2 层：F-Co@C-5 3 层：R-Co@C/Fe-700	1 层：0.403 2 层：0.053 3 层：1.042	1.498	1.797	5.98
0.7	1 层：CIF-500 2 层：CIF/Co@C-600 3 层：R-Co@C/Fe-700	1 层：0.672 2 层：0.696 3 层：0.111	1.479	1.969	6.62
0.8	1 层：FCI-15 2 层：CIF-800 3 层：FCI-3	1 层：0.878 2 层：0.204 3 层：0.411	1.493	4.160	9.90
0.9	1 层：FCI-15 2 层：F-Co@C/Fe-800 3 层：FCI-3	1 层：0.785 2 层：0.134 3 层：0.580	1.499	4.263	9.92
1.0	1 层：FCI-15 2 层：SCI 3 层：FCI-3	1 层：0.913 2 层：0.367 3 层：0.218	1.498	4.477	10.06

图 7-3（a）、(b) 分别为 2 层和 3 层涂层最大有效带宽 f_{BW} 和面密度 ρ_S 随 m_1 变化的曲线。从图中可以直观地看出，最大有效带宽 f_{BW} 和面密度 ρ_S 均随着有效带宽权重 m_1 的增大而增大。有效带宽权重 m_1 为 0.5 时，以 CIF/Co@C-200 为底层（厚度为 0.490mm）、R-Co@C/Fe-700 为面层（厚度为 0.993mm）的 2 层涂层有效带宽为 6.02GHz，涂层的面密度仅为 1.793kg · m^{-2}。3 层涂层的优化结果与 2 层涂层基本一致，涂层层数的增加对增强有效带宽、降低涂层面密度没有太明显的促进作用，这可能与优化过程中涂层的总厚度限制在较小的范围有关。

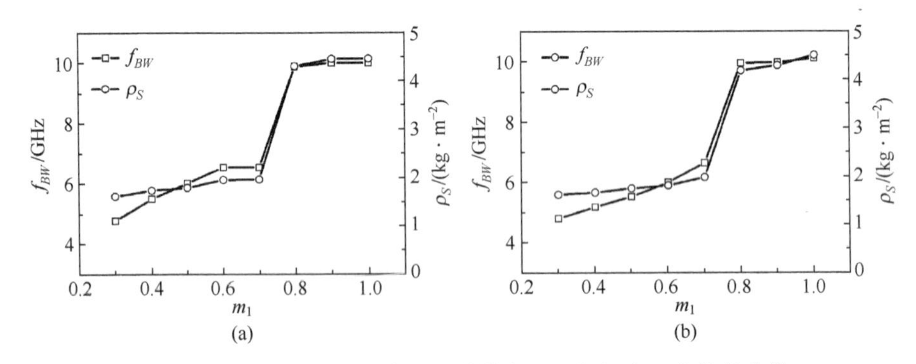

图 7-3　2 层涂层和 3 层涂层有效带宽和面密度随 m_1 变化的曲线

（a）2 层涂层；（b）3 层涂层。

7.2　吸波涂层制备、性能测试及机理分析

从 7.2 节的多层涂层优化结果可以看出，各涂层的厚度精度达到 10^{-3}mm，而在实际应用中，受制备工艺的限制，各涂层的厚度精度难以达到，且涂层的层数越多，累积的厚度误差越大，导致制备的多层涂层难以达到预期的吸波性能。因此本节仅对单层和双层吸波涂层的制备及吸波性能进行测试研究。

7.2.1　吸波涂层的制备

吸波涂层对电磁波的损耗吸收能力可由反射率来衡量。本节采用喷涂法将分散有吸波材料的环氧树脂涂料喷涂在金属基材表面，制成 180mm×180mm 的复合吸波涂层测试板，采用弓形法对涂层的吸波性能进行测试。

单层吸波涂层制备的具体步骤为：按一定的质量配比将吸波材料加入50g的环氧树脂中，再加入适量的无水乙醇作为溶剂，在高速分散机中以4000r/min高速分散30min，然后加入25g固化剂聚酰胺，继续高速分散10min，形成分散均匀、黏度适中的涂料；以尺寸为180mm×180mm×4mm的铝金属板为基体，先后采用无水乙醇和丙酮对待喷涂面进行除油除锈处理；采用高压气体喷涂法将涂料均匀喷涂到金属基体上，待达到预定厚度后，将喷涂有吸波涂料的金属板放到鼓风干燥箱中在100℃下固化4h，最后将喷涂有吸波涂层的金属样板取出自然冷却。喷涂过程中，涂层的厚度通过样板的增重来进行估算，一般略高于预定厚度，待涂层固化后，对涂层的厚度进行打磨修正。吸波涂层的制备流程示意图如图7-4所示。

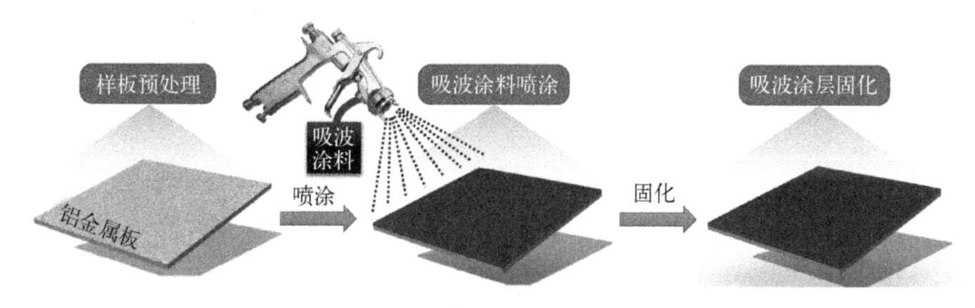

图7-4　吸波涂层的制备流程示意图

双层吸波涂层的制备方法与单层涂层类似，首先按照上述方法喷涂第一层涂层，待涂层完全固化后，采用打磨的方法对涂层的厚度进行修正，再对涂层表面进行清洁去污处理，喷涂第二层涂层，固化后再对涂层厚度进行打磨修正。

本节选取R-Co@C-4为吸波材料制备单层吸波涂层，R-Co@C-4在环氧树脂中的填充比例仍为25%（质量分数）。选取有效带宽f_{BW}的权重为0.5时的优化结果制备双层吸波涂层，CIF/Co@C-200和R-Co@C/Fe-700在环氧树脂中的填充比例分别为40%（质量分数）和33%（质量分数），相应的厚度分别为0.49mm和0.99mm。

本节采用弓形法反射率测试系统（中国电子科技集团公司第四十一研究所研制）进行吸波涂层常温反射率测试。图7-5为弓形法反射率测试系统示意图。系统由矢量网络分析仪、弓形架及其控制器、雷达天线及电缆、主控计算机及测试软件、吸波材料等组成。将吸波涂层放置在样品架上即可通过测试软件进行测试。

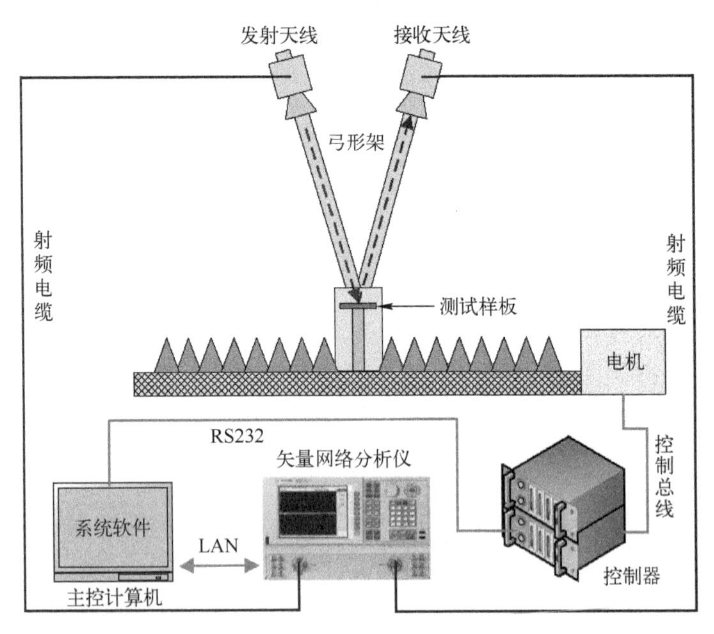

图 7-5　弓形法反射率测试系统示意图

7.2.2　吸波涂层的吸波性能及机理分析

采用弓形法对涂层的吸波性能进行测试。图 7-6（a）、（b）分别为单层和双层涂层反射率的计算值和测试值。从图 7-6（a）中可以看出，以 R-Co@C-4 为吸波材料制备的单层吸波涂层反射率计算值和测试值随频率变化趋势较为相似。与计算值相比，测试值的反射率峰值从 -54.70dB升高到-36.80dB，并向低频移动了 0.44GHz，有效带宽则有所增大，从 5.32GHz 增加到 5.8GHz。对比双层涂层反射率的计算值和测试值［图 7-6（b）］可以发现，测试值与计算值随频率变化的趋势相似，反射率的测试值在 2~12GHz 范围内较大，在 12~18GHz 范围内较小，有效反射率的频带略向低频移动，有效带宽则基本一致。可以看出，单层涂层和双层涂层的计算值与测试值之间均有一定的偏差，主要原因为：一方面，涂层制备过程中厚度难以实现精确控制，导致与计算厚度之间存在一定偏差，特别是双层涂层，厚度误差会累积叠加；另一方面，电磁参数测量时以石蜡为基体，而吸波涂层采用环氧树脂为基体，两者的密度有差异，导致填充比例相同时，吸波材料在基体内的分散状态有差异。厚度的误差和分散状态的差异导致了反射率的计算值与测试值的偏差。

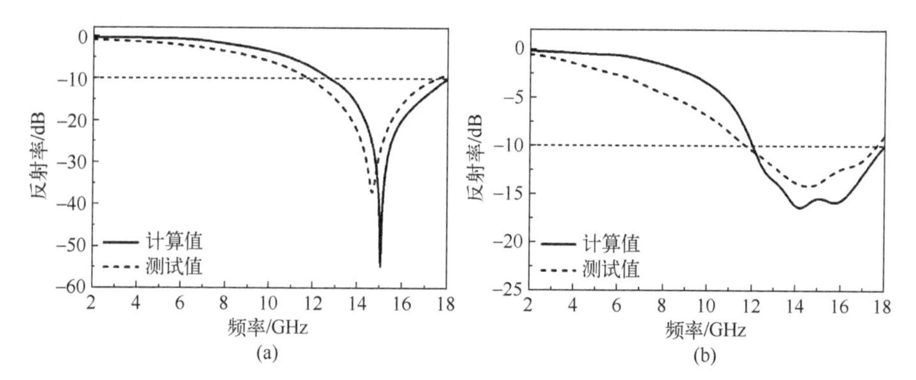

图 7-6　单层涂层和双层涂层的反射率计算值和测试值

（a）单层涂层；（b）双层涂层。

图 7-7 为 R-Co@C-4/环氧树脂单层涂层损耗电磁波的机理示意图。入射电磁波传输到吸波涂层表面并进入涂层内部，电磁波能量经吸波涂层的传输和损耗被转化为其他形式的能量，从而实现对入射电磁波衰减。

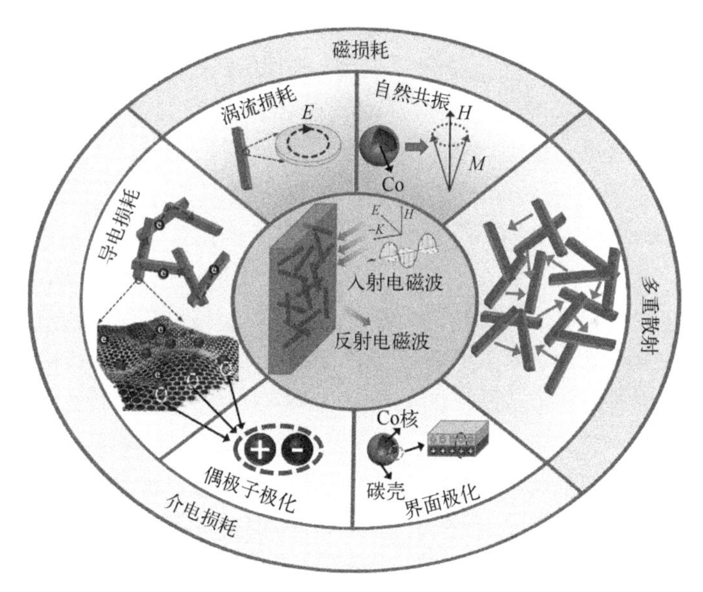

图 7-7　R-Co@C-4/环氧树脂单层涂层的损耗电磁波机理示意图

由 6.1 节中电磁参数及吸波性能分析可知，R-Co@C-4/环氧树脂涂层主要通过以下机制衰减电磁波：

（1）R-Co@C-4 的一维棒状结构有助于其在涂层中相互连接形成导电

通路，在电磁波的作用下在 R-Co@C-4 的碳基质以及金属粒子之间形成微电流传输网络，从而损耗电磁波能量。

(2) 涂层内部存在大量的 Co-C、石墨化碳-无定形碳等异质界面有助于增强界面极化，R-Co@C-4 内部的极性基团以及碳材料中存在的大量缺陷有助于增强偶极子极化，多重极化损耗增强了材料对电磁波的损耗衰减。

(3) R-Co@C-4 内部均匀分散在碳基质中的磁性金属 Co 一方面引入了自然共振和涡流损耗，增强了磁损耗能力，另一方面能通过调控磁导率与介电常数的匹配，优化材料的阻抗匹配特性，从而提高了其吸波性能。

(4) 电磁波在涂层内部发生多重的反射和散射，其波程长度增加，从而导致电磁波能量的逐渐衰减。

7.3 本章小结

本章基于制备的羰基铁/Co@C 复合材料，围绕具有“轻、薄、宽”综合性能复合吸波涂层的优化设计，采用粒子群算法进行了多层吸波涂层优化，制备了单层及双层吸波涂层，对比分析涂层反射率测试值与计算值，验证优化设计结果。主要结论如下：

(1) 以本研究制备的羰基铁/Co@C 复合材料为基础，围绕涂层总厚度、面密度和有效带宽进行了基于粒子群算法的多层涂层优化设计。优化结果表明：总厚度不大于 1.50mm、有效带宽权重从 0.3 增大到 1.0 时，双层涂层的面密度从 1.617kg · m^{-2} 增大到 4.463kg · m^{-2}，相应的有效带宽也从 4.78GHz 增大到 10.0GHz。有效带宽权重 m_1 为 0.5 时，以 CIF/Co@C-200 为底层（厚度为 0.490mm）、R-Co@C/Fe-700 为面层（厚度为 0.993mm）的双层涂层有效带宽为 6.02GHz，涂层的面密度仅为 1.793kg · m^{-2}。

(2) 3 层涂层的优化结果与 2 层涂层基本一致，涂层层数的增加对增强有效带宽、降低涂层面密度没有太明显的促进作用，这可能与优化过程中涂层的总厚度限制在较小的范围有关。

(3) 基于优化结果制备了单层及双层环氧树脂基吸波涂层，对涂层的反射率进行了测试验证。结果表明，涂层反射率计算值和测试值随频率变化趋势较为相似，表明优化方法及结果可靠，优化结果计算值与测试值之间的误差源于涂层厚度误差的累积以及吸波材料在基体中分散状态的差异。

第8章 总结与展望

8.1 主要工作和结论

本书以研制具备轻质、低匹配厚度、宽吸收频带等综合性能的吸波材料为目标，针对当前羰基铁及MOF衍生物吸波材料研究存在的问题，采用多相材料复合构建、多维空间结构调控、微纳结构形貌控制等手段，优化设计了基于MOF的羰基铁/Co@C复合吸波材料体系，构建了片状羰基铁及羰基铁纤维、片状羰基铁/Co@C及羰基铁纤维/Co@C、片状Co@C及棒状Co@C、片状Co@C/Fe及棒状Co@C/Fe复合吸波材料，对其组织结构和电磁性能进行了系统分析，并开展了基于羰基铁/Co@C复合材料的复合吸波涂层优化设计研究。主要研究工作和结论如下：

（1）研究了基于传输线理论的单层吸波材料的阻抗匹配规律。采用数值方法求解了单层吸波材料的匹配方程，结果表明：介电常数的频散特性能拓宽吸波材料有效带宽、增强宽频吸波性能，并且ε'频散特性的展宽作用更为明显；增强吸波材料的磁损耗能力有助于拓宽有效带宽、降低匹配厚度或在低频处获得较好的吸波性能。

（2）采用机械球磨法制备了片状羰基铁，构建了核壳结构的片状羰基铁/Co@C复合材料，研究了复合材料的组织结构和电磁性能。经不同时间球磨处理，羰基铁逐渐从球状转变为片状，饱和磁化强度逐渐减小，介电损耗和磁损耗性能逐渐增强，吸波性能有较大程度的提升；填充比例为80%（质量分数）、球磨时间为7h制备的样品在厚度为1.20mm时，有效带宽（反射率小于-10dB的频带宽）达到8.20GHz。经“退火-球磨”工艺制备的片状羰基铁具有较好的低频吸波性能，填充比例为80%（质量分数）、球磨时间为7h制备的样品在厚度为1.2mm时，在2~8GHz的平均反射率为-6.5dB。

片状羰基铁/Co@C复合材料的铁磁特性及碳组分的石墨化程度随着包覆层中Co含量的减少逐渐减弱。Co/Zn摩尔比为3:1、填充比例为60%（质量分数）时复合材料具有最佳吸波性能，在1.62mm处有效带宽达到5.24GHz。轻质包覆层的引入使复合材料在填充比例降低了25%时仍具有较好的吸波性能。

（3）合成了具有一维结构的羰基铁纤维，构建了三维网络结构的羰基铁纤维/Co@C复合材料，研究了复合材料的组织结构和电磁性能。随着热解温度的升高，羰基铁纤维的晶粒逐渐增大，纤维表面逐渐由粗糙变得光滑，铁磁性能呈减弱趋势，吸波性能先增强后减弱。热解温度为300℃、填充比例为45%（质量分数）时，复合材料具有最优吸波性能，最小反射率可达-58.1dB，厚度为1.4mm时的有效吸收带宽达5.54GHz。

随着羰基铁纤维掺杂量的增加，羰基铁纤维/Co@C复合材料的石墨化程度逐渐提高，铁磁特性逐渐增强，吸波性能则先增强后减弱。掺杂量为200mg、填充比例为40%（质量分数）时，复合材料具有最佳的吸波性能，最小反射率达到-47.8dB，在厚度为1.37mm时最大有效带宽可达4.96GHz。

（4）开发了二维结构的片状Co@C复合材料，构建了核壳结构的片状Co@C/Fe复合材料，研究了复合材料的组织结构和电磁性能。随着Co含量的减少，片状Co@C复合材料中碳组分的石墨化程度和铁磁特性逐渐减弱。Co/Zn摩尔比为4:1、填充比例为30%（质量分数）时复合材料具有最佳吸波性能，最小反射率为-23.09dB，厚度为1.62mm时有效带宽达到4.96GHz。

磁性壳层增强了片状Co@C/Fe复合材料的磁损耗性能和极化损耗性能。随着煅烧处理温度的升高，复合材料中碳组分的石墨化程度和铁磁特性逐渐增强。煅烧处理温度为700℃、填充比例为30%（质量分数）时复合材料具有最佳吸波性能，最小反射率可达-66.30dB，厚度为1.54mm时有效带宽达5.10GHz。

（5）研制了一维结构的棒状Co@C复合材料，构建了核壳结构的棒状Co@C/Fe复合材料，研究了复合材料的组织结构和电磁性能。金属Co纳米微粒均匀分布在棒状Co@C复合材料的碳材料骨架中，随着Co含量的减少，复合材料中碳组分的石墨化程度和铁磁特性逐渐减弱。Co/Zn摩尔比为4:1、填充比例为25%（质量分数）时复合材料具有最佳吸波性能，最小反射率为-53.89dB，在厚度仅为1.83mm时有效带宽达到5.52GHz。与片状Co@C复合材料相比较，棒状Co@C复合材料在较低的填充比例、相同的厚度下具有较大的反射率峰值和较宽的有效带宽，这主要得益于一维结构碳基材料介电损耗性能的增强。

煅烧处理温度为700℃、填充比例为33%（质量分数）时棒状Co@C/Fe复合材料具有最佳的吸波性能，最小反射率达到-44.10dB，有效带宽在1.50mm时达到5.20GHz。片状Co@C/Fe复合材料与棒状Co@C/Fe复合材料的吸波性能各有优势，前者在填充比例较低时能达到较大的反射率值，而后者在较小的厚度下能达到较大的有效带宽。

（6）开展了基于羰基铁/Co@C复合材料的多层吸波涂层优化设计，对比分析了涂层反射率测试值与计算值，验证了优化设计结果。围绕涂层总厚度、面密度和有效带宽开展了基于粒子群算法的多层涂层优化设计。总厚度不大于1.50mm时，随着有效带宽权重的增加，2层涂层的面密度和相应的有效带宽均逐渐增大。有效带宽权重m_1为0.5时，以CIF/Co@C-200为底层、R-Co@C/Fe-700为面层的双层涂层有效带宽为6.02GHz，涂层的面密度仅为1.793kg/m^2。3层涂层的优化结果与2层涂层基本一致。制备了单层及双层环氧树脂基吸波涂层，反射率测试结果表明，涂层反射率计算值和测试值随频率变化趋势较为相似，验证了优化方法及结果可靠。

8.2 研究展望

本研究研制开发了基于MOF的羰基铁/Co@C复合材料，为新型轻质复合吸波材料的设计合成及工程应用提供了理论和技术支撑。从技术发展和应用需求的角度出发，还有以下工作可继续开展：

（1）利用MOF的形貌高度可裁剪性对同质异构MOF衍生物进行精细的形貌和尺度调控，进一步研究形貌结构对材料吸波性能的影响规律。

（2）研究MOF衍生的磁性吸波材料在500℃以下高温吸波领域的潜在应用。

（3）基于羰基铁/Co@C复合材料的3D打印超材料、超表面的设计与开发。

（4）针对吸波材料在武器装备中的应用背景，开展已研制的系列复合吸波材料的工业化生产和工程化应用研究。

参 考 文 献

[1] 桑建华．飞行器隐身技术［M］．北京：航空工业出版社，2013.

[2] 吴艳梅，李君乐．加强装备隐形化建设［N］．解放军报，2020-2-3.

[3] REN X，CHENG Y．Electromagnetic and microwave absorbing properties of carbonyl iron/$BaTiO_3$ composite absorber for matched load of isolator［J］．Journal of Magnetism and Magnetic Materials，2015，393：293-296.

[4] MAŁECKI P，KOLMAN K，PIGŁOWSKI J，et al．Sol-gel method as a way of carbonyl iron powder surface modification for interaction improvement［J］．Journal of Solid State Chemistry，2015，226：224-230.

[5] XU Y，LUO J，YAO W，et al．Preparation of reduced graphene oxide/flake carbonyl iron powders/polyaniline composites and their enhanced microwave absorption properties［J］．Journal of Alloys and Compounds，2015，636：310-316.

[6] 景红霞，李巧玲，叶云，等．羰基铁/钛酸钡复合材料的制备及吸波性能［J］．材料工程，2015，43（7）：38-42.

[7] 马兴瑾，彭华龙，杨慧丽，等．基于 MOF 的多孔碳材料在吸波方面的研究进展［J］．科学通报，2019，64（31）：3188-3195.

[8] QING Y，ZHOU W，LUO F，et al．Microwave-absorbing and mechanical properties of carbonyl-iron/epoxy-silicone resin coatings［J］．Journal of Magnetism and Magnetic Materials，2009，321（1）：25-28.

[9] WEN F，ZUO W，YI H，et al．Microwave-absorbing properties of shape-optimized carbonyl iron particles with maximum microwave permeability［J］．Physica B：Condensed Matter，2009，404（20）：3567-3570.

[10] LONG C，XU B，HAN C，et al．Flaky core-shell particles of iron@iron oxides for broadband microwave absorbers in S and C bands［J］．Journal of Alloys and Compounds，2017，709：735-741.

[11] YIN C，FAN J，BAI L，et al．Microwave absorption and antioxidation properties of flaky carbonyl iron passivated with carbon dioxide［J］．Journal of Magnetism and Magnetic Materials，2013，340：65-69.

[12] ZHOU Y，ZHOU W，LI R，et al．Enhanced antioxidation and electromagnetic properties of Co-coated flaky carbonyl iron particles prepared by electroless plating［J］．Journal of Alloys and Compounds，2015，637：10-15.

[13] KANG Y，HUANG Y，YANG R，et al．Synthesis and properties of core-shell structured $Fe(CO)_5$/

SiO_2 composites [J]. Journal of Magnetism and Magnetic Materials, 2016, 399: 149-154.

[14] WANG H, ZHU D, ZHOU W, et al. Electromagnetic property of SiO_2-coated carbonyl iron/polyimide composites as heat resistant microwave absorbing materials [J]. Journal of Magnetism and Magnetic Materials, 2015, 375: 111-116.

[15] LI J, FENG W J, WANG J S, et al. Impact of silica-coating on the microwave absorption properties of carbonyl iron powder [J]. Journal of Magnetism and Magnetic Materials, 2015, 393: 82-87.

[16] ZHANG W, BIE S, CHEN H, et al. Electromagnetic and microwave absorption properties of carbonyl iron/MnO_2 composite [J]. Journal of Magnetism and Magnetic Materials, 2014, 358-359: 1-4.

[17] 郭飞，杜红亮，屈绍波，等．海胆状氧化锌/羰基铁粉核壳结构复合粒子的抗氧化及吸波性能 [J]. 无机化学学报，2015，31 (4)：755-760.

[18] WU X, LUO H, WAN Y. Preparation of SnO_2-coated carbonyl iron flaky composites with enhanced microwave absorption properties [J]. Materials Letters, 2013, 92: 139-142.

[19] TANG J, MA L, HUO Q, et al. The influence of PVP on the synthesis and electromagnetic properties of PANI/PVP/CIP composites [J]. Polymer Composites, 2015, 36 (10): 1799-1806.

[20] TANG J, MA L, TIAN N, et al. Synthesis and electromagnetic properties of PANI/PVP/CIP core-shell composites [J]. Materials Science and Engineering: B, 2014, 186: 26-32.

[21] 汪晓芹，徐金鑫，黄大庆，等．羰基铁粉@聚苯胺防腐吸波粉体的制备与性能 [J]. 材料工程，2014 (11)：90-96.

[22] SUI M, LÜ X, XIE A, et al. The synthesis of three-dimensional (3D) polydopamine-functioned carbonyl iron powder@polypyrrole (CIP@PPy) aerogel composites for excellent microwave absorption [J]. Synthetic Metals, 2015, 210: 156-164.

[23] SONG Z, DENG L, XIE J, et al. Synthesis, dielectric, and microwave absorption properties of flake carbonyl iron particles coated with nanostructure polymer [J]. Surface and Interface Analysis, 2014, 46 (2): 77-82.

[24] KHANI O, SHOUSHTARI M Z, ACKLAND K, et al. The structural, magnetic and microwave properties of spherical and flake shaped carbonyl iron particles as thin multilayer microwave absorbers [J]. Journal of Magnetism and Magnetic Materials, 2017, 428: 28-35.

[25] XU Y, YUAN L, WANG X, et al. Two-step milling on the carbonyl iron particles and optimizing on the composite absorption [J]. Journal of Alloys and Compounds, 2016, 676: 251-259.

[26] QIAO L, HAN R, WANG T, et al. Greatly enhanced microwave absorbing properties of planar anisotropy carbonyl-iron particle composites [J]. Journal of Magnetism and Magnetic Materials, 2015, 375: 100-105.

[27] ABSHINOVA M A, LI Z W. Effect of milling time on dynamic permeability values of reduced carbonyl iron filled composites [J]. Journal of Magnetism and Magnetic Materials, 2014, 369: 147-154.

[28] WANG W, GUO J, LONG C, et al. Flaky carbonyl iron particles with both small grain size and low internal strain for broadband microwave absorption [J]. Journal of Alloys and Compounds, 2015, 637: 106-111.

[29] 童国秀，官建国，樊希安，等．气流诱导多晶铁纤维的可控制备及生长机理 [J]. 无机化学学报，2008，24 (2)：270-274.

[30] 童国秀，官建国，樊希安，等．热解温度对多晶铁纤维的静磁和微波电磁性能的影响 [J]．金属学报，2008，44（7）：867-870.

[31] 李小莉，杨东方．纳米晶铁纤维的制备及其电磁参数的测量 [J]．太原理工大学学报，2012，43（1）：42-46.

[32] 贺君，胡照文，邓联文，等．多晶铁纤维表面原位氧化及其微波吸收性能 [J]．矿冶工程，2016，36（3）：98-101.

[33] YIN C，CAO Y，FAN J，et al. Synthesis of hollow carbonyl iron microspheres via pitting corrosion method and their microwave absorption properties [J]. Applied Surface Science，2013，270：432-438.

[34] 杨芾藜，侯兴哲，郑可，等．羰基铁粉形貌对吸波性能的影响 [J]．重庆大学学报，2017，40（10）：53-59.

[35] LI J，HUANG H，ZHOU Y，et al. Research progress of graphene-based microwave absorbing materials in the last decade [J]. Journal of Materials Research，2017，32（7）：1213-1230.

[36] 黄琪惠，张豹山，唐东明，等．石墨烯-Fe@Fe_3O_4纳米复合材料的制备及其电磁性能研究[J]．无机化学学报，2012，28（10）：2077-2082.

[37] WENG X，LV X，LI B，et al. One-pot preparation of reduced graphene oxide/carbonyl iron/polyvinyl pyrrolidone ternary nanocomposite and its synergistic microwave absorbing properties [J]. Materials Letters，2017，188：280-283.

[38] WENG X，LI B，ZHANG Y，et al. Synthesis of flake shaped carbonyl iron/reduced graphene oxide/polyvinyl pyrrolidone ternary nanocomposites and their microwave absorbing properties [J]. Journal of Alloys and Compounds，2017，695：508-519.

[39] CHEN C，LIANG W，NIEN Y，et al. Microwave absorbing properties of flake-shaped carbonyl iron/reduced graphene oxide/epoxy composites [J]. Materials Research Bulletin，2017，96：81-85.

[40] ZHU Z，SUN X，XUE H，et al. Graphene-carbonyl iron cross-linked composites with excellent electromagnetic wave absorption properties [J]. Journal of Materials Chemistry C，2014，2（32）：6582-6591.

[41] 王洁萱．石墨烯复合吸波剂的制备及电磁防护性能研究 [D]．北京：北京理工大学，2015.

[42] 李国显．石墨烯/磁性纳米复合材料的制备及吸波性能 [D]．南京：南京航空航天大学，2012.

[43] QING Y，MIN D，ZHOU Y，et al. Graphene nanosheet- and flake carbonyl iron particle-filled epoxy-silicone composites as thin-thickness and wide-bandwidth microwave absorber [J]. Carbon，2015，86：98-107.

[44] 刘顾，汪刘应，程建良，等．碳纳米管吸波材料研究进展 [J]．材料工程，2015，43（1）：104-112.

[45] LIU Y，LIU X，WANG X. Preparation of multi-walled carbon nanotube-Fe compositesand their application as light weight and broadband electromagnetic wave absorbers [J]. Chinese Physics B，2014，23（11）：117705.

[46] LIU T，ZHOU L，ZHENG D，et al. Absorption property of C@CIPs composites by the mechanical milling process [J]. Applied Physics A，2017，123（9）：565.

[47] XU Y, YUAN L, CAI J, et al. Smart absorbing property of composites with MWCNTs and carbonyl iron as the filler [J]. Journal of Magnetism and Magnetic Materials, 2013, 343: 239-244.

[48] XU Y, ZHANG D, CAI J, et al. Effects of multi-walled carbon nanotubes on the electromagnetic absorbing characteristics of composites filled with carbonyl iron particles [J]. Journal of Materials Science & Technology, 2012, 28 (1): 34-40.

[49] QING Y, ZHOU W, HUANG S, et al. Evolution of doublemagnetic resonance behavior and electromagnetic properties of flake carbonyl iron and multi-walled carbon nanotubes filled epoxy-silicone [J]. Journal of Alloys and Compounds, 2014, 583: 471-475.

[50] QING Y, ZHOU W, LUO F, et al. Epoxy-silicone filled with multi-walled carbon nanotubes and carbonyl iron particles as a microwave absorber [J]. Carbon, 2010, 48 (14): 4074-4080.

[51] GAO Y, GAO X, LI J, et al. Improved microwave absorbing property provided by the filler's alternating lamellar distribution of carbon nanotube/ carbonyl iron/ poly (vinyl chloride) composites [J]. Composites Science and Technology, 2018, 158: 175-185.

[52] TONG G, WU W, HUA Q, et al. Enhanced electromagnetic characteristics of carbon nanotubes/carbonyl iron powders complex absorbers in 2-18GHz ranges [J]. Journal of Alloys and Compounds, 2011, 509 (2): 451-456.

[53] LI Y, CHEN C, PAN X, et al. Multiband microwave absorption films based on defective multiwalled carbon nanotubes added carbonyl iron/acrylic resin [J]. Physica B: Condensed Matter, 2009, 404: 1343-1346.

[54] 李斌鹏，王成国，王雯．碳基吸波材料的研究进展 [J]．材料导报，2012，26 (7)：9-14.

[55] LIU Y, LIU X X, LI R, et al. Design and fabrication of carbon fiber/carbonyl iron core-shell structure composites as high-performance microwave absorbers [J]. RSC Advances, 2015, 5 (12): 8713-8720.

[56] 刘渊，刘祥萱，陈鑫，等．碳纤维表面α-Fe的MOCVD生长制备及吸波性能研究 [J]．无机材料学报，2013，28 (12)：1328-1332.

[57] ZHANG Z, LIU X, ZHANG H, et al. Electromagnetic and microwave absorption properties of carbon fibers coated with carbonyl iron [J]. Journal of Materials Science: Materials in Electronics, 2015, 26 (9): 6518-6525.

[58] SALIMKHANI H, PALMEH P, KHIABANI A B, et al. Electrophoretic deposition of spherical carbonyl iron particles on carbon fibers as a microwave absorbent composite [J]. Surfaces and Interfaces, 2016, 5: 1-7.

[59] YOUH M, WU H, LIN W, et al. A carbonyl iron/carbon fiber material for electromagnetic wave absorption [J]. Journal of Nanoscience and Nanotechnology, 2011, 11 (3): 2315-2320.

[60] QING Y C, ZHOU W C, JIA S, et al. Electromagnetic and microwave absorption properties of carbonyl iron and carbon fiber filled epoxy/silicone resin coatings [J]. Applied Physics A, 2010, 100 (4): 1177-1181.

[61] MIN D, ZHOU W, QING Y, et al. Highly oriented flake carbonyl iron/carbon fiber composite as thin-thickness and wide-bandwidth microwave absorber [J]. Journal of Alloys and Compounds, 2018, 744: 629-636.

[62] 王振军，李克智，王闯，等. 羰基铁粉-碳纤维水泥基复合材料的吸波性能 [J]. 硅酸盐学报，2011，39 (1)：69-74.

[63] AFGHAHI S S, MIRZAZADEH A, JAFARIAN M, et al. A new multicomponent material based on carbonyl iron/carbon nanofiber/lanthanum-strontium-manganite as microwave absorbers in the range of 8-12GHz [J]. Ceramics International, 2016, 42 (8): 9697-9702.

[64] DUAN Y P, WANG L, LIU Z, et al. Microwave properties of double layer absorber reinforced with carbon fibre powders [J]. Plastics, Rubber and Composites, 2013, 42 (2): 82-87.

[65] LIU L, DUAN Y, MA L, et al. Microwave absorption properties of a wave-absorbing coating employing carbonyl-iron powder and carbon black [J]. Applied Surface Science, 2010, 257 (3): 842-846.

[66] QING Y, ZHOU W, JIA S, et al. Dielectric properties of carbon black and carbonyl iron filled epoxy-silicone resin coating [J]. Journal of Materials Science, 2010, 45 (7): 1885-1888.

[67] SHEN X, XIE S, GUO J, et al. Microwave absorbing properties of ternary linear low-density polyethylene/carbonyl iron powder/carbon black composites [J]. Journal of Applied Polymer Science, 2009, 114 (6): 3434-3439.

[68] LI X, ZHANG Y, CHEN J, et al. Composite coatings reinforced with carbonyl iron nanoparticles: preparation and microwave absorbing properties [J]. Materials Technology, 2014, 29 (1): 57-64.

[69] PINHO M S, COSTA LIMA R D, SILVA M R D, et al. Microwave absorption of carbon black and carbonyl iron composites with polychloroprene [J]. Materials Technology, 2013, 21 (1): 27-31.

[70] MIN D, ZHOU W, QING Y, et al. Enhanced microwave absorption properties of oriented carbonyl iron/carbon black composite induced by shear force [J]. Journal of Electronic Materials, 2017, 46 (8): 4903-4911.

[71] WANG M, DUAN Y, LIU S, et al. Absorption properties of carbonyl-iron/carbon black double-layer microwave absorbers [J]. Journal of Magnetism and Magnetic Materials, 2009, 321 (20): 3442-3446.

[72] CHEN L, DUAN Y, LIU L, et al. Influence of SiO_2 fillers on microwave absorption properties of carbonyl iron/carbon black double-layer coatings [J]. Materials & Design, 2011, 32 (2): 570-574.

[73] 陈雪刚，叶瑛，程继鹏. 电磁波吸收材料的研究进展 [J]. 无机材料学报，2011，26 (5)：449-457.

[74] WOO S, YOO C, KIM H, et al. Development of CIP/graphite composite additives for electromagnetic wave absorption applications [J]. Electronic Materials Letters, 2017, 13 (5): 398-405.

[75] XU Y, YAN Z, ZHANG D. Microwave absorbing property of a hybrid absorbent with carbonyl irons coating on the graphite [J]. Applied Surface Science, 2015, 356: 1032-1038.

[76] TAN Y, TANG J, DENG A, et al. Magnetic properties and microwave absorption properties of chlorosulfonated polyethylene matrices containing graphite and carbonyl-iron powder [J]. Journal of Magnetism and Magnetic Materials, 2013, 326: 41-44.

[77] XU Y, ZHANG D, CAI J, et al. Microwave absorbing property of silicone rubber composites with added carbonyl iron particles and graphite platelet [J]. Journal of Magnetism and Magnetic Materials, 2013, 327: 82-86.

[78] DENG J L, FENG B. Carbonyl iron/graphite double-layer structural absorbing composite [J]. Advanced Materials Research, 2012, 557-559: 390-393.

[79] LI B P, WANG C G, WANG W, et al. Electromagnetic wave absorption properties of composites with micro-sized magnetic particles dispersed in amorphous carbon [J]. Journal of Magnetism and Magnetic Materials, 2014, 365: 40-44.

[80] 李斌鹏，王成国，王雯，等. 无定形碳/磁性粒子复合吸波材料的制备和电磁性能研究 [J]. 功能材料，2012，43 (14): 1941-1944.

[81] WU H, WANG L, WANG Y, et al. Enhanced microwave absorbing properties of carbonyl iron-doped Ag/ordered mesoporous carbon nanocomposites [J]. Materials Science and Engineering: B, 2012, 177 (6): 476-482.

[82] KIRCHON A, FENG L, DRAKE H F, et al. From fundamentals to applications: A toolbox for robust and multifunctional MOF materials [J]. Chemical Society Reviews, 2018, 47 (23): 8611-8638.

[83] ZHOU J, WANG B. Emerging crystalline porous materials as a multifunctional platform for electrochemical energy storage [J]. Chemical Society Reviews, 2017, 46 (22): 6927-6945.

[84] YANG Q, XU Q, JIANG H L. Metal-organic frameworks meet metal nanoparticles: Synergistic effect for enhanced catalysis [J]. Chemical Society Reviews, 2017, 46 (15): 4774-4808.

[85] LU Y, WANG Y, LI H, et al. MOF-derived porous Co/C nanocomposites with excellent electromagnetic wave absorption properties [J]. ACS Applied Materials & Interfaces, 2015, 7 (24): 13604-13611.

[86] QIANG R, DU Y, CHEN D, et al. Electromagnetic functionalized Co/C composites by in situ pyrolysis of metal-organic frameworks (ZIF-67) [J]. Journal of Alloys and Compounds, 2016, 681: 384-393.

[87] LIANG C, YU Y, CHEN C, et al. Rational design of CNTs with encapsulated Co nanospheres as superior acid- and base-resistant microwave absorbers [J]. Dalton Transactions, 2018, 47 (33): 11554-11562.

[88] XIAO X, ZHU W, TAN Z, et al. Ultra-small Co/CNTs nanohybrid from metal organic framework with highly efficient microwave absorption [J]. Composites Part B: Engineering, 2018, 152: 316-323.

[89] LIU W, PAN J, JI G, et al. Switching the electromagnetic properties of multicomponent porous carbon materials derived from bimetallic metal-organic frameworks: Effect of composition [J]. Dalton Transactions, 2017, 46 (11): 3700-3709.

[90] FENG W, WANG Y, CHEN J, et al. Metal organic framework-derived CoZn alloy/N-doped porous carbon nanocomposites: tunable surface area and electromagnetic wave absorption properties [J]. Journal of Materials Chemistry C, 2018, 6 (1): 10-18.

[91] HUANG L, LIU X, YU R. An efficient Co/C microwave absorber with tunable co nanoparticles derived from a ZnCo bimetallic zeolitic imidazolate framework [J]. Particle & Particle Systems Characterization, 2018, 35 (8): 1800107.

[92] XU H, YIN X, ZHU M, et al. Constructing hollow graphene nano-spheres confined in porous amorphous carbon particles for achieving full X band microwave absorption [J]. Carbon, 2019, 142:

346-353.

[93] XU H, YIN X, FAN X, et al. Constructing a tunable heterogeneous interface in bimetallic metal-organic frameworks derived porous carbon for excellent microwave absorption performance [J], Carbon. 2019, 148: 421-429.

[94] LIANG X, QUAN B, JI G, et al. Novel nanoporous carbon derived from metal-organic frameworks with tunable electromagnetic wave absorption capabilities [J]. Inorganic Chemistry Frontiers, 2016, 3 (12): 1516-1526.

[95] LI Z, HAN X, MA Y, et al. MOFs-derived hollow Co/C microspheres with enhanced microwave absorption performance [J]. ACS Sustainable Chemistry & Engineering, 2018, 6 (7): 8904-8913.

[96] LIU P, GAO S, WANG Y, et al. Carbon nanocages with N-doped carbon inner shell and Co/N-doped carbon outer shell as electromagnetic wave absorption materials [J]. Chemical Engineering Journal. 2020, 381: 122653.

[97] LIAO Q, HE M, ZHOU Y, et al. Highly cuboid-shaped heterobimetallic metal-organic frameworks derived from porous Co/ZnO/C microrods with improved electromagnetic wave absorption capabilities [J]. ACS Applied Materials & Interfaces, 2018, 10 (34): 29136-29144.

[98] LI J, MIAO P, CHEN K, et al. Highly effective electromagnetic wave absorbing prismatic Co/C nanocomposites derived from cubic metal-organic framework [J]. Composites Part B: Engineering, 2020, 182: 107613.

[99] XU X, RAN F, FAN Z, et al. Cactus-Inspired bimetallic metal-organic framework-derived 1D-2D hierarchical Co/N-decorated carbon architecture toward enhanced electromagnetic wave absorbing performance [J]. ACS Applied Materials & Interfaces, 2019, 11 (14): 13564-13573.

[100] WANG L, WEN B, BAI X, et al. Facile and green approach to the synthesis of zeolitic imidazolate framework nanosheet-derived 2D Co/C composites for a lightweight and highly efficient microwave absorber [J]. Journal of Colloid and Interface Science, 2019, 540: 30-38.

[101] QIANG R, DU Y, ZHAO H, et al. Metal organic framework-derived Fe/C nanocubes toward efficient microwave absorption [J]. Journal of Materials Chemistry A, 2015, 3 (25): 13426-13434.

[102] ZENG X, YANG B, ZHU L, et al. Structure evolution of prussian blue analogues to CoFe@C core-shell nanocomposites with good microwave absorbing performances [J]. RSC Advances, 2016, 6 (107): 105644-105652.

[103] LIU D, QIANG R, DU Y, et al. Prussian blue analogues derived magnetic FeCo alloy/carbon composites with tunable chemical composition and enhanced microwave absorption [J]. Journal of Colloid and Interface Science, 2018, 514: 10-20.

[104] LIU W, TAN S, YANG Z, et al. Hollow graphite spheres embedded in porous amorphous carbon matrices as lightweight and low-frequency microwave absorbing material through modulating dielectric loss [J]. Carbon, 2018, 138: 143-153.

[105] WU N, XU D, WANG Z, et al. Achieving superior electromagnetic wave absorbers through the novel metal-organic frameworks derived magnetic porous carbon nanorods [J]. Carbon, 2019, 145: 433-444.

[106] XIANG Z, SONG Y, XIONG J, et al. Enhanced electromagnetic wave absorption of nanoporous

Fe_3O_4@carbon composites derived from metal-organic frameworks [J]. Carbon, 2019, 142: 20-31.

[107] MIAO P, ZHOU R, CHEN K, et al. Tunable electromagnetic wave absorption of supramolecular isomer-derived nanocomposites with different morphology [J]. Advanced Materials Interfaces, 2020, 7 (4): 1901820.

[108] ZHANG Z, LV Y, CHEN X, et al. Porous flower-like Ni/C composites derived from MOFs toward high-performance electromagnetic wave absorption [J]. Journal of Magnetism and Magnetic Materials, 2019, 487: 165334.

[109] LIU Y, CHEN Z, XIE W, et al. Enhanced microwave absorption performance of porous and hollow CoNi@C microspheres with controlled component and morphology [J]. Journal of Alloys and Compounds, 2019, 809: 151837.

[110] LIANG X, QUAN B, SUN Y, et al. Multiple interfaces structure derived from metal-organic frameworks for excellent electromagnetic wave absorption [J]. Particle & Particle Systems Characterization, 2017, 34 (5): 1700006.

[111] YANG Z, ZHANG Y, LI M, et al. Surface architecture of Ni-based metal organic framework hollow spheres for adjustable microwave absorption [J]. ACS Applied Nano Materials, 2019, 2 (12): 7888-7897.

[112] QIU Y, LIN Y, YANG H, et al. Hollow Ni/C microspheres derived from Ni-metal organic framework for electromagnetic wave absorption [J]. Chemical Engineering Journal, 2020, 383: 123207.

[113] WANG L, YU X, LI X, et al. MOF-derived yolk-shell Ni@C@ZnO schottky contact structure for enhanced microwave absorption [J]. Chemical Engineering Journal, 2020, 383: 123099.

[114] LIU W, SHAO Q, JI G, et al. Metal-organic-frameworks derived porous carbon-wrapped Ni composites with optimized impedance matching as excellent lightweight electromagnetic wave absorber [J]. Chemical Engineering Journal, 2017, 313: 734-744.

[115] WANG L, WEN B, BAI X, et al. NiCo alloy/carbon nanorods decorated with carbon nanotubes for microwave absorption [J]. ACS Applied Nano Materials, 2019, 2 (12): 7827-7838.

[116] LIANG X, QUAN B, CHEN J, et al. Strong electricwave response derived from the hybrid of lotus roots-like composites with tunable permittivity [J]. Scientific Reports, 2017, 7 (1): 9462.

[117] ZHANG Y, GAO S, XING H, et al. In situ carbon nanotubes encapsulated metal Nickel as high-performance microwave absorber from Ni-Zn metal-organic framework derivative [J]. Journal of Alloys and Compounds, 2019, 801: 609-618.

[118] YAN J, HUANG Y, YAN Y, et al. High-performance electromagnetic wave absorbers based on two kinds of Nickel-based MOF-derived Ni@C microspheres [J]. ACS Applied Materials & Interfaces, 2019, 11 (43): 40781-40792.

[119] WU Q, JIN H, CHEN W, et al. Graphitized nitrogen-doped porous carbon composites derived from ZIF-8 as efficient microwave absorption materials [J]. Materials Research Express, 2018, 5 (6): 65602.

[120] LIU W, LIU L, YANG Z, et al. A versatile route toward the electromagnetic functionalization of metal-organic framework-derived three-dimensional nanoporous carbon composites [J]. ACS Applied Materials & Interfaces, 2018, 10 (10): 8965-8975.

[121] QUAN B, LIANG X, YI H, et al. Thermal conversion of wheat-like metal organic frameworks to achieve MgO/carbon composites with tunable morphology and microwave response [J]. Journal of Materials Chemistry C. 2018, 6 (43): 11659-11665.

[122] DAI S, CHENG Y, QUAN B, et al. Porous-carbon-based Mo_2C nanocomposites as excellent microwave absorber: A new exploration [J]. Nanoscale, 2018, 10 (15): 6945-6953.

[123] MA J, LIU W, LIANG X, et al. Nanoporous TiO_2/C composites synthesized from directly pyrolysis of a Ti-based MOFs MIL-125 (Ti) for efficient microwave absorption [J]. Journal of Alloys and Compounds, 2017, 728: 138-144.

[124] ZHANG X, QIAO J, LIU C, et al. A MOF-derived ZrO_2/C nanocomposite for efficient electromagnetic wave absorption [J]. Inorganic Chemistry Frontiers, 2020, 7 (2): 385-393.

[125] WANG Y, WANG H, YE J, et al. Magnetic CoFe alloy@C nanocomposites derived from ZnCo-MOF for electromagnetic wave absorption [J]. Chemical Engineering Journal, 2020, 383: 123096.

[126] LU S, MENG Y, WANG H, et al. Great enhancement of electromagnetic wave absorption of MWCNTs@carbonaceous CoO composites derived from MWCNTs-interconnected zeolitic imidazole framework [J]. Applied Surface Science, 2019, 481: 99-107.

[127] ZHANG K, WU F, LI J, et al. Networks constructed by metal organic frameworks (MOFs) and multiwall carbon nanotubes (MCNTs) for excellent electromagnetic waves absorption [J]. Materials Chemistry and Physics, 2018, 208: 198-206.

[128] SHU R, LI W, WU Y, et al. Nitrogen-doped Co-C/MWCNTs nanocomposites derived from bimetallic metal-organic frameworks for electromagnetic wave absorption in the X-band [J]. Chemical Engineering Journal, 2019, 362: 513-524.

[129] CHEN H, HONG R, LIU Q, et al. CNFs@carbonaceous Co/CoO composite derived from CNFs penetrated through ZIF-67 for high-efficient electromagnetic wave absorption material [J]. Journal of Alloys and Compounds, 2018, 752: 115-122.

[130] YIN Y, LIU X, WEI X, et al. Magnetically aligned Co-C/MWCNTs composite derived from MWCNT-interconnected zeolitic imidazolate frameworks for a lightweight and highly efficient electromagnetic wave absorber [J]. ACS Applied Materials & Interfaces, 2017, 9 (36): 30850-30861.

[131] ZHAO H, CHENG Y, MA J, et al. A sustainable route from biomass cotton to construct lightweight and high-performance microwave absorber [J]. Chemical Engineering Journal, 2018, 339: 432-441.

[132] LI X, CUI E, XIANG Z, et al. Fe@NPC@CF nanocomposites derived from Fe-MOFs/biomass cotton for lightweight and high-performance electromagnetic wave absorption applications [J]. Journal of Alloys and Compounds, 2020, 819: 152952.

[133] LI X, WANG L, YOU W, et al. Enhanced microwave absorption performance from abundant polarization sites of ZnO nanocrystals embedded in CNTs via confined space synthesis [J]. Nanoscale, 2019, 11: 22539-22549.

[134] 曹凤超，曾元松，刘宝胜，等．石墨烯基磁性吸波复合材料的研究进展 [J]. 航空科学技术，2017 (1): 1-9.

[135] 康越，原博，马天，等．基于石墨烯的电磁波损耗材料研究进展 [J]. 无机材料学报，2018

(12): 1-15.

[136] YUAN J, LIU Q, LI S, et al. Metal organic framework (MOF) -derived carbonaceous Co_3O_4/Co microframes anchored on RGO with enhanced electromagnetic wave absorption performances [J]. Synthetic Metals, 2017, 228: 32-40.

[137] ZHANG K, XIE A, SUN M, et al. Electromagnetic dissipation on the surface of metal organic framework (MOF) /reduced graphene oxide (RGO) hybrids [J]. Materials Chemistry and Physics, 2017, 199: 340-347.

[138] ZHANG K, LI J, WU F, et al. Sandwich $CoFe_2O_4$/GO/$CoFe_2O_4$ nanostructures for High-Performance electromagnetic absorption [J]. ACS Applied Nano Materials, 2019, 2 (1): 315-324.

[139] WANG Y, GAO X, LIN C, et al. Metal organic frameworks-derived Fe-Co nanoporous carbon/graphene composite as a high-performance electromagnetic wave absorber [J]. Journal of Alloys and Compounds, 2019, 785: 765-773.

[140] YANG Z, LV H, WU R. Rational construction of graphene oxide with MOF-derived porous NiFe@C nanocubes for high-performance microwave attenuation [J]. Nano Research, 2016, 9 (12): 3671-3682.

[141] LIANG X, QUAN B, JI G, et al. Tunable dielectric performance derived from the metal-organic framework/reduced graphene oxide hybrid with broadband absorption [J]. ACS Sustainable Chemistry & Engineering, 2017, 5 (11): 10570-10579.

[142] ZHAO H, HAN X, LI Z, et al. Reduced graphene oxide decorated with carbon nanopolyhedrons as an efficient and lightweight microwave absorber [J]. Journal of Colloid and Interface Science, 2018, 528: 174-183.

[143] WANG Y, ZHANG W, WU X, et al. Metal-organic framework nanoparticles decorated with graphene: A high-performance electromagnetic wave absorber [J]. Journal of Magnetism and Magnetic Materials, 2016, 416: 226-230.

[144] LIU Z, YUAN J, LI K, et al. Enhanced electromagnetic wave absorption performance of $Co_{0.5}Zn_{0.5}$ ZIF-derived binary Co/ZnO and RGO composites [J]. Journal of Electronic Materials, 2018, 47 (8): 4910-4918.

[145] KANG S, ZHANG W, HU Z, et al. Porous core-shell zeolitic imidazolate framework-derived Co/NPC@ZnO-decorated reduced graphene oxide for lightweight and broadband electromagnetic wave absorber [J]. Journal of Alloys and Compounds, 2020, 818: 152932.

[146] GU W, LV J, QUAN B, et al. Achieving MOF-derived one-dimensional porous ZnO/C nanofiber with lightweight and enhanced microwave response by an electrospinning method [J]. Journal of Alloys and Compounds, 2019, 806: 983-991.

[147] WANG F, WANG N, HAN X, et al. Core-shell FeCo@carbon nanoparticles encapsulated in polydopamine-derived carbon nanocages for efficient microwave absorption [J]. Carbon, 2019, 145: 701-711.

[148] QUAN B, LIANG X, ZHANG X, et al. Functionalized carbon nanofibers enabling stable and flexible absorbers with effective microwave response at low thickness [J]. ACS Applied Materials & Interfaces, 2018, 10 (48): 41535-41543.

[149] YANG N, LUO Z, ZHU G, et al. Ultralight Three-dimensional hierarchical cobalt nanocrystals/Ndoped CNTs/carbon sponge composites with a hollow skeleton toward superior microwave absorption [J]. ACS Applied Materials & Interfaces, 2019, 11 (39): 35987.

[150] ZHANG X, JI G, LIU W, et al. Thermal conversion of an Fe_3O_4@metal-organic framework: A new method for an efficient Fe-Co/nanoporous carbon microwave absorbing material [J]. Nanoscale, 2015, 7 (30): 12932-12942.

[151] WANG H, XIANG L, WEI W, et al. Efficient and lightweight electromagnetic wave absorber derived from metal organic framework-encapsulated cobalt nanoparticles [J]. ACS Applied Materials & Interfaces, 2017, 9 (48): 42102-42110.

[152] LIU Q, LIU X, FENG H, et al. Metal organic framework-derived Fe/carbon porous composite with low Fe content for lightweight and highly efficient electromagnetic wave absorber [J]. Chemical Engineering Journal, 2017, 314: 320-327.

[153] HENG L, ZHANG Z, WANG S, et al. Microwave absorption enhancement of Fe/C core-shell hybrid derived from a metal-organic framework [J]. Nano, 2019, 14 (1): 1950002.

[154] YAN T, WANG J, WU Q, et al. MOF-derived graphitized porous carbon/Fe-Fe_3C nanocomposites with broadband and enhanced microwave absorption performance [J]. Journal of Materials Science: Materials in Electronics, 2019, 30 (13): 12012-12022.

[155] WANG L, GUAN Y, QIU X, et al. Efficient ferrite/Co/porous carbon microwave absorbing material based on ferrite@metal-organic framework [J]. Chemical Engineering Journal, 2017, 326: 945-955.

[156] LIU W, LIU J, YANG Z, et al. Extended working frequency of ferrites by synergistic attenuation through a controllable carbothermal route based on prussian blue shell [J]. ACS Applied Materials & Interfaces, 2018, 10 (34): 28887-28897.

[157] QUAN B, LANG X, JI G, et al. Strong electromagnetic wave response derived from the construction of dielectric/magnetic media heterostructure and multiple interfaces [J]. ACS Applied Materials & Interfaces, 2017, 9 (11): 9964-9974.

[158] UR REHMAN S, WANG J, LUO Q, et al. Starfish-like C/$CoNiO_2$ heterostructure derived from ZIF-67 with tunable microwave absorption properties [J]. Chemical Engineering Journal, 2019, 373: 122-130.

[159] ZHANG X, YAN F, ZHANG S, et al. Hollow N-doped carbon polyhedron containing CoNi alloy nanoparticles embedded within few-layer N-doped graphene as high-performance electromagnetic wave absorbing material [J]. ACS Applied Materials & Interfaces. 2018, 10 (29): 24920-24929.

[160] LIU P, GAO S, WANG Y, et al. Core-shell CoNi@graphitic carbon decorated on B, N-codoped hollow carbon polyhedrons toward lightweight and high-efficiency microwave attenuation [J]. ACS Applied Materials& Interfaces, 2019, 11 (28): 25624-25635.

[161] WANG Y, ZHANG W, WU X, et al. Conducting polymer coated metal-organic framework nanoparticles: Facile synthesis and enhanced electromagnetic absorption properties [J]. Synthetic Metals, 2017, 228: 18-24.

[162] SUN X, LV X, SUI M, et al. Decorating MOF-derived nanoporous Co/C in chain-like polypyrrole (PPy) aerogel: A lightweight material with excellent electromagnetic absorption [J]. Materials, 2018, 11 (5): 781.

[163] JIAO Y, LI J, XIE A, et al. Confined polymerization strategy to construct polypyrrole/zeolitic imidazolate frameworks (PPy/ZIFs) nanocomposites for tunable electrical conductivity and excellent electromagnetic absorption [J]. Composites Science and Technology, 2019, 174: 232-240.

[164] ZHANG K, WU F, XIE A, et al. In situ stringing of metal organic frameworks by SiC nanowires for high-performance electromagnetic radiation elimination [J]. ACS Applied Materials & Interfaces, 2017, 9 (38): 33041-33048.

[165] LIU M, TIAN R, CHEN H, et al. One-dimensional chain-like MnO@Co/C composites for high-efficient electromagnetic wave absorbent [J]. Journal of Magnetism and Magnetic Materials, 2020, 499: 166289.

[166] ZHANG K, WU F, JIAO Y, et al. The synthesis of core-shell nanowires with intense dielectric and magnetic resonance properties at microwave frequency [J]. Journal of Materials Chemistry C, 2019, 7 (12): 3590-3597.

[167] ZHANG X, JI G, LIU W, et al. A novel Co/TiO_2 nanocomposite derived from a metal-organic framework: Synthesis and efficient microwave absorption [J]. Journal of Materials Chemistry C, 2016, 4 (9): 1860-1870.

[168] MA J, ZHANG X, LIU W, et al. Direct synthesis of MOF-derived nanoporous CuO/carbon composites for high impedance matching and advanced microwave absorption [J]. Journal of Materials Chemistry C, 2016, 4 (48): 11419-11426.

[169] YANG R, YUAN J, YU C, et al. Efficient electromagnetic wave absorption by SiC/Ni/NiO/C nanocomposites [J]. Journal of Alloys and Compounds, 2020, 816: 152519.

[170] ZHOU C, WU C, LIU D, et al. Metal-organic framework derived hierarchical Co/C@V_2O_3 hollow spheres as a thin, lightweight, and High-Efficiency electromagnetic wave absorber [J]. Chemistry-A European Journal, 2019, 25 (9): 2234-2241.

[171] WANG R, HE M, ZHOU Y, et al. Metal-organic frameworks self-templated cubic hollow Co/N/C @MnO_2 composites for electromagnetic wave absorption [J]. Carbon, 2020, 156: 378-388.

[172] ZHANG Y, YANG Z, LI M, et al. Heterostructured CoFe@C@MnO_2 nanocubes for efficient microwave absorption [J]. Chemical Engineering Journal, 2020, 382: 123039.

[173] DAI S, QUAN B, ZHANG B, et al. Constructing multi-interface Mo_2C/Co@C nanorods for a microwave response based on a double attenuation mechanism [J]. Dalton Transactions, 2018, 47 (41): 14767-14773.

[174] ZHAO Z, XU S, DU Z, et al. Metal-organicframework-based PB@MoS_2 core-shell microcubes with high efficiency and broad bandwidth for microwave absorption performance [J]. ACS Sustainable Chemistry & Engineering, 2019, 7 (7): 7183-7192.

[175] ZHANG Q, LI C, CHEN Y, et al. Effect of metal grain size on multiple microwave resonances of Fe/TiO_2 metal-semiconductor composite [J]. Applied Physics Letters, 2010, 97 (13): 133115.

[176] HE P, HOU Z, ZHANG K, et al. Lightweight ferroferric oxide nanotubes with natural resonance

property and design for broadband microwave absorption [J]. Journal of Materials Science, 2017, 52 (13): 8258-8267.

[177] LI Z, HOU Z, SONG W, et al. Unusual continuous dual absorption peaks in Ca-doped $BiFeO_3$ nanostructures for broadened microwave absorption [J]. Nanoscale, 2016, 8 (19): 10415-10424.

[178] LIU P, YAO Z, ZHOU J, et al. Small magnetic Co-doped NiZn ferrite/graphene nanocomposites and their dual-region microwave absorption performance [J]. Journal of Materials Chemistry C, 2016, 4 (41): 9738-9749.

[179] 强荣. $Fe_xCo_{(1-x)}$/C 与 C@C 吸波材料的制备及性能 [D]. 哈尔滨: 哈尔滨工业大学, 2018.

[180] LIU G, WANG L, CHEN G, et al. Enhanced electromagnetic absorption properties of carbon nanotubes and zinc oxide whisker microwave absorber [J]. Journal of Alloys and Compounds, 2012, 514: 183-188.

[181] VALENZUELA A Q, FERNANDEZ F A. General design theory for single-layer homogeneous absorber [J]. IEEE Transactions on Antennas and Propagation, 1996, 44 (6): 822-826.

[182] FERNANDEZ A V A. General solution for single-layer electromagnetic-wave absorber [J]. Electronics Letters, 1985, 21 (1): 20-21.

[183] 曹茂盛. 多层复合隐身材料设计及性能预报 [D]. 哈尔滨: 哈尔滨工业大学, 1999.

[184] 周万城, 王婕, 罗发, 等. 高温吸波材料研究面临的问题 [J]. 中国材料进展, 2013 (8): 463-472.

[185] 李晓光. 片状磁性吸波材料的制备及其兼容隐身性能研究 [D]. 南京: 南京航空航天大学, 2014.

[186] 谭果果. 易面磁各向异性磁性材料的微波吸收性能的研究 [D]. 兰州: 兰州大学, 2015.

[187] WALSER R K, WIN W, VALANJU P M. Shape-optimized ferromagnetic particles with maximum theoretical microwave susceptibility [J]. IEEE Transactions on Magnetics, 1998, 34 (4): 1390-1392.

[188] QIAO L, WEN F, WEI J, et al. Microwave permeability spectra of flake-shaped FeCuNbSiB particle composites [J]. Journal of Applied Physics, 2008, 103 (6): 63903.

[189] LIU L, DUAN Y, LIU S, et al. Microwave absorption properties of one thin sheet employing carbonyl-iron powder and chlorinated polyethylene [J]. Journal of Magnetism and Magnetic Materials, 2010, 322 (13): 1736-1740.

[190] DUAN Y, WU G, GU S, et al. Study on microwave absorbing properties of carbonyl-iron composite coating based on PVC and Al sheet [J]. Applied Surface Science, 2012, 258 (15): 5746-5752.

[191] 李泽, 许宝才, 王建江, 等. 片状羰基铁低频吸波性能的多因素参数调控 [J]. 磁性材料及器件, 2017 (2): 45-48.

[192] 赵立英, 曾凡聪, 廖应峰, 等. 球磨时间对片型羰基铁粉微波吸收剂结构和性能的影响 [J]. 中南大学学报 (自然科学版), 2015 (1): 94-98.

[193] GE C, WANG L, LIU G, et al. Effects of particle size on electromagnetic properties of spherical carbonyl iron [J]. Journal of Materials Science: Materials in Electronics, 2019, 30 (9): 8390-8398.

[194] WANG A, WANG W, LONG C, et al. Facile preparation, formation mechanism and microwave absorption properties of porous carbonyl iron flakes [J]. Journal of Materials Chemistry C, 2014, 2 (19): 3769-3776.

[195] FERRARI A C, ROBERTSON J. Interpretation of Raman spectra of disordered and amorphous carbon [J]. Physical Review B, 2000, 61 (20): 14095-14107.

[196] LIU T, XIE X, PANG Y, et al. Co/C nanoparticles with low graphitization degree: a high performance microwave-absorbing material [J]. Journal of Materials Chemistry C, 2016, 4 (8): 1727-1735.

[197] CHO S, CHOI J R, JUNG B M, et al. Electro-magnetic properties of composites with aligned Fe-Co hollow fibers [J]. AIP Advances, 2016, 6 (5): 55920.

[198] SHEN X, SONG F, YANG X, et al. Hexaferrite/α-iron composite nanowires: Microstructure, exchange-coupling interaction and microwave absorption [J]. Journal of Alloys and Compounds, 2015, 621: 146-153.

[199] NIE Y, HE H, ZHAO Z, et al. Preparation, surface modification and microwave characterization of magnetic iron fibers [J]. Journal of Magnetism and Magnetic Materials, 2006, 306 (1): 125-129.

[200] LI X, GONG R, NIE Y, et al. Electromagnetic properties of $Fe_{55}Ni_{45}$ fiber fabricated by magnetic-field-induced thermal decomposition [J]. Materials Chemistry and Physics, 2005, 94 (2-3): 408-411.

[201] 李国栋. 当代磁学 [M]. 合肥：中国科学技术大学出版社, 1999.

[202] YAO Y, ZHU M, ZHANG C, et al. Effects of composition on the microwave absorbing properties of $FeNi_{100-x}$ (x=0-25) submicro fibers [J]. Advanced Powder Technology, 2018, 29 (5): 1099-1105.

[203] QING Y, NAN H, JIA H, et al. Aligned Fe microfiber reinforced epoxy composites with tunable electromagnetic properties and improved microwave absorption [J]. Journal of Materials Science, 2019, 54 (6): 4671-4679.

[204] LIU J, ITOH M, TERADA M, et al. Enhanced electromagnetic wave absorption properties of Fe nanowires in gigaherz range [J]. Applied Physics Letters, 2007, 91 (9): 93101.

[205] GUO Z, HUANG H, XIE D, et al. Microwave properties of the single-layer periodic structure composites composed of ethylene-vinyl acetate and polycrystalline iron fibers [J]. Scientific Reports, 2017, 7 (1): 11331.

[206] 刘渊，刘祥萱，王煊军，等. MOCVD 方法在 $SrFe_{12}O_{19}$表面生长 Fe 薄膜及其吸波性能[J]. 金属学报, 2014 (9): 1095-1101.

[207] 刘渊，师金锋，贾瑛，等. $Ni_{0.4}Zn_{0.2}Mn_{0.4}Ce_{0.06}Fe_{1.94}O_4$表面原位构筑纳米羰基铁的可控制备及吸波性能研究 [J]. 稀有金属材料与工程, 2019, 48 (12): 3997-4003.

[208] GE C, WANG L, LIU G, et al. Synthesis of core-shell structured tetra-needle ZnO whisker and Fe composite with excellent electromagnetic properties [J]. Materials Letters, 2019, 238: 126-129.

[209] GE C, WANG L, LIU G, et al. Synthesis and electromagnetic absorption properties of CeO_2@Fe composites with core-shell structure [J]. Journal of Magnetism and Magnetic Materials, 2019,

485：228-235.

[210] FU H，WANG Z，WANG X，et al. Formation mechanism of rod-like ZIF-L and fast phase transformation from ZIF-L to ZIF-8 with morphology changes controlled by polyvinylpyrrolidone and ethanol [J]. Crystengcomm，2018，20 (11)：1473-1477.

[211] HUANG L，CHENC，LI Z，et al. Challenges and future perspectives on microwave absorption based on two-dimensional materials and structures [J]. Nanotechnology，2020，31 (16)：162001.

[212] 潘俊杰．磁性金属/碳二维片状复合材料的制备及其电磁性能研究 [D]．南京：南京航空航天大学，2019.

[213] GONG W，LI H，ZHAO Z，et al. Ultrafine particles of Fe，Co，and Ni ferromagnetic metals [J]. Journal of Applied Physics，1991，69 (8)：5119-5121.

[214] 张旭东．氮掺杂的铁钴基薄膜的结构和磁性研究 [D]．兰州：兰州大学，2008.

[215] 许占．一维铁/碳复合材料的制备及其吸波性能研究 [D]．哈尔滨：哈尔滨工业大学，2019.

[216] 吕婧．碳纤维复合材料的电纺制备及其吸波性能研究 [D]．南京：南京航空航天大学，2019.

[217] SHU R，WU Y，LI Z，et al. Facile synthesis of cobalt-zinc ferrite microspheres decorated nitrogen-doped multi-walled carbon nanotubes hybrid composites with excellent microwave absorption in the X-band [J]. Composites Scienceand Technology，2019，184：107839.

[218] DANG S，WEI X，YE H. The design theory for a flat microwave absorber with a protective cover [J]. Materials Research Express. 2019，6 (8)：86312.

[219] 张丹枫，张敏，曾国勋，等．多层微波吸收材料的遗传算法设计 [J]．计算机工程与应用，2013 (1)：258-260.

[220] 王俊鸣，朱志军，章志敏．基于遗传算法的多层吸波材料优化设计 [J]．现代雷达，2013 (11)：66-70.

[221] 周昊天，吴志勇，田雨波．利用改进简化 PSO 优化设计多层吸波材料 [J]．电讯技术，2013，53 (4)：518-521.

[222] 赵英国．应用粒子群优化算法设计多层微波吸收材料 [J]．安庆师范学院学报（自然科学版）．2011，17 (4)：67-70.

[223] 晁坤，刘运林，杨儒贵．蚁群算法结合微遗传算法优化设计多层雷达吸波涂层 [J]．功能材料，2008 (6)：1052-1055.